国家自然科学基金资助项目(51704280,51574223,51579239,51474095,51674154)
中国博士后科学基金资助项目(2017T100420,2015M580493,2017T100491,2016M602144)

# 极弱胶结岩体结构与力学特性及本构模型研究

孟庆彬　韩立军　王　琦
蔚立元　王红英　江　贝　著

中国矿业大学出版社

## 内 容 简 介

本书在广泛调研冲击地压现象的基础上，结合同煤集团忻州窑矿厚层坚硬煤系地层的地质条件，综合运用统计调研、力学实验、正交试验、数值模拟、理论分析等方法，研究了地质赋存条件与冲击地压的相关性、基于真实地层厚度比的组合煤岩体变形破坏特性、厚层坚硬地层冲击地压致灾机理、基于地质赋存条件与采动因素的冲击危险性评价方法、厚层坚硬地层条件下的冲击地压防治技术等内容，研究结果具有前瞻性、先进性和实用性。

本书可供从事采矿工程及相关专业的科研人员及工程技术人员参考使用。

**图书在版编目(CIP)数据**

极弱胶结岩体结构与力学特性及本构模型研究/孟庆彬等著. —徐州：中国矿业大学出版社，2018.8

ISBN 978-7-5646-4106-1

Ⅰ. ①极… Ⅱ. ①孟… Ⅲ. ①胶结结构—岩石力学—研究 Ⅳ. ①TU45

中国版本图书馆 CIP 数据核字(2018)第 201693 号

**书　　名**　极弱胶结岩体结构与力学特性及本构模型研究
**著　　者**　孟庆彬　韩立军　王　琦　蔚立元　王红英　江　贝
**责任编辑**　杨　洋
**出版发行**　中国矿业大学出版社有限责任公司
（江苏省徐州市解放南路　邮编 221008）
**营销热线**　(0516)83885307　83884995
**出版服务**　(0516)83885767　83884920
**网　　址**　http://www.cumtp.com　**E-mail**：cumtpvip@cumtp.com
**印　　刷**　江苏凤凰数码印务有限公司
**开　　本**　787×1092　1/16　**印张** 11　**字数** 280 千字
**版次印次**　2018 年 10 月第 1 版　2018 年 10 月第 1 次印刷
**定　　价**　42.00 元

（图书出现印装质量问题，本社负责调换）

# 前　言

随着国民经济建设的快速发展，对煤炭资源的需求量急剧增加，我国中东部地区浅部煤炭资源基本趋于枯竭，矿井开采逐渐由浅部向深部延伸和向内蒙古、新疆、宁夏等煤炭资源丰富的西部矿区发展。由于我国西部地区特殊的成岩环境和沉积过程，造成西部矿区广泛分布着中生代侏罗系、白垩系极弱胶结地层，其成岩时间晚、胶结差、强度低、易风化、遇水泥化崩解，是一类特殊软岩。由于极弱胶结地层的特殊性，呈现出“煤层顶底板岩层强度低于煤层强度”的现象，而且岩石中含有蒙脱石、伊利石、高岭石等黏土矿物，遇水后泥化、崩解，具有一定的膨胀性，造成巷道围岩自承载能力极低、自稳能力差、自稳时间短。由于极弱胶结岩体结构性较差，无法实施有效的锚杆、锚索等主动支护方式；巷道开挖后易出现大变形、强底鼓、冒顶等工程灾害问题，严重影响了矿井建设与安全高效生产。

目前，由于在极弱胶结岩体的研究中存在一系列的难题，造成对极弱胶结岩体的基本物理力学性质试验及本构模型的相关研究涉及甚少。随着西部矿井的大规模建设，极弱胶结地层巷道围岩控制问题逐渐突出，亟需开展极弱胶结岩体的物理力学性质试验与本构模型方面的研究，对我国西部矿区的建设与安全生产具有重要现实意义和工程应用价值。本书以极弱胶结岩体为研究对象，综合运用室内试验、理论分析、数值模拟等技术手段，研究了不同应力状态及含水率条件下极弱胶结岩体的物理与力学特性（第 2 章），再现了极弱胶结岩体再生结构的形成过程（第 3 章），构建了极弱胶结岩体扩容大变形本构模型和分析了极弱胶结岩体扩容大变形破坏机理（第 4 章），揭示了极弱胶结地层巷道围岩位移、塑性区与应力分布的演化规律（第 5 章），提出了极弱胶结地层巷道围岩控制技术（第 6 章）。

本书的部分内容是在国家自然科学基金资助项目（51704280，51574223，51579239，51474095，51674154）和中国博士后科学基金资助项目（2017T100420，2015M580493，2017T100491，2016M602144）资助下完成的，在撰写本书过程中参阅了大量国内外的有关文献，在此谨向参考文献的作者表示感谢。同时，出版社编辑在本书编辑和校核中付出了辛勤工作，课题组的部分研究生在实验室试验、现场实测等方面做了大量工作，在此一并表示衷心的感谢。感谢山东科技大学大学乔卫国教授、林登阁教授对本书的审阅与建议，使本书得以高质量出版。

作　者

2019 年 5 月

# 目　录

# 1 绪 论

## 1.1 问题的提出与研究意义

煤炭、石油、天然气是世界经济运行的三大主要支柱能源，煤炭在世界一次能源消费中约占26.5%[1]。我国是世界上的煤炭存储、生产与消费大国，煤炭是我国的主要能源，在一次能源的构成中约占70%以上[2]。我国煤炭资源分布极为不均衡，总体分布的特点为“西多东少、北丰南贫、相对集中”[3-4]。在我国煤炭资源查明储量中[5]，西部地区煤炭资源约占69%，中部地区煤炭资源约占25%，东部地区煤炭资源约占4%，东北地区煤炭资源约占2%。根据我国煤炭资源预测结果统计表明[6]，内蒙古煤炭资源约有12 250.43亿t，约占全国煤炭资源的26.92%；根据资源的地质时代预测结果统计表明[7]，埋藏深度2 000 m以上，侏罗纪煤炭资源约占65.5%，白垩纪煤炭资源约占5.5%；埋藏深度1 000 m以上，侏罗纪煤炭资源约占62.9%，白垩纪煤炭资源约占11.4%。蒙东地区（主要包括锡林郭勒、呼伦贝尔、赤峰、兴安、通辽）有着丰富的煤炭资源，主要由扎赉诺尔、宝日希勒、白音华、五间房、霍林河、元宝山、大雁等16个大中型矿区组成，是我国13个大型煤炭基地之一[8]；蒙东地区煤炭资源的远景储量达2 217.5亿t，煤炭资源保有储量1 174.6亿t，约占内蒙古煤炭储量的18.1%，约占全国煤炭资源的4.87%[9]。

随着国民经济建设的快速发展，对煤炭资源的需求量急剧增加，我国中东部地区浅部煤炭资源基本趋于枯竭，矿井开采逐渐由浅部向深部延伸[10-12]和向内蒙古、新疆、宁夏等煤炭资源丰富的西部矿区发展[13-15]。由于我国西部地区特殊的成岩环境和沉积过程，造成西部矿区广泛分布着中生代侏罗系、白垩系极弱胶结地层，其成岩时间晚、胶结差、强度低、易风化、遇水泥化崩解，是一类特殊软岩[13-15]。由于极弱胶结地层的特殊性，呈现出“煤层顶底板岩层强度低于煤层强度”的现象，而且岩石中含有蒙脱石、伊利石、高岭石等黏土矿物，遇水后泥化、崩解，具有一定的膨胀性[16]，造成巷道围岩自承载能力极低、自稳能力差、自稳时间短。由于极弱胶结岩体结构性较差，无法实施有效的锚杆、锚索等主动支护方式；巷道开挖后易出现大变形、强底鼓、冒顶等工程灾害问题，严重影响了矿井建设与安全高效生产。

对于极弱胶结岩体中矿山巷道支护难点包括[15]：第一，由于岩体组成为泥质胶结，其胶结性极弱或未胶结，导致岩体的内摩擦角和内聚力较低，造成锚杆与锚索锚固力低，锚固不可靠，极易脱锚；第二，极弱胶结岩体的原生裂隙或节理不发育，普通水泥浆液难以注入岩体内微小裂隙，造成注浆加固围岩效果较差；第三，地下水与施工扰动对围岩及支护结构损伤影响程度较大，导致支护失效，极不利于巷道围岩与支护结构的稳定及安全；第四，采用型钢支架、钢筋混凝土等被动支护结构，造成支护成本过高；第五，极弱胶结地层巷道变形破坏特点与普通软岩巷道有所不同，目前未能揭示其变形破坏机理，导致支护设计缺乏可靠理论依据；第六，对极弱胶结地层巷道稳定控制技术研究不完善，未能形成支护理论与成套技术，处于不断试验与探索状态。

在试验与理论研究方面难点包括[15]：第一，极弱胶结岩体具有岩石的基本特点，其裂隙、节理不发育，在干燥或天然状态下属于岩石，但其遇水后易泥化崩解，并随着含水率的增加有逐渐向土体性质转化的趋势，在饱和状态下甚至可具有黏土特性，其物理力学性质介于软岩与硬土之间，是一种过渡性特殊岩土介质，目前对其取样、制作与试验方法还没有标准和规范可循；第二，由于其胶结程度差、强度低，无法制作标准试样，难以进行岩石的加卸载等相关试验，缺乏相应的试验方法，造成了极弱胶结岩体试验研究成果极少；第三，由于极弱胶结岩体物理与力学性质易变化，造成其本构关系复杂化，且缺乏相应的试验研究成果及全过程特性研究，目前尚未开展反映其本构特性方面的研究；第四，未认识到极弱胶结岩体的结构重组特性，未进行破碎岩体结构重组试验研究。

目前，国内外学者主要针对软岩巷道岩体力学性质[10,17-19]、软岩巷道围岩变形破坏特点与机理[20-22]、软岩巷道围岩控制理论与技术[23-25]等方面进行了大量的科学研究及工业性试验，而对极弱胶结岩体的相关研究涉及甚少。故以开发我国西部煤矿资源为契机，以极弱胶结岩体为研究对象，基于理论分析与试验研究，揭示极弱胶结岩体物理与力学性质及围岩再生结构形成过程，建立反映极弱胶结岩体特殊属性的本构模型，并进行二次开发与数值实现，揭示极弱胶结地层巷道围岩位移、塑性区与应力分布的演化规律，进而研究极弱胶结地层巷道围岩变形破坏机理，为极弱胶结地层巷道围岩控制提供理论依据，对我国西部矿区建设与煤炭资源开采具有重要的现实意义和工程应用价值。

## 1.2 国内外研究现状

### 1.2.1 软岩力学理论与试验研究

#### 1.2.1.1 软岩物理特性理论与试验研究

软岩的主要矿物成分是蒙脱石、伊利石、高岭石等黏土矿物，其次是石英、长石、云母等碎屑矿物，还有一些钙、铁质胶结物或游离氧化物。并且黏土矿物的成分及含量不同，会引起岩石的结构、构造、物理力学性质、水理性质也不相同[26-28]。何满潮等[28]采用X射线衍射仪、偏光显微镜和扫描电镜对新生代、中生代及古生代软岩的黏土矿物成分与微观结构特征进行了分析，并对其物理、水理及力学性质进行了试验研究，揭示了不同地质时代煤矿软岩的物理特性与力学性质。彭向峰等[29]研究了淮南、沈北、舒兰、内蒙古、龙口、唐山等矿区软岩物理力学与水理性质、物质组成与结构，指出了软岩的特殊物质组成和结构是其工程性质差的根本性原因，其中蒙脱石是造成软岩性质差的主要矿物成分。周翠英、朱凤贤等[30-32]通过扫描电镜、偏光显微镜、能谱分析、X射线衍射及物理力学试验等技术手段测定分析了泥岩、炭质泥岩等软岩的微观结构、矿物成分、物理力学性质、水溶液的化学成分及其随时间的变化特点，揭示了软岩软化的动态变化规律，初步建立了软岩耗散结构形成的分岔演化模型。钱自卫等[33]通过水理性质、X射线衍射及电镜扫描试验等，对深部煤系地层软岩遇水崩解的宏观特征及微观机理进行了分析研究。黄宏伟等[34]通过扫描电镜、X射线衍射仪对华北中生代泥岩的微观结构与物质组成进行分析，揭示了泥岩遇水软化过程中微观结构随时间变化的动态特征。

**表 1-1** **软岩物理与力学一般特征[79]**

| 地质时代 | 地质力学参数 | | | | | | |
|---|---|---|---|---|---|---|---|
| | 抗压强度/MPa | 液限/% | 塑限/% | 干燥饱和吸水率% | 黏土矿物 | 亲水性 | 膨胀性 |
| 古生代 | ＞20 | ＜25 | ＜15 | ＜50 | 高岭石为主，少量伊利石 | 弱亲水 | 弱膨胀 |
| 中生代 | 10～20 | 25～50 | 15～30 | 50～90 | 伊蒙混层为主，少量伊利石 | 亲水 | 中膨胀 |
| 新生代 | 1～10 | ＞50 | ＞30 | ＞90 | 蒙脱石为主，少量伊蒙混层 | 强亲水 | 强膨胀 |

#### 1.2.1.2 软岩强度与变形特性试验研究

岩石是一种天然的地质材料，其内部包含各种节理、裂隙和微缺陷，是一种各向异性、非线性、非连续的具有初始损伤的材料介质。由于受试验设备及监测技术的制约，要全面客观地掌握岩石类材料的物理力学性质较为困难[35]。岩石力学试验是确定岩石基本力学性质的基础方法，是揭示岩石类材料强度与变形特性的重要手段。

李杭州、廖红建等[36-37]对强风化膨胀性泥岩进行了固结不排水剪切试验，揭示了泥岩的应力—应变曲线呈现应变软化特征，且膨胀性泥岩的应变软化特征并未随围压的增大而减弱。许兴亮等[38]采用 MTS 815.02S 型电液伺服岩石力学试验系统研究了煤系地层泥岩典型应力阶段岩体遇水后强度弱化规律。吴益平等[39]采用岩石刚性试验机对泥质粉砂岩进行了单轴与三轴压缩试验，获得了全应力—应变曲线，并对曲线阶段进行了划分。孙强、杨志强等[40-42]对软岩进行了峰后软岩渗透特性试验，获得了饱和前后软岩各向异性力学特征。李海波等[43]对软岩进行了动态单轴压缩试验，揭示了岩样的变形参数(弹性模量、泊松比)及抗压强度随应变速率的变化规律。乔卫国、韩立军等[44-46]对山东济北矿区和巨野矿区、内蒙古上海庙矿区与五间房矿区的软岩在分析矿物成分的基础上，采用 TATW—2000 型岩石三轴试验系统和液压式材料试验机进行了单轴与三轴试验，获得了这些矿区软岩物理力学参数与破坏模式等。

#### 1.2.1.3 软岩流变特性理论与试验研究

流变性是岩石类材料重要的变形与力学特性，软岩的流变性极为显著[47]。流变试验可揭示在不同应力与环境条件下岩石的流变力学性质，可为岩石流变本构模型的构建及地下工程稳定性分析奠定基础。

国外的岩石流变力学性质试验研究可以追溯到 20 世纪 30 年代末，至今已取得了较多的研究成果[48-51]，Griggs、E. Maranini、M. Brignoli、Y. Fujii、Okubo、Malan、Maranon、Vouille 等在单轴压缩或三轴压剪蠕变试验基础上探讨了岩石蠕变的本构方程。我国的岩石流变研究始于 20 世纪 50 年代，孙钧等[52-53]长期从事岩石流变力学研究，在岩石的流变特性、本构模型与参数辨识等方面均取得了较多研究成果。张向东等[54]采用自行研制的重力杠杆式岩石蠕变试验机进行了软岩三轴压缩蠕变试验，揭示了泥岩的蠕变特性，建立了非线性蠕变本构方程。赵延林等[55]采用 RYL—600 微机控制岩石剪切流变仪对节理软岩进行了分级加载蠕变试验，揭示了软岩的剪切流变特征。范秋雁等[56]开展了单轴蠕变试验研究泥岩的蠕变特性，分析了在蠕变过程中泥岩细微观结构的变化特征。刘保国等[57]采用自主研制的五联单轴蠕变仪对泥岩进行了8个不同应力水平、3个不同时间段的蠕变试验，根据蠕变损伤试验结果建立了泥岩力学参数损伤函数。万玲等[58]利用自行研制的岩石三轴蠕变仪进行了软岩蠕变试验，揭示了围压对蠕变的影响规律。李亚丽、张志沛等[59-60]采用RLJW—2000岩石流变伺服仪对饱和粉砂质泥岩和泥岩进行了三轴压缩蠕变试验，揭示了软岩的蠕变特性。刘传孝等[61]采用SAW—2000型微机控制电液伺服岩石三轴压力试验机及分级加卸载方式对深井泥岩试件进行峰前与峰后单轴短时蠕变试验，得到了差异性蠕变试验曲线。胡斌、陈小婷、李男等[62-64]利用岩石剪切流变仪进行了剪切流变试验，对在剪切变形过程中的流变特征进行了深入研究。高延法等[65]研制了岩石流变扰动效应试验仪，进行了岩石流变及其扰动效应试验，建立了不同蠕变阶段的岩石本构方程。

1.2.1.4 *软岩细观力学试验研究*

细观力学是从细观与微观尺度研究材料内部结构缺陷的几何表征及演化规律的新兴力学，有光、声、射线、热像等分析技术，可利用细观力学试验方法分析软岩的黏土矿物成分、细观结构、结晶体形貌及裂纹扩展等特征。

Komine[66]通过SEM发现了软岩内部存在大小不同、形状各异的微孔隙和微裂隙，并分析了软岩膨胀的微观结构机理；Arnould[67]提出了泥岩中存在不连续网络，并从矿物成分及微观结构等方面分析了泥岩易泥化崩解的原因；Risnes[68]研究了水的弱化和活动性对软岩微结构变化的影响规律。何满潮等[28]采用偏光显微镜和扫描电镜对黏土矿物的微观结构特征进行了分析，确定了高岭石、蒙脱石及伊利石的单体与集合体形态。周翠英等[69]通过扫描电镜、偏光显微镜、能谱分析、X射线衍射等方法测定了泥岩、炭质泥岩等岩石的微观结构，探讨了软岩软化的微观机制。杨春和等[70]采用扫描电镜、偏光显微镜及X射线衍射等方法测定了板岩浸水过程中的吸水率、润湿角、矿物颗粒微观结构、孔隙度的变化等，探讨了板岩遇水软化的微观结构变化规律。朱建明等[71]采用扫描电镜对小官庄铁矿软岩进行了物化试验，全面分析了软岩的微观特性。刘镇等[72]在分析粉砂质泥岩饱水软化过程微观结构变化规律的基础上，构建了软岩浸水软化过程微观结构演化规律的单元重整化模型。

数字图像处理技术可对材料的细观空间结构及几何形态进行量化描述，已在金属材料、混凝土及岩土体的细观结构定量分析中得到应用[73-74]。PAN等[75]采用白光数字散斑相关方法研究了煤岩变形局部化特征，为研究岩石类材料非均匀变形的演化过程提供了新思路。潘一山等[76]采用白光数字散斑相关方法研究了岩石的变形局部化，通过试验测定了煤岩变形局部化的开始时刻、演化过程及局部化带的宽度；马少鹏等[77]将数字散斑相关方法应用到花岗岩的单轴压缩试验中；李元海等[78]研制了岩土工程数字照相量测系统，为钢筋混凝土与岩土体等材料变形破坏的全程观测、演化过程及局部化分析提供了技术支持。

CT技术可定量及无损量测材料在受力过程中内部结构的动态变化过程，且CT数包含着材料变形、损伤、断裂与破坏等重要信息。国外W. F. Brace、T. N. Dey等[79-81]采用CT技术研究了裂隙的初始扩展及次生裂纹的演化规律；杨更社等[82]基于CT图像处理技术研究了岩石损伤特性；尹光志等[83]基于CT试验研究了煤岩单轴压缩破坏的分叉与混沌特性；党发宁等[84]基于CT试验研究了岩体分区破损本构模型；李廷春等[85-86]进行了单轴压缩作用下内置裂隙扩展的CT扫描试验；葛修润、任建喜等[87-89]采用CT技术揭示了岩石变形破坏全过程的细观损伤扩展规律，并对岩石蠕变损伤演化特性进行了探索。

声发射技术也是研究岩石力学性质的一种有效方法，通过对加卸载试验过程中岩石声发射信号的采集与分析,可反映岩石内部形态的演化规律。L. Obert、W. I. Duvall[90]最早发现了岩石在压力作用下存在声发射现象;T. Hirata[91]提出了岩石破坏前声发射满足幂律的分布规律;Holcomb、Costin[92]利用声发射技术探测脆性材料的损伤演化等;Mansurov[93]将声发射技术用于测量岩石破坏过程的信息,预测岩石的破坏模式。吴刚等[94]通过对加卸载试验岩石声发射现象变化对比分析,探讨了岩石变形破坏过程中的声发射特征。张茹等[95]在单轴多级加载条件下,进行花岗岩破坏全过程的声发射试验研究,获得了应力—应变与声发射参数的关系。包春燕等[96]用单轴循环加卸载来模拟交通荷载,进行了加卸载过程的声发射特性研究。李庶林等[97]进行了岩石单轴压缩变形破坏全过程声发射试验,揭示了岩石的力学与声发射特征。陈宇龙等[98]利用 MTS 岩石力学试验系统和 PAC 声发射信号采集系统,研究了砂岩在单轴压缩条件下应力—应变全过程中的声发射特征及加载速率的影响。赵兴东等[99]应用声发射及其定位技术,研究了不同加载方式(单轴加载、巴西劈裂及三点弯曲)、不同尺寸岩石及不同岩样的破裂失稳过程。

上述文献重点对软岩物理特性、强度与变形特性、流变特性及细观结构进行了试验研究与分析,取得了一系列研究成果。由于在极弱胶结岩体的研究中存在一系列的难题,造成对极弱胶结岩体的基本物理与力学性质试验的相关研究涉及甚少,目前尚未开展极弱胶结岩体的基础试验研究。

### 1.2.2 软岩本构模型研究

岩土体的本构关系反映了岩土体材料变形的特性,是在整理分析试验数据的基础上得出的应力—应变关系。岩土体本构模型是用数学方法来体现试验中所揭示的变形特性,合理的本构模型是进行数值分析获得可靠结果的重要保障之一。岩石的本构关系一直是受到广泛关注的基础性研究课题[100],本构模型总体上可分为细观本构模型与宏观本构模型两大类,包括弹性、弹塑性、流变、断裂与损伤及组合本构模型等[101-104]。

软岩本构关系的研究一直是受到广泛关注的研究课题。廖红建等[105]基于应变空间的弹塑性理论,采用 Mises 剪切屈服准则及相关联流动法则,建立了三维弹塑性本构模型。宋丽等[106-107]考虑了材料拉压不等及中间主应力的影响,建立了应变空间表述的弹塑性本构关系式,获得了软岩三维统一弹黏塑性本构模型。李杭州等[108]基于统一强度理论,构建了软岩损伤统计本构模型。蒋维等[109]基于 Mohr-Coulomb 准则,考虑岩石微元强度服从随机分布的特点,建立了岩石损伤本构模型。贾善坡等[110]将损伤变量引入到修正的 Mohr-Coulomb 准则中,通过构建损伤势函数,推导了泥岩损伤演化本构方程。

岩石是一种具有复杂力学性质的材料,尤其是软弱岩石在应力达到峰值强度之后,将产生“应变软化”现象。Hoek、Brown[111]指出了岩石的应力—应变曲线基本为应变软化模式;P. Zdenek、F. Bazant[112]提出了指数形式的塑性应变软化模型,建立了等效应力与等效塑性应变之间的关系。李晓等[113]提出“数据本构”的概念,建立了一种由幂函数与指数函数相结合形式的岩石塑性软化模型。杨超等[114]采用黏聚力与内摩擦角等效数值和曲线拟合的方法,研究了围压对软岩峰后软化特性的影响。李文婷等[115]基于 Mohr-Coulomb 强度准则,将弹性模量定义为主应变的函数,建立了岩体峰后非线性应力—应变关系。陆银龙等[116]基于峰后岩石破坏满足 Mohr-Coulomb 极限破坏条件的假设,建立了采用广义岩石强度参数(黏聚力与内摩擦角)来表征软岩后继屈服面模型。张春会等[117]采用岩石峰后强度下降指数函数,定量地描述围压对峰后残余强度及割线模量的影响规律,建立了考虑围压影响的岩石峰后应变软化本构模型。曹文贵等[118]引入统计损伤变量，建立了裂隙岩体应变软化损伤统计本构模型。张强等[119]基于弹脆塑性模型有闭合解的特点，建立了多阶脆塑性逼近形式的应变软化力学模型。

国内外学者在岩体流变本构模型研究方面已取得了大量成果，包括经验流变本构模型、黏弹塑性本构模型、损伤流变本构模型、组合流变本构模型等[52-53]。张向东等[120]基于泥岩蠕变加卸载试验，建立了能够反映泥岩流变特性的弹性—黏性—黏弹性—黏弹塑性的统一流变力学模型。陈沅江等[121]提出了蠕变体与裂隙塑性体等两种非线性元件，并与开尔文体及胡克体相结合，得到了复合流变力学模型。徐卫亚、杨圣奇等[122]通过将非线性黏塑性体与线性黏弹性模型串联，建立了能够描述加速流变特性的岩石非线性黏弹塑性流变模型(河海模型)。陈卫忠等[123]揭示了深部软岩在不同应力水平下的蠕变特征，提出了泥岩非线性经验幂函数型蠕变模型。李亚丽等[124]引入非线性黏塑性元件，建立了能描述软岩的衰减蠕变、稳定蠕变及加速蠕变特性的非线性黏弹塑性 Burgers 蠕变本构模型。齐亚静等[125]提出了改进的西原体模型，推导出了岩石三维蠕变本构方程。A. Dragon[126]通过引入裂纹密度参数，建立了岩石的黏塑性损伤本构模型。李男等[127]利用广义 Kelvin 模型对砂质泥岩的剪切蠕变试验曲线进行了拟合，提出了一种考虑先期损伤量的流变损伤模型。李良权等[128]在三维 Burgers 黏弹性流变模型的基础上，建立了以等效应变为损伤变量的三维非线性流变损伤本构模型。

上述研究工作虽然构建了软岩的弹性、弹塑性、流变、弹塑性断裂与损伤等一系列本构模型，但是由于极弱胶结岩体物理与力学性质易变化，造成其本构关系更趋复杂化，现有本构模难以准确地反映极弱胶结岩体的变形与力学特征，应开展极弱胶结岩体本构理论方面的研究工作。

### 1.2.3 软岩巷道围岩变形破坏机理与控制技术研究

地下工程失稳主要是由于开挖扰动引起的集中应力超过围岩强度或引起围岩变形过大所致，常运用弹塑性、黏弹塑性理论研究分析巷道围岩中的应力与变形特性。软岩巷道冒顶、底鼓和片帮等均为围岩大变形的结果。何满潮等[129]在分析软岩大变形机制的基础上，构建了软岩工程大变形力学分析设计系统。李术才等[130]研制了大型地质力学模型试验系统，揭示了巷道开挖支护过程中的围岩内部应力与变形演化规律。靖洪文等[131]在真三轴试验台上，真实再现了深部巷道开挖与支护过程中围岩的变形演化过程。张农等[132]采用相似材料模拟试验研究了软弱夹层不同层位、泥化特性和动压影响导致软弱夹层顶板巷道失稳规律，提出了软弱夹层渗水泥化巷道的安全控制对策。韩立军等[133-136]在分析深部高应力软岩巷道变形破坏特性的基础上，进行了断面形状与支护参数的优化设计，揭示了深部巷道围岩变形破坏机理，提出了以内注浆锚杆为核心的“三锚”联合支护体系。

著名的围岩特性曲线和支护—围岩共同作用原理为地下工程支护提供了重要的实践性指导原则[137-138]，形成了一系列联合支护技术，且支护理论也不断发展和完善。Шемякин Е И、Курленя М В 等[139-142]在分析了软岩巷道变形破坏特性的基础上，研制了高强度新型锚杆，提出了锚网带联合支护技术。柏建彪等[143]针对深部软岩巷道四周来压、整体收敛、变形强烈的特点，提出了主动有控卸压方法。何满潮等[144]针对软岩大变形的特点，提出了以恒阻大变形锚网索耦合支护为核心的主动支护技术体系。高延法等[145]针对深井软岩及动压巷道支护难度大的难题，研制了高性能钢管混凝土支架。康红普等[146]在分析锚杆支护作用机制的基础上，提出了高预应力、强力支护理论与围岩控制技术，并研制了巷道支护与监测成套设备。刘泉声等[147-148]在分析了破碎软岩巷道围岩变形破坏过程及非线性大变形机制的基础上，提出了分步联合支护技术。袁亮等[149]在系统地研究了淮南矿区深部岩巷围岩复杂赋存条件的基础上，提出了深部岩巷围岩分类标准体系及围岩稳定控制理论与技术体系。

综上可知，国内外学者主要针对软岩巷道围岩变形破坏特征与稳定机理、围岩控制理论与技术等方面进行了大量的试验研究与理论分析，但极弱胶结地层巷道围岩变形破坏特点与普通软岩巷道有所不同，对其变形破坏机理认识不清，导致支护设计缺乏可靠理论依据，常造成巷道支护失败。目前相关研究成果鲜见报道，应基于极弱胶结岩体本构模型的构建与数值实现，揭示极弱胶结地层巷道围岩的变形破坏特征，逐步形成极弱胶结地层巷道支护理论与成套技术，为从根本上解决这一类巷道的支护难题奠定基础。

## 1.3 研究内容、方法及技术路线

### 1.3.1 研究内容

本课题以极弱胶结岩体为研究对象，通过试验研究与理论分析，研究不同应力状态及含水率条件下极弱胶结岩体的物理与力学性质，反映围岩再生结构的形成过程及围岩位移、塑性区与应力分布的演化规律，揭示极弱胶结地层巷道围岩变形破坏机理，为确定合理的围岩稳定控制技术奠定基础。因此，本课题主要研究内容包括以下几方面：

(1) 极弱胶结岩体基本物理与力学性质

研究极弱胶结岩体基本物理与力学性质，揭示极弱胶结岩体的强度与变形特性，分析总结岩样的破坏模式与类型。

(2) 极弱胶结岩体再生结构形成机制

自主研制极弱胶结岩体再生结构形成试验装置，确定再生结构岩样分级加载与固结稳定方法，形成不同含水率极弱胶结岩体再生结构岩样，揭示再生结构岩样的形成过程。

(3) 极弱胶结再生结构岩体力学性质

研究极弱胶结再生结构岩体力学性质及破坏过程，揭示不同含水率及应力状态下再生结构岩样的强度与变形性质的演化规律。

(4) 极弱胶结岩体本构模型与参数辨识

揭示极弱胶结岩体强度与扩容参数随等效塑性应变及含水率变化的演化规律，建立相应屈服准则，构建极弱胶结岩体的本构模型。

(5) 极弱胶结地层巷道围岩演化规律与控制技术

揭示不同埋深、侧压力系数及剪胀角条件下巷道围岩位移、塑性区与应力分布的演化规律，研究极弱胶结地层巷道围岩变形破坏特征，提出围岩控制技术与参数。

### 1.3.2 研究方法和技术路线

本课题采用岩样试验装置研制、实验室试验、理论分析、数值模拟分析与工程实践相结合的综合技术路线，如图 1-1 所示。主要包括以下几方面：

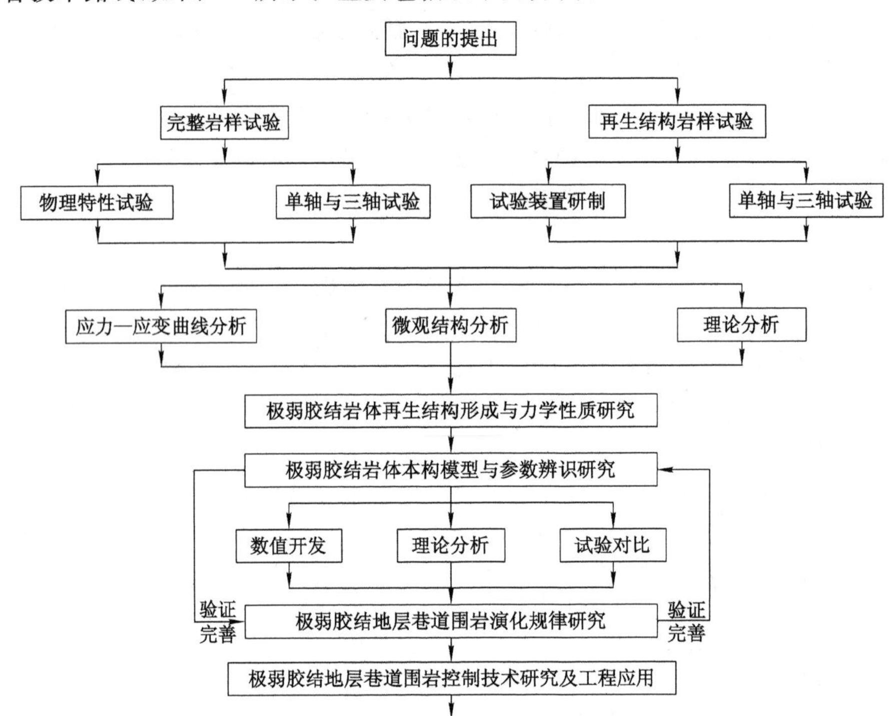


图 1-1　研究技术路线

(1) 极弱胶结岩体物理与力学性质试验

采用 MTS 伺服控制试验机进行极弱胶结岩体完整与再生结构岩样的单轴及三轴加卸载试验，反映极弱胶结岩体的物理与力学性质，揭示不同含水率及应力状态下再生结构岩样的强度与变形性质的演化规律；并采用 X 射线衍射仪进行岩样矿物组成分析，确定极弱胶结岩体的黏土矿物成分与含量，分析其胶结规律；同时采用环境扫描电子显微镜，探测岩样的微观结构，确定其形貌特征。

(2) 极弱胶结岩体再生结构形成过程试验

将现场取来的破碎岩样或完整岩样试验后的破裂岩块粉碎进行颗粒筛分试验，选择一定粒径的岩石粉末与不同水量混合，掺拌均匀后装入模具中，采用击实锤分层振捣压实；将模具放入自主研制的再生结构形成试验装置下施加固结压力进行结构重组，最终可形成不同含水率的极弱胶结岩体再生结构岩样，并揭示再生结构的形成过程。

(3) 极弱胶结岩体本构模型与理论分析

在分析极弱胶结岩体全应力—应变曲线特性的基础上，对已有本构模型进行修正，建立相应屈服准则，构建极弱胶结岩体的本构模型；并基于本构模型的二次开发与数值实现，进行本构模型的数值模拟试验，验证所构建的本构模型的合理性与可行性。

(4) 极弱胶结地层巷道围岩演化规律数值模拟分析

以极弱胶结地层巷道为工程背景，建立三维数值计算模型，揭示极弱胶结地层巷道围岩演化规律，并将数值计算结果与考虑岩体应变软化—扩容特性的围岩塑性区半径及位移理论解答进行对比分析，以揭示极弱胶结地层巷道围岩复杂的变形与破坏特征。

（5）极弱胶结地层巷道围岩控制技术研究及工程应用

针对极弱胶结地层巷道围岩变形破坏特征，提出极弱胶结地层巷道支护技术方案；采用FLAC3D模拟分析支护方案的合理性，并对围岩变形与支护结构受力进行实时监测及分析，动态掌握巷道围岩变形与支护结构受力状态，进而优化支护参数。

# 2　极弱胶结岩体基本物理与力学性质试验研究

岩石强度与变形特性是地下工程理论计算和设计的基础，利用岩石试验机对岩样进行力学性质试验，可得到岩石的应力—应变关系曲线，基本反映了岩石的强度与变形特性；并可获得岩石的主要力学性质参数，如岩石的变形参数（弹性模量、泊松比）和强度参数（内摩擦角、内聚力）等，这是建立岩石力学本构关系不可或缺的基础数据，也是进行地下工程数值计算分析及研究复杂应力状态下岩石变形破坏与力学响应的基础资料[150]。

在地下工程领域中岩体均处于三向应力状态，因而研究三向应力状态下岩石的强度与变形特性，对于揭示岩石地下工程变形破坏机理、诱发的工程灾害等均有着重要的工程应用价值[150]。极弱胶结岩体由于成岩时间晚、胶结程度差、强度低、易风化、遇水泥化崩解，形成了独特的物理力学性质。可通过极弱胶结岩体的基本物理与力学性质试验，揭示其强度与变形特性，为确定极弱胶结岩体力学参数奠定了基础。

## 2.1　极弱胶结岩体基本物理性质

岩样取自蒙东五间房矿区西一矿典型的极弱胶结地层，为泥质结构、块状构造，层理不发育，胶结程度较差或未胶结，极易风化、遇水泥化，颜色一般为灰色，质偏软。泥岩层中多数见有滑面，滑面上有明显的滑动擦痕；泥岩的强度极低，用手指甲极易画出印痕。经鉴定综合命名为灰黑色块状构造高岭石泥岩，鉴定结果详见表 2-1。

**表 2-1　　岩石类别鉴定**

| 矿物成分 | 鉴定特征 |
|---|---|
| 高岭石 | 泥级大小，镜下晶形不可见，少量结晶加大呈自形板柱状，可见一组完全节理，单偏光下无色透明，因混合铁质及其他物质而显黄褐色，正交偏光下一级灰干涉色 |
| 伊利石 | 呈细小鳞片状，另外可见凝胶状，单偏光下无色透明，正交偏光下呈黄色干涉色 |
| 石英 | 粒径 0.01～0.04 mm，塔形粒状颗粒，单偏光下无色透明，正低突起，无节理，正交偏光下一级灰白干涉色 |
| 白云母 | 细小片状，略呈顺层定向排列，单偏光下无色透明，一组完全节理，正交偏光下二级黄干涉色或绚丽多彩。白云母片因压实作用而弯曲变形 |

### 2.1.1　极弱胶结岩体黏土矿物成分测试分析

软岩的主要矿物成分是蒙脱石、伊利石、高岭石等黏土矿物，其次是石英、长石、云母等碎屑矿物，还有一些钙、铁质胶结物或游离氧化物。蒙脱石具有强膨胀性，伊利石与高岭石为弱膨胀性；并且黏土矿物的成分及含量不同，引起岩石的结构、构造、物理力学性质、水理性质也不相同[28]。为了研究极弱胶结岩体中黏土矿物成分，采用 D8 Advance X 射线衍射仪，对 4 组岩样进行了全岩矿物分析，X 射线衍射图如图 2-1 所示，测试结果详见表 2-2。

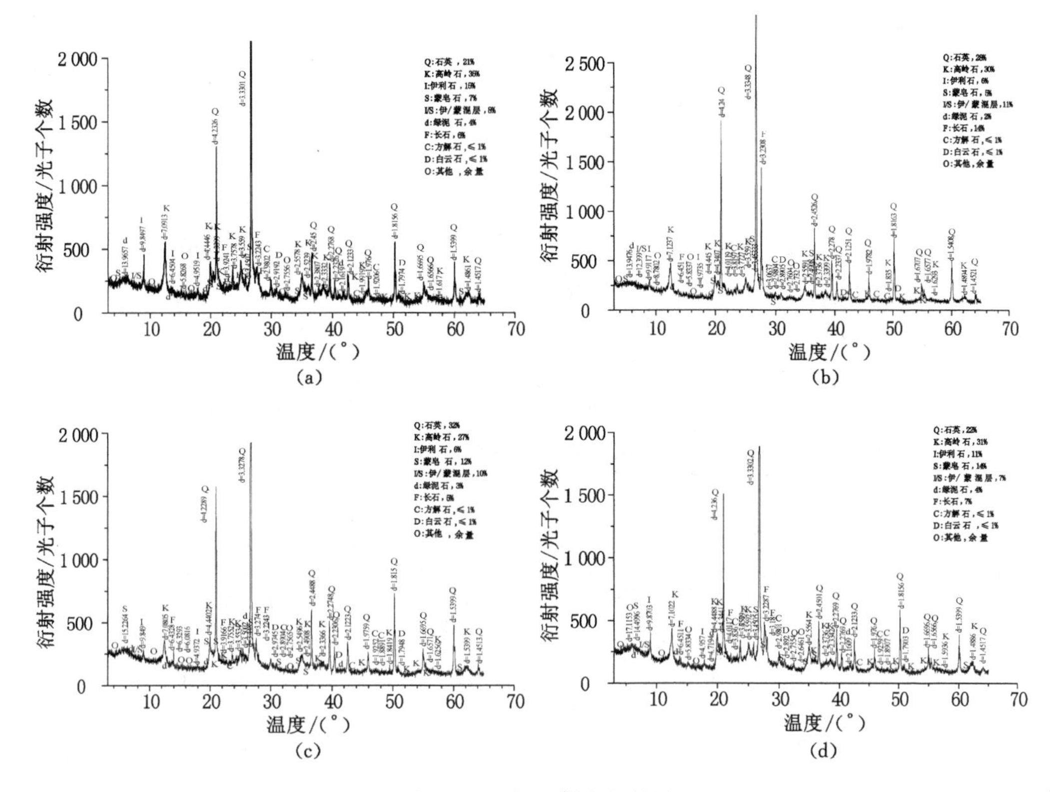


图 2-1 泥岩 X 射线衍射图

**表 2-2 岩样矿物成分定量分析结果**

| 试件 | 矿物成分含量/% | | | | | | | | | |
|---|---|---|---|---|---|---|---|---|---|---|
| | 石英 | 高岭石 | 伊利石 | 蒙皂石 | 伊蒙混层 | 绿泥石 | 长石 | 方解石 | 白云石 | 其他 |
| 1# | 21 | 35 | 15 | 7 | 8 | 4 | 6 | ≤1 | ≤1 | 余量 |
| 2# | 28 | 30 | 6 | 5 | 11 | 2 | 14 | ≤1 | ≤1 | 余量 |
| 3# | 32 | 27 | 6 | 12 | 10 | 3 | 5 | ≤1 | ≤1 | 余量 |
| 4# | 22 | 31 | 11 | 14 | 7 | 4 | 7 | ≤1 | ≤1 | 余量 |

由图 2-1 可知，极弱胶结岩体中主要矿物成分为石英、高岭石、伊利石，各成分所占含量详见表 2-2。分析可知，极弱胶结岩体黏土矿物成分以高岭石为主，黏土矿物成分总含量高达 54%～69%，平均含量为 62%，不含有强膨胀性黏土矿物蒙脱石，遇水后具有一定的膨胀性，但膨胀程度不大，属于微膨胀性软岩。

### 2.1.2 极弱胶结岩体微观结构特性

软岩的内部微观结构对其强度及软化特性影响较大，采用 FEI QuantaTM 250 环境扫描电子显微镜测试极弱胶结岩体完整岩样的微观结构，测试结果如图 2-2 所示。

由图 2-2 可知，高岭石、伊利石为极弱胶结岩体的主要黏土矿物，其单元体为一些细小的黏土矿物颗粒相互连接组合而构成了较大的颗粒体，且各颗粒体之间相互连接交织、有序排列，为絮凝状结构，孔隙或微裂隙分布在絮凝状结构之间[34]。石英、长石、云母等为粗粒物质，为片状微结构，黏土矿物颗粒充填在粗粒之间，可将粗粒胶结在一起，即在黏土矿物与粗颗粒之间形成了胶结连接，进而形成了粗颗粒骨架—黏土絮凝结构；并且粗粒的片状颗粒由更微小的片状颗粒组成，这些微小颗粒形状较为规则，基本为多边形薄片状结构，且结构松散、孔隙较多，多为面—面接触或点—面接触的结构[34]。总的来说，极弱胶结岩体的微观结构为蜂窝状，由片状颗粒相互叠加在一起，孔隙多且连通性好，整体结构性较差。

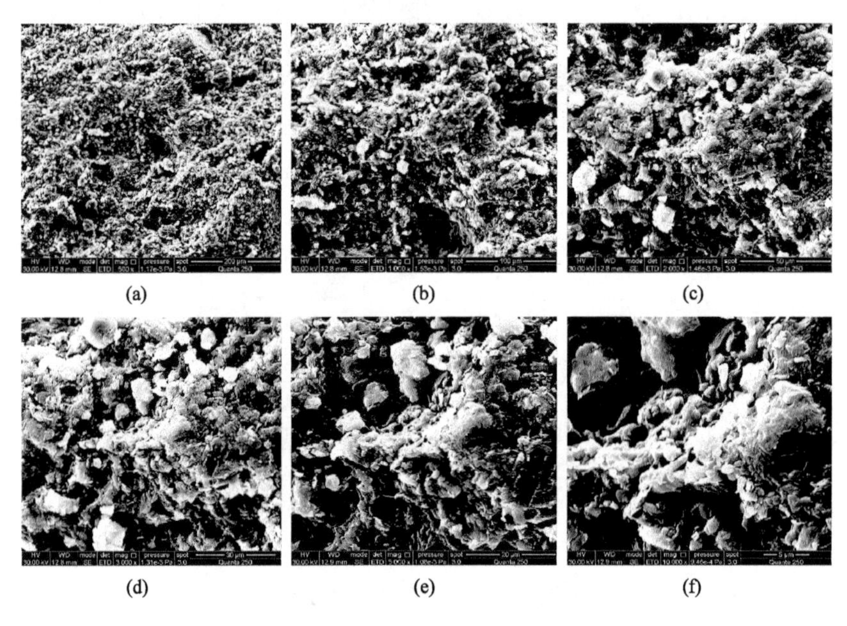


图 2-2　极弱胶结岩体微观结构

(a) ×500 倍；(b) ×1 000 倍；(c) ×2 000 倍；
(d) ×3 000 倍；(e) ×5 000 倍；(f) ×10 000 倍

对于软岩遇水软化作用及其机理归纳起来包括化学效应、应力垮塌作用、吸附软化效应及毛细管压力作用等四个方面[70]，基本涉及软岩的微观结构。研究表明，软岩遇水后宏观力学性状的劣化与其微观结构的变化密切相关，极弱胶结岩体孔隙多、结构性差，使得水与黏土矿物充分接触发生水化反应，首先引起较大骨架颗粒被剥落，岩样内部的中大孔隙被水充填，并使微小孔隙进一步扩张、连通，造成孔隙率增加，导致岩样的孔隙总表面积增大，进而增大了水化反应效果，又造成孔隙率的不断增大；另一方面，岩样孔隙率的增大，造成粗颗粒与黏土矿物颗粒之间的胶结程度逐渐被削弱，由原来的面—面接触变为点—面接触或点—点接触，造成结构松散破碎，由初始强度较高的致密结构转变为疏松多孔的松散絮凝状结构，该结构较松散、胶结性极差，在外力作用下极易产生岩样内部面—面滑动而造成结构失稳破坏。

### 2.1.3　极弱胶结岩体风化特性

岩石风化[151]通常是指在自然环境、人类活动及化学生物等多种因素作用下，在岩石表面或内部出现开裂、破碎、松散或矿物成分发生变化的现象。风化作用是自然与人类共同作用的产物，按其性质一般可分为物理风化作用（主要包括热胀冷缩、冰劈作用及盐分结晶等）、化学风化作用（主要包括溶解作用、水化作用及氧化作用等）和生物风化作用（主要指化学分解作用）等三大类。

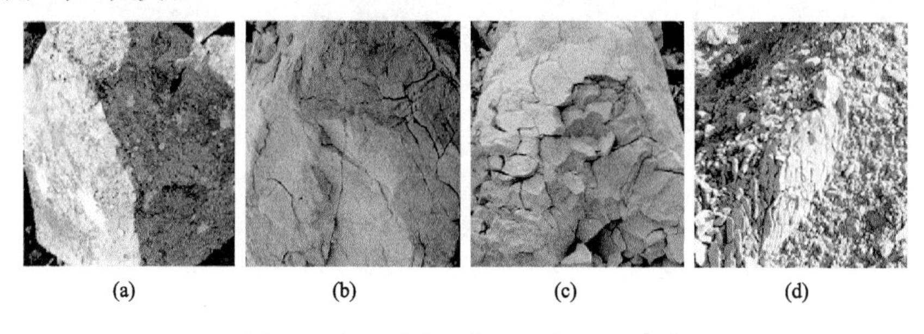


图 2-3　极弱胶结岩体风化演化过程[152]

(a) 风化 3 d；(b) 风化 30 d；(c) 风化 100 d；(d) 风化 300 d

极弱胶结岩体在自然条件下极易风化，短时间暴露开裂，随着时间的延续，岩石逐渐由大块变成小块甚至完全碎裂。岩石的风化作用导致岩石强度不断降低[151]，一方面风化作用造成岩石开裂或在其内部产生新的裂隙，使得岩石多次被分裂成更小的岩块，不断破坏岩石的完整性与结构性，导致岩石原有的结构连接被削弱或甚至丧失其结构性，岩石逐渐由坚硬变为松软，导致岩石承载能力的下降。另一方面，风化作用造成岩石的黏土矿物成分发生变化，原生矿物逐渐被次生矿物代替；原生矿物（石英、云母、长石等）的物理化学性质较为稳定，次生矿物主要为黏土矿物、氧化物胶体与可溶盐类，易水解削弱了颗粒之间的连接及增大了孔隙，这就导致了岩石的物理力学性质发生变化，引起岩石的微观结构发生改变，造成岩石强度的降低。

### 2.1.4　极弱胶结岩体水理特性

软岩在外力或水的作用下产生体积增大的现象，称为软岩的膨胀性；根据软岩产生的膨胀机理，将膨胀性分为内部膨胀性（层间膨胀）、外部膨胀性（粒间膨胀）及应力膨胀性（受力扩容）等三大类[26]。软岩的崩解性是指在外力或水的作用下产生片状剥离的现象，可分为水作用下在软岩内部产生不均匀膨胀力造成崩裂，与在外力作用下造成软岩局部应力集中而引起巷道向临空面崩裂等两大类[26]。极弱胶结岩体黏土矿物成分以高岭石为主，为微膨胀性软岩，但极弱胶结岩体遇水后在短时间内极易泥化、崩解[153]。对于软岩的水理性质研究，可进行软岩的吸水特性试验，揭示其吸水规律；可研究不同浸水时间或含水率条件下软岩的物理与力学性质试验，揭示水对软岩强度与变形的影响规律。但是，由于极弱胶结岩体遇水极易泥化、崩解，无法做相关试验，仅做了其泥化崩解试验，力图再现极弱胶结岩体遇水泥化、崩解的过程。

由图 2-4 可知，极弱胶结岩体遇水后随即泥化、崩解，烧杯内清水即刻变浑浊，岩石随即崩解，随着时间的延续，烧杯底板泥状沉淀物越来越多；岩石逐渐由大块变为小块状，且其表面越来越圆滑。研究表明[34,69]：高岭石、伊利石黏土矿物颗粒与水相互作用时，水分子可进入高岭石黏土矿物颗粒之间，形成极化的水分子层，并通过不断吸水引起水分子层厚度的增加，造成高岭石黏土矿物的外部膨胀；水分子可进入伊利石黏土矿物晶胞层间，形成矿物内部层间水分子层，也可通过不断吸水以增加水分子层的厚度，造成伊利石黏土矿物的内部膨

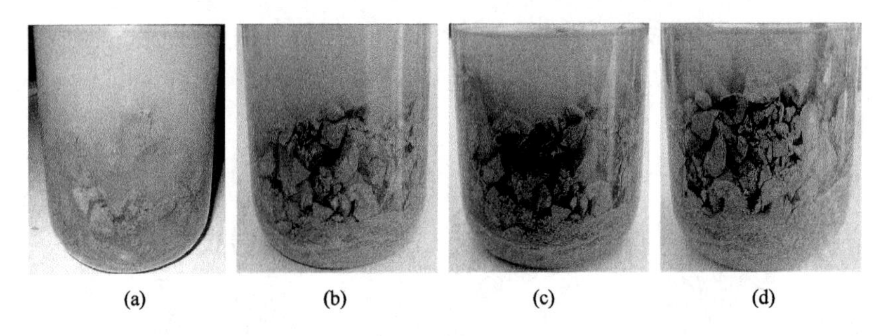


图 2-4　极弱胶结岩体泥化崩解试验

(a) 浸水 1 d;(b) 浸水 7 d;(c) 浸水 21 d;(d) 浸水 28 d

胀。烧杯中泥状物主要为高岭石、伊利石等黏土矿物，软岩遇水后引起岩粒的吸附水膜厚度增加，产生了黏土矿物的体积膨胀，进而造成岩石体积产生膨胀。但是软岩的膨胀性是不均匀的，在岩石内部产生不均匀膨胀应力，造成在软岩内部产生新裂隙、孔隙或原始裂隙的不断扩张、连接与贯通，进而破坏了软岩的内部结构，最终导致了岩石崩裂破坏[26]。

## 2.2　极弱胶结岩体基本力学性质

由于极弱胶结岩体的胶结性极差、强度较低，造成该类软岩极为破碎，即使岩样受到较小扰动也易碎裂，很难或几乎不可能将岩块或大直径圆柱体岩样通过取芯做成标准岩样，这种做成标准岩样的方法成功率不足 1%，甚至为零；即便将大直径圆柱体岩样进行简单切割，岩样受到扰动就会在其端头或表面开裂，大部分岩样在切割过程中破坏。另外即使岩样在切割过程中未破坏，而在岩样两端面打磨过程中又有许多因扰动而破裂，成功率极低，不足 10%。在试验时采用大直径岩样，由于这类岩样采用地质钻取芯获得，造成岩样表面粗糙，极为不光滑，并且岩样直径有变异，这都对试验结果产生极为不利的影响，造成试验结果离散性较大，大部分岩样的试验结果根本不能使用，试验成功率极低。以上这些因素造成了极弱胶结岩体试验数据较少，这也是目前对极弱胶结岩体相关研究涉及甚少的主要原因。本节采用 MTS 815.02 型电液伺服岩石力学试验系统进行极弱胶结岩体完整岩样的常规单轴与三轴试验，研究其强度与变形特性。基于有限的试验数据，力图揭示极弱胶结岩体强度与变形特性，为极弱胶结地层巷道支护设计提供基础数据。

岩石是一种非均质地质材料，不同尺寸的岩石强度与变形特性等有一定的差异，即存在尺寸效应现象[154]。国际岩石力学学会(ISRM)对岩样的形状、尺寸、加工精度及加载速度等均进行了相关规定，目前采用的标准试件尺寸为 $\phi$50 mm×100 mm 的圆柱体，对于试件高径比不符合要求的，可照 ISRM 建议公式进行修正，修正公式如下[155]：

$$\sigma_{cx} = 0.889\sigma'_{c}(0.778 + 0.22\frac{H}{D}) \tag{2-1}$$

式中　$\sigma_{cx}$——修正后高径比为 2 时的岩样抗压强度，MPa；

$\sigma'_{c}$——高径比不为 2 时的岩样抗压强度，MPa；

$H$——岩样的实际高度，mm；

$D$——岩样的实际直径，mm。

### 2.2.1　岩样强度与变形特性分析

采用 MTS 815.02 型电液伺服岩石力学试验系统进行了极弱胶结岩体完整岩样的常规单轴与三轴试验，其全应力—应变曲线如图 2-5 所示，力学性质参数详见表 2-3。

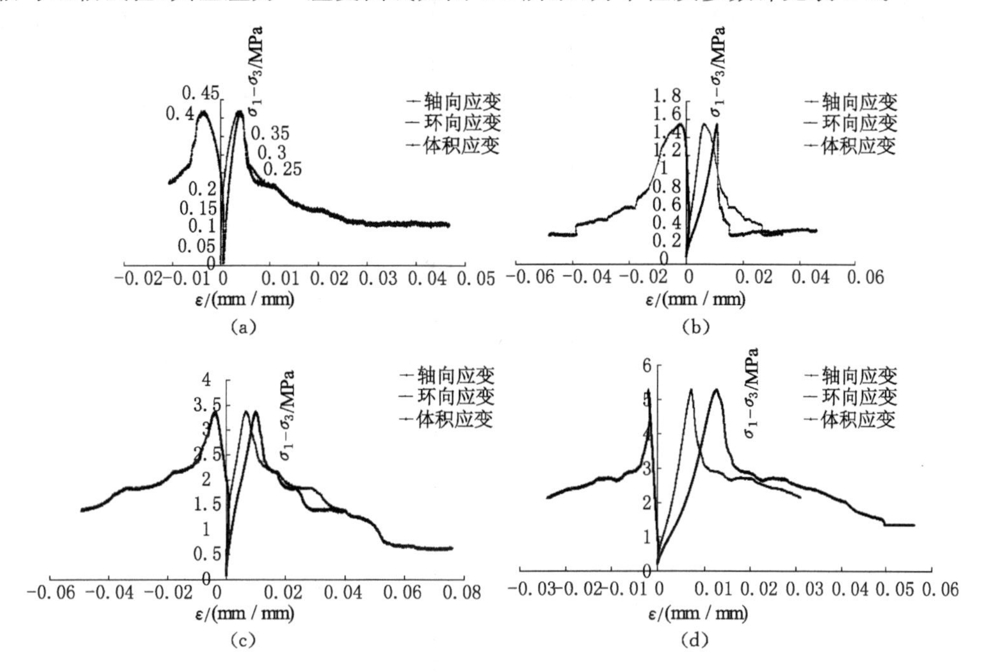


图 2-5　完整岩样单轴与三轴压缩应力—应变曲线

(a) 单轴试验；(b) 围压为 1 MPa 三轴试验；(c) 围压为 2 MPa 三轴试验；(d) 围压为 4 MPa 三轴试验

**表 2-3　　完整岩样单轴与三轴压缩试验力学性质参数**

| 序号 | 含水率/% | 围压/MPa | 弹性模量/GPa | 泊松比 | 峰值强度/MPa | 残余强度/MPa | 峰值应变/(mm/mm) | | |
|---|---|---|---|---|---|---|---|---|---|
| | | | | | | | 轴向 | 环向 | 体积 |
| 1 | 12.54 | 0 | 0.202 | 0.337 | 0.42 | 0.00 | 0.004 1 | 0.003 7 | −0.003 3 |
| 2 | 12.47 | 1 | 0.302 | 0.331 | 2.55 | 1.37 | 0.010 7 | 0.006 4 | −0.002 2 |
| 3 | 13.12 | 2 | 0.308 | 0.329 | 5.38 | 2.63 | 0.011 0 | 0.006 9 | −0.002 8 |
| 4 | 13.22 | 4 | 0.312 | 0.326 | 9.28 | 5.34 | 0.012 4 | 0.007 2 | −0.002 1 |

注：图表中环向应变压缩为“－”，膨胀为“＋”，体积应变压缩为“＋”，扩容为“－”。

由图 2-5 可知，极弱胶结岩体的全应力—应变曲线可分为压密、弹性、塑性、应变软化及残余等 5 个阶段；峰值点作为应力—应变曲线的分界点，将曲线划分为峰前区与峰后区，岩石峰前区与峰后区的环向应变、体积应变曲线有明显差异，在峰后区的环向与体积变形速率比峰前区大很多，甚至在瞬间突然增加。峰值点可作为岩样结构稳定与否的突变点，表征岩样从完整变形体结构转化为块体结构，或从稳定结构转变为非稳定结构。峰前区包括压密阶段、弹性阶段及塑性阶段，在压密阶段与弹性阶段岩样变形以微裂隙、孔隙的压密及固体颗粒骨架的压缩为主，且卸载后变形可恢复，为可恢复的弹性变形；在峰前区岩样是完整单元体，试验曲线反映的是完整单元体的变形性质。峰后区包括应变软化阶段、残余阶段，在塑性阶段与峰后区岩样变形主要为原生微裂隙的张开、扩展、贯通形成较大的裂隙及次生新裂隙的形成与扩展等，造成岩石损伤程度的不断积累、承载能力下降，且卸载后变形不可恢复，为永久性的塑性变形；峰后区在岩样内已形成主控破裂面，且贯穿整个岩样，将岩样切割成若干个岩块，各岩块之间存在一定的结构关系，岩样的力学性质主要受主控破裂面的支配。并且在应力达到峰值强度之后，随着岩样变形量的不断增加，其强度发生劣化，产生“应变软化”现象；极弱胶结岩体表现出较强的应变软化特性，随着围压的提高，应变软化特性有所减弱，但减弱幅度不大。

2.2.1.1 变形特征分析

对于岩石类材料进行变形特性分析时，多采用变形参数 $E$、$\mu$ 来表征，而变形参数一般常通过室内岩石单轴压缩试验数据获得，其具体表达式为[227-228]：

$$\begin{cases} E = \dfrac{\sigma_1}{\varepsilon_1} \\ \mu = \dfrac{\varepsilon_3}{\varepsilon_1} \end{cases} \tag{2-2}$$

式中 $E$——弹性模量，MPa；

$\mu$——泊松比；

$\sigma_1$——轴向应力，MPa；

$\varepsilon_1$——轴向应变，mm/mm；

$\varepsilon_3$——环向应变，mm/mm。

体积应变的变化规律从另一侧面反映了岩石变形破坏的特征，可根据弹性力学基本假设推导出体积应变的计算公式[227-228]：

$$\varepsilon_v = \frac{\Delta V}{V} = \varepsilon_1 + \varepsilon_2 + \varepsilon_3 = \varepsilon_1 + 2\varepsilon_3 \tag{2-3}$$

式中 $\varepsilon_v$——体积应变，mm/mm；

$\Delta V$——体积的增量，$mm^3$；

$V$——岩样的原体积，$mm^3$；

$\varepsilon_2$、$\varepsilon_3$——环向应变，mm/mm，对于常规三轴试验而言，$\varepsilon_2 = \varepsilon_3$。

岩石类材料的弹性模量可用全应力—应变曲线的弹性阶段(应力—应变直线段)的斜率来表示，若弹性阶段应力—应变曲线为非线性时，一般可用割线模量来表示；泊松比为弹性阶段环向与轴向应变的比值，岩石类材料的泊松比为 0.15～0.35，但往往岩石的环向变形是非线性的，造成在弹性阶段之后泊松比急剧增加且数值较大，此时可称为广义泊松比[155-156]。完整岩样弹性模量与泊松比数值详见表 2-3，弹性模量与围压的关系曲线如图2-6所示。

将极弱胶结岩体完整岩样弹性模量与围压的关系曲线中的数据进行回归分析，可得到弹性模量与围压的关系为：$E = -0.108\ 4e^{-\frac{\sigma_3}{0.397\ 7}} + 0.310\ 4$，相关系数为 $R^2 = 0.998$；由表 2-3、图 2-6 可知，岩样的弹性模量随围压增加而增大，当围压增加到一定数值后，再提高围压其弹性模量增加幅度不大。围压对弹性模量的影响，体现了围压对岩石内部微裂隙的挤压密实作用，在围压作用下岩石内部的微裂隙被压密而闭合，提高了岩样的密实度，其弹性模量有所提高；当围压增加到一定数值后，在围压的挤压作用下岩石内部的微裂隙基本处

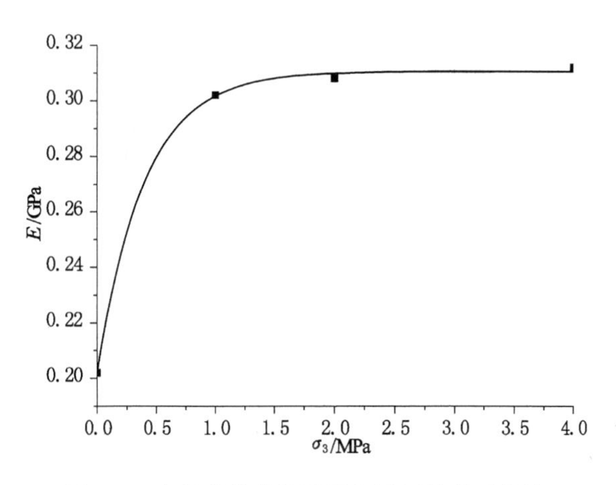


图 2-6 完整岩样弹性模量与围压的关系曲线

于闭合状态，但其原始孔隙具有一定的结构性，在低围压作用下难以完全闭合，故此后再提高围压，岩样的密实度基本不会增加，故岩样的弹性模量与之前数值相比相差不大。试验结果表明，在不同围压下岩样的泊松比相差不大，则可认为在加载状态下岩石的泊松比近似为常数。

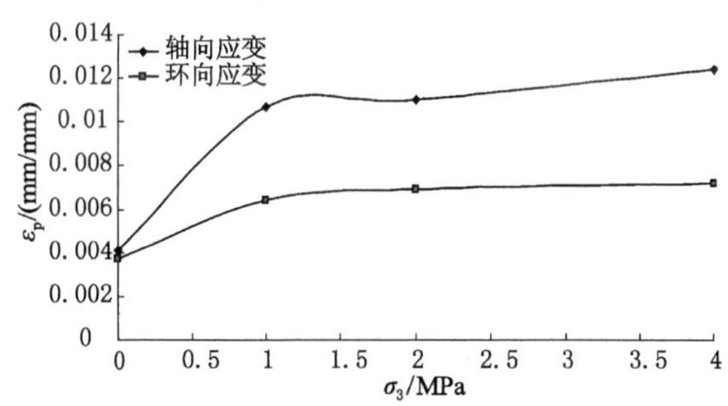


图 2-7 完整岩样峰值应变与围压的关系曲线

由图 2-5 可知，随着围压的提高，极弱胶结岩体完整岩样的峰值强度逐渐增大，峰值强度处的塑性变形也随之增大，即围压 $\sigma_3$ 与峰值应变 $\varepsilon_p$ 之间存在某种关系，完整岩样的峰值应变与围压的关系如图 2-7 所示。分析可知，峰值轴向及环向应变随着围压的增加呈非线性增大，并且峰值点处的轴向应变均比相对应的环向应变大，在峰值点处均产生了体积扩容现象；对峰值轴向应变而言，$\varepsilon_{p1}=-0.0078e^{-\frac{\sigma_3}{0.6064}}+0.0119$，相关系数为 $R^2=0.948$；对峰值环向应变而言，$\varepsilon_{p3}=-0.003e^{-\frac{\sigma_3}{0.6802}}+0.0071$，相关系数为 $R^2=0.996$。

在单轴与三轴压缩试验过程中，岩石环向应变与体积应变的变化规律从另一侧面反映了岩石变形破坏的特征。在单轴与三轴压缩试验过程中体积应变一直是不断变化的，当荷载较小时，岩样处于压缩状态，且压缩变形量随荷载的增加而增大；当荷载达到某一临界数值后，曲线出现反向弯曲，即产生了体积膨胀现象（体积扩容），且这一过程是非线性、不可逆的，完整岩样的环向应变及体积应变与轴向应变的关系如图 2-8 所示。极弱胶结岩体的孔隙率较高，在荷载作用下产生较大的压缩变形，但其原始孔隙具有一定的结构性，在低围压作用下难以完全闭合，试验时并未改变原岩的结构性，故岩样在体积压缩变形后产生了扩容现象。

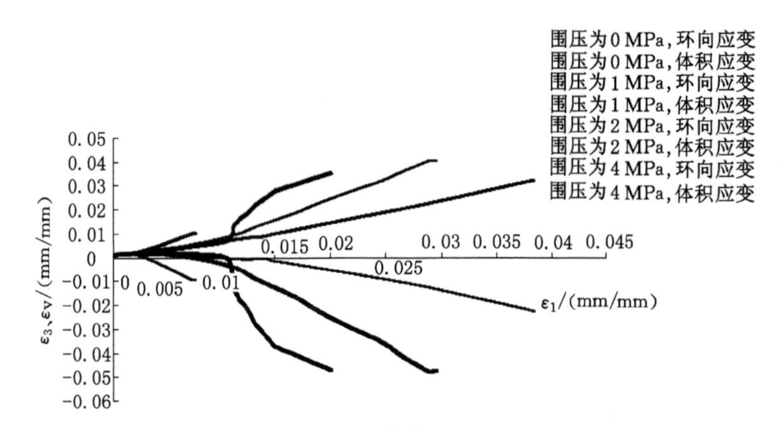


图 2-8 完整岩样环向及体积应变与轴向应变的关系曲线

将体积应变曲线与轴向应变的交点称为体积转化临界点,对应的应力称为临界应力,在体积转化临界点之前,即荷载小于临界应力时,岩样的体积处于压缩状态;在体积转化临界点之后,即荷载大于临界应力时,岩样的体积处于扩容状态,即体积符号由"+"转为"-"。当围压为零时,临界应力为0.25 MPa,约为峰值应力的59.52%;当围压为1 MPa时,临界应力为2.31 MPa,约为峰值应力的90.59%;当围压为2 MPa时,临界应力为4.08 MPa,约为峰值应力的75.84%;当围压为4 MPa时,临界应力为5.1 MPa,约为峰值应力的54.96%。对于极弱胶结岩体完整岩样单轴压缩试验而言,其临界应力约为峰值强度的1/2左右;对三轴压缩试验而言,随着围压的提高,岩样的峰值强度不断增加,使得岩样由压缩转为扩容所需的临界应力也随之增大;又因围压的提高,降低了因岩样微裂隙闭合而产生的压缩变形,引起岩样初期环向变形的非线性越显著,造成环向变形急剧增加,因此体积应变在较短的时间内由压缩转为扩容,使得临界应力与峰值应力的比值随着围压的增加而减小。

岩石并非是完全线弹性材料,在单轴与三轴压缩试验过程中应力与应变之间并不能较好地保持线性关系,并且环向变形基本上处于非线性增加状态。在试验过程中岩样的环向变形呈非线性增加,且增加速度较快,使得体积应变急速变化,体积应变曲线上几乎没有反弯点,在达到原始体积之前基本处于近似线性增加状态;在达到原始体积之后,体积应变迅速转向逆方向增加到峰值。由图2-5和图2-8可知,岩样破坏前后具有明显的体积膨胀特性,即岩样体积变形经历了先压缩后膨胀的过程,并且以峰值应力点为体积变化的分界点,在峰值应力之前体积变形较小,在峰值应力之后体积变形迅速增加,峰后破裂围岩膨胀变形(扩容变形)是造成巷道围岩大变形的主要原因,这也是巷道围岩控制主要支护对象;并且反映出围压对岩石体积扩容变形的抑制作用,即随着围压的提高,岩石峰后体积应变曲线逐渐变缓,或者说岩石峰后体积膨胀特性逐渐减弱;随着围压的提高,岩样扩容变形出现得越迟,即由压缩转变为扩容的转折点出现得越迟,岩样扩容之前的压缩变形量越大。围压对岩石体积扩容变形的抑制作用对软岩巷道支护有重要意义,这说明在软岩巷道围岩破裂后,通过适当提供支护抗力,可较好地控制软岩巷道围岩的大变形与破坏。

2.2.1.2 强度特征分析

岩石类材料在压应力作用下,产生剪切破坏(压剪破坏),其抗剪强度与材料的强度参数

（内聚力、内摩擦角）有关，故可用岩石的内聚力和内摩擦角来表征其强度特性。

Mohr-Coulomb（M-C）强度准则的一般表达式为[155-156]：

$$\tau = c + \sigma\tan\varphi \tag{2-4}$$

式中　$\tau$——岩石的极限剪应力（抗剪强度），MPa；

$\sigma$——岩石的正应力，MPa；

$c$——岩石的内聚力，MPa；

$\varphi$——岩石的内摩擦角，(°)。

M-C 强度准则采用主应力时的表达式为[227-228]：

$$\sigma_1 = \sigma_c + \xi\sigma_3 \tag{2-5}$$

式中　$\sigma_1$——最大主应力，MPa；

$\sigma_3$——最小主应力，MPa；

$\sigma_c$——理论上岩石的单轴抗压强度，MPa，$\sigma_c = 2c \cdot \cos\varphi/(1-\sin\varphi)$；

$\xi$——强度线的斜率，$\xi = (1+\sin\varphi)/(1-\sin\varphi)$。

由式(2-5)可得岩石的强度特性参数 $c$、$\varphi$：

$$\begin{cases} c = \sigma_c \dfrac{1-\sin\varphi}{2c \cdot \sin\varphi} \\ \varphi = \arcsin\dfrac{\xi-1}{\xi+1} \end{cases} \tag{2-6}$$

岩石的强度通常采用峰值强度与残余强度来表示，峰值强度是指在单轴或三轴压缩试验过程中岩样所承受的最大荷载，即抵抗岩石破坏的能力，并与围压关系密切相关；残余强度是指在岩样破坏后由破裂面摩擦力所提供的承载能力。由于岩样破坏模式不同，在破坏过程中的轴向应力与围压不同，故不同岩样的残余强度与围压的关系不尽相同。可分别对上述单轴与三轴压缩试验岩样的峰值强度、残余强度数据进行统计分析，可得到极弱胶结岩体完整岩样的峰值强度、残余强度与围压的关系，如图 2-9 所示。

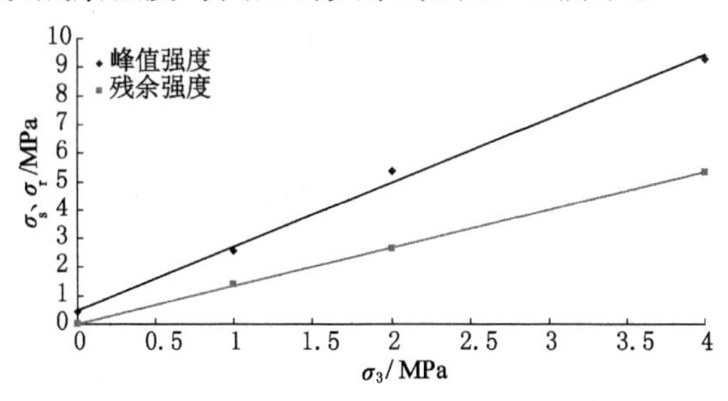


图 2-9　完整岩样峰值强度及残余强度与围压的关系曲线

利用 M-C 强度准则进行简单回归后可得：$\sigma_1 = 2.2374\sigma_3 + 0.492$，相关系数为 $R^2 = 0.995$，根据式(2-5)可以计算出岩样的内聚力与内摩擦角，即 $c = 0.17$ MPa，$\varphi = 22.47°$；峰值强度与围压的关系为 $\sigma_s = 2.2374\sigma_3 + 0.492$，相关系数为 $R^2 = 0.995$；残余强度与围压的关系为 $\sigma_r = 1.3309\sigma_3 + 0.006$，相关系数为 $R^2 = 1$，根据式(2-5)可以计算出在残余阶段时岩样的内聚力与内摩擦角，即 $c = 0.003$ MPa，$\varphi = 0.006°$。

### 2.2.2 岩样破坏模式分析

岩石单轴与三轴试验结果表明，岩样的破坏模式极其复杂，与岩样自身的物理力学性质及试验条件等因素紧密相关；岩样单轴与三轴试验后宏观破坏模式有较大的差异，试验机端面引起的“环箍效应”对岩样的破坏模式有较大影响，可改变岩样的破坏模式，造成单轴试验岩样的破坏模式较为复杂。概括来说，单轴试验时岩样的破坏模式多数是与其轴向平行或近似平行的破裂破坏；三轴试验时岩样的破坏模式多数为剪切破坏，一般在岩样中存在明显的剪切破坏面。极弱胶结岩体完整岩样的典型破坏状况如图 2-10 所示，极弱胶结岩体完整岩样的破坏模式如图 2-11 所示。

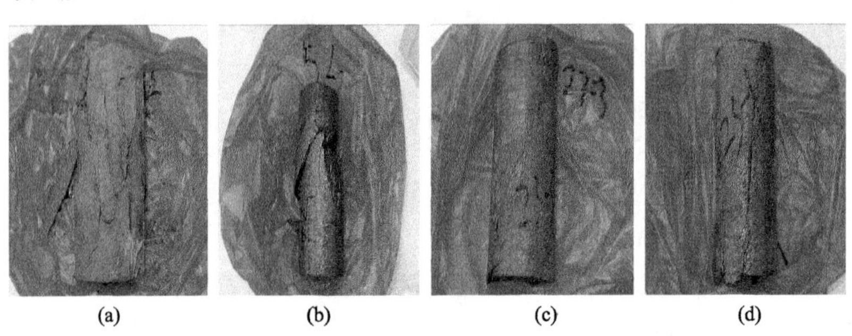

(a) (b) (c) (d)

图 2-10 完整岩样单轴与三轴压缩试验典型破坏状况

(a) CP=0 MPa；(b) CP=1 MPa；(c) CP=2 MPa；(d) CP=4 MPa

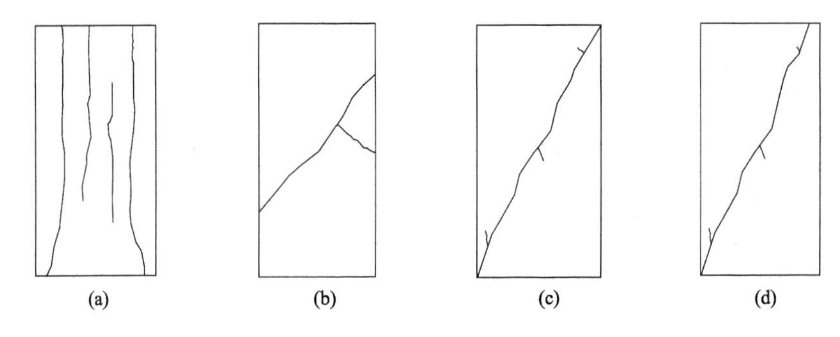

(a) (b) (c) (d)

图 2-11 完整岩样单轴与三轴压缩试验破坏模式

(a) CP=0 MPa；(b) CP=1 MPa；(c) CP=2 MPa；(d) CP=4 MPa

(1) 完整岩样单轴压缩试验破坏模式

岩样破坏后其破坏模式为以轴向劈裂(柱状劈裂)为主的破坏形式，如图 2-11(a)所示。岩样破坏后沿轴向存在许多劈裂面，且这些劈裂面与岩样轴向平行或近似平行，岩样破坏后形成多个长条状岩块。

(2) 完整岩样三轴压缩试验破坏模式

① 单一剪切破坏形式——岩样破坏后其破坏模式为以单一剪切面破坏为主的破坏形式，如图 2-11(c)和图 2-11(d)所示。在破坏的岩样内，存在一个贯穿岩样轴向大部分断面的剪切破坏面，将岩样分为上下两个三角形岩块；且在两个岩块交界面(剪切破坏面)上存有一些搽痕与岩粉，这是由于在上下两岩块之间产生剪切滑移过程中剪切面局部凹凸不平处应力集中部位形成的二次剪切破坏。

② 多组剪切破坏形式——岩样破坏后其破坏模式为以多组剪切破坏面为主的破坏形式，如图 2-11(b)所示。在破坏岩样中，存在两条或两条以上的剪切破坏面，剪切面之间或近似平行，且通过其他剪切破坏面相连在一起；或以斜交贯穿的方式相互连接，造成破裂面贯穿岩样整体。

## 2.3 本章小结

本章主要对取自蒙东五间房矿区典型的极弱胶结岩体完整岩样，开展了极弱胶结岩体基本物理与力学性质试验研究，揭示了极弱胶结岩体的强度与变形特性，分析了岩样的破坏模式。主要研究结论如下：

(1) 通过对极弱胶结岩体的全岩矿物衍射试验，反映了五间房矿区极弱胶结岩体黏土矿物成分以高岭石为主，黏土矿物成分总含量高达 54%～69%，不含有强膨胀性黏土矿物蒙脱石，遇水后具有一定的膨胀性，属于微膨胀性软岩；在自然条件下极易风化，短时间暴露开裂，随着时间的延续，岩石逐渐由大块变成小块以至完全碎裂。

(2) 通过对极弱胶结岩体微观结构与水理特性的分析，反映了极弱胶结岩体的微观结构为蜂窝状，由片状颗粒相互叠加在一起，孔隙多且连通性好，整体结构性较差，遇水易发生水化反应，造成孔隙率增加与强度降低；同时遇水后即刻泥化、崩解，崩解性较强。

(3) 基于极弱胶结岩样单轴与三轴试验，获得了极弱胶结岩体全应力—应变曲线，反映了压密、弹性、塑性、应变软化及残余等 5 个阶段特性。峰前区与峰后区的环向应变、体积应变曲线有明显差异，峰值点可作为岩样结构稳定与否的突变点，表征岩样从完整变形体结构转化为块体结构，或从稳定结构转变为非稳定结构。

(4) 通过对试验数据的回归分析，反映了弹性模量、泊松比与围压之间的关系，岩样的弹性模量随围压的增加呈指数关系增大；当围压增加到一定数值后，再提高围压其弹性模量增加幅度不大。而不同围压下岩样的泊松比相差不大，可认为在加载状态下岩石的泊松比近似为常数。

(5) 在分析极弱胶结岩体全应力—应变曲线特性的基础上，揭示了极弱胶结岩体完整岩样的体积应变规律。岩样破坏前后具有明显的体积膨胀特性，即岩样体积变形经历了先压缩后膨胀的过程，峰后破裂围岩膨胀变形(扩容变形)是造成巷道围岩大变形的主要原因；且随着围压的提高，峰后体积膨胀特性逐渐减弱。

(6) 基于极弱胶结岩样的单轴与三轴试验，总体上可将极弱胶结岩体完整岩样的破坏模式分为轴向劈裂(柱状劈裂)破坏形式、单一剪切破坏形式与多组剪切破坏形式等三大类型。

# 3 极弱胶结岩体再生结构的形成与力学性质试验研究

岩石是矿物颗粒的集合体，有着复杂的组成成分和结构特征，具有明显的非均匀性，导致其力学性质较为复杂[100,157]。岩石的全应力—应变曲线表明，岩石变形破坏是一个分阶段渐进破坏过程，岩石破坏后仍具有一定的承载能力[158]；围压可以改变岩石峰后力学性质，可将峰后的应变软化特征转化为塑性流动或应变硬化特征[150,159]。极弱胶结岩体中黏土矿物成分含量较高，胶结程度较差，胶结物为泥质胶结，对水较为敏感，可塑性较强。因此，在一定应力与含水率条件下，采用可行的试验装置，可利用破坏后的极弱胶结岩体形成具有一定承载能力的再生结构；且极弱胶结岩体再生结构的强度与变形特性受应力及含水率影响较大，开展不同应力及含水率条件下极弱胶结岩体再生结构的强度与变形特性研究，对充分发挥围岩自承载能力具有重要意义。

岩石破坏后仍具有一定的承载能力，在一定的支护条件下充分利用这一承载特征，可提高围岩与支护结构的稳定性。但是，岩石从峰前强度到峰后弱化直至破坏是一个极其复杂的力学过程，且破坏后岩石的物理力学性质与结构特性等均发生了较大变化[158]。一方面破坏后的极弱胶结岩体在一定应力与含水率条件下可形成具有一定承载能力的再生结构；另一方面这种再生结构在围岩应力状态、自身特性与外界环境因素发生改变时会再破坏，造成其力学性质的进一步降低，导致围岩再次失稳破坏。因此，研究极弱胶结岩体破坏后的结构重组及再破坏，为进行极弱胶结地层巷道变形破坏机理分析与支护技术研究提供理论依据。

本章采用自主研制的极弱胶结岩体再生结构形成试验装置，揭示极弱胶结岩体再生结构的形成过程；然后采用 MTS 电液伺服控制试验机进行不同应力及含水率条件下极弱胶结岩体再生结构的强度与变形特性的单轴、三轴加卸载试验，研究极弱胶结岩体再生结构的强度与变形规律，揭示围岩破裂、结构重组、再承载与再破坏的动态平衡过程。

## 3.1 极弱胶结岩体再生结构形成试验装置研制

极弱胶结岩体中黏土矿物成分含量较高，胶结程度较差，胶结物为泥质胶结，对水较为敏感，可塑性较强。因此，可借鉴土工试验方法，研制极弱胶结岩体再生结构形成试验装置，探讨在一定应力与含水率等环境条件下极弱胶结岩体再生结构的形成过程，并为极弱胶结岩体再生结构单轴与三轴加卸载试验提供岩样。由于现有的单轴或三轴试验机没有足够的使用时间及试验空间或合适的加载量程，无法有效地进行极弱胶结岩体再生结构的形成试验。因此，需研制极弱胶结岩体再生结构形成试验装置，以满足进一步试验要求。

### 3.1.1 极弱胶结岩体再生结构形成试验装置组成

在查阅大量文献的基础上，借鉴土体固结与杠杆加载原理[160]，研制了极弱胶结岩体再生结构形成试验装置，如图 3-1 所示。极弱胶结岩体再生结构形成试验装置由加载系统、约束系统及数据采集系统等三部分组成。加载系统主要由横梁、立柱、底板、柱梁联结件、底部加固件、加载杆及压杆等组成；约束系统主要由模具、加盖帽、透水石等组成；数据采集系统主要有压力传感器、位移传感器、DateTaker 515 数据采集仪及微机等组成。极弱胶结岩体再生结构形成试验装置应用情况如图 3-2 所示。

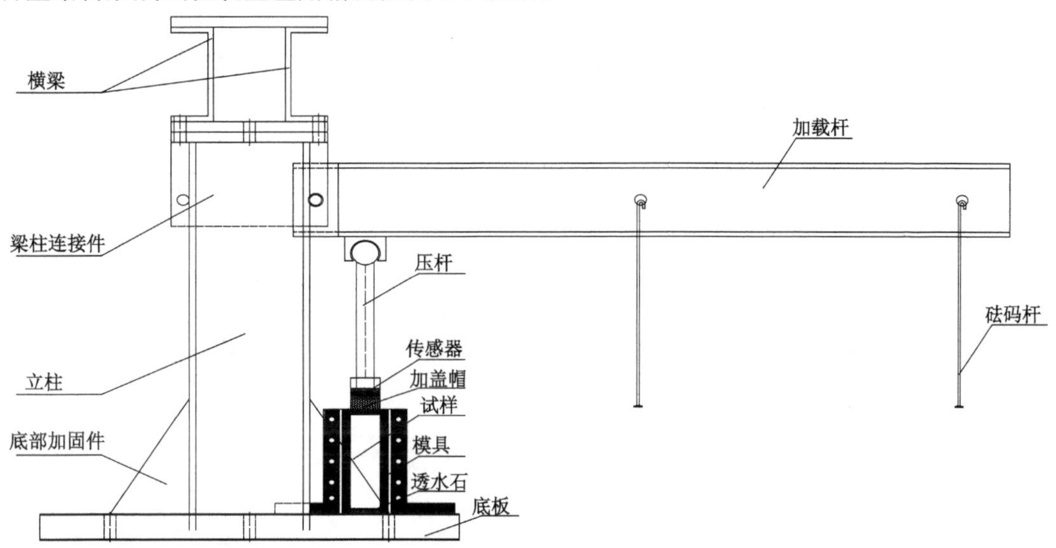


图 3-1 极弱胶结岩体再生结构形成试验装置示意图

图 3-2 极弱胶结岩体再生结构形成试验装置实物图

(1) 加载系统

加载系统主要由横梁、立柱、底板、柱梁联结件、底部加固件、加载杆及压杆等组成，横梁由水平放置的2根槽钢及槽钢上下面焊接的2块钢板组成，槽钢型号为[18#，钢板的尺寸为165 mm×26 mm×20 mm；立柱由垂直放置的1根槽钢及槽钢下面焊接的1块钢板组成，槽钢型号为[20#，钢板的尺寸为700 mm×200 mm×20 mm；底板由水平放置的3根工字钢及工字钢上面焊接的1块整体钢板组成，工字钢型号为I20#，两块钢板的尺寸为1 950 mm×900 mm×20 mm；立柱与横梁、底板之间采用M20×10型六角螺栓连接。为了进一步对结构进行加固，在顶板横梁上端两根槽钢之间加4块120 mm×18 mm×10 mm的钢板(加强钢板)；为了更好保护结构整体的稳定性，在立柱的底部相应位置上正面各增加2块50 mm×50 mm×10 mm的三角体加强板，在前后两侧面各增加4块250 mm×150 mm×10 mm的三角体加强板，保证上部结构的稳定。加载杆采用I14#工字钢制作，为了有效地提供荷载，在加载杆开2个配重放置孔，1号孔距加载点539.7 mm，2号孔距加载点1 079.5 mm。另外还有压杆、加盖帽、砝码架及配重块等配件，压杆端面为球形截面，一方面可以保证由加载杆施加的荷载通过压杆传递垂直施加到加盖帽上，另一方面由于球形装置可灵活调节加载状态，防止在加载时因荷载偏心造成加载装置倒塌，增加了加载装置的稳定性。砝码架由钢筋加工而成，分为两类，1号孔放置的规格为$\phi$8 mm×800 mm，由于1号孔放置的砝码较多，故在砝码架中间部位没有焊接托盘；2号孔放置的规格为$\phi$8 mm×600 mm，因2号孔放置的砝码较少，故在砝码架中间部位焊接托盘，便于砝码的分类放置与加载。加载砝码规格为1 kg、5 kg、10 kg、20 kg。

(a)

(b)

(c)

图3-3 极弱胶结岩体再生结构形成试验装置加载系统实物图

(2) 约束系统

约束系统主要由模具、加盖帽、透水石等组成，模具是极弱胶结岩体再生结构形成(结构重组)的关键装置，是盛装极弱胶结岩体粉状物与水混合后形成的均匀混合物的容器，也是在承受加载杆与压杆传递固结压力时限制岩样环向变形的约束装置。在破碎岩体结构重组过程中，为了限制试件的环向变形，要求模具提供的环向约束力较大，而自身变形较小。模具采用45#钢制作，内径为50 mm，外径为70 mm，高度为200 mm。为便于将极弱胶结岩体再生结构岩样取出，而采用双开结构设计，在其侧向延伸处("双耳")设置螺栓孔，采用螺栓连接，为了防止模具中岩样在承受竖向荷载时在"双耳"处被挤出，故在"双耳"处一侧开有凹槽，另一侧安设嵌入键，增加"双耳"链接处的封闭性及整体性。另外，为了保证在加载过程中防止模具倾倒，故在模具底板焊接一厚圆盘，直径为300 mm，厚度为20 mm，以增加其受力面积与稳定性。加盖帽一方面承受与传递由压杆传出的固结压力，另一方面防止在竖向固结压力作用下模具内的岩样沿着竖向方向挤出，起着竖向约束作用。另外，为了使在加载过程中存在于岩样中的气体与水分及时排除，保证极弱胶结岩体再生结构的形成，在加盖帽上开设贯通性小孔，共3圈，小孔直径为1 mm，这就保证了在加载过程中气体与水分的及时排放，降低了岩样的孔隙率，有利于极弱胶结岩体再生结构的形成。

(a)

(b)

(c)

图3-4　极弱胶结岩体再生结构形成试验装置约束系统实物图

（3）数据采集系统

数据采集系统主要有压力传感器、位移传感器、DateTaker 515数据采集仪及微机等组成，压力传感器采用JHBU—5T型压力传感器，用于监测加载杆与压杆传递的固结荷载值；位移传感器采用YHD—30型位移传感器，用于监测在固结压力作用下再生结构岩样的压缩固结位移量；数据采集采用DateTaker 515配合计算机，用于采集压力及位移传感器输出的数据，数据采集系统如图3-5所示。

(a)

(b)

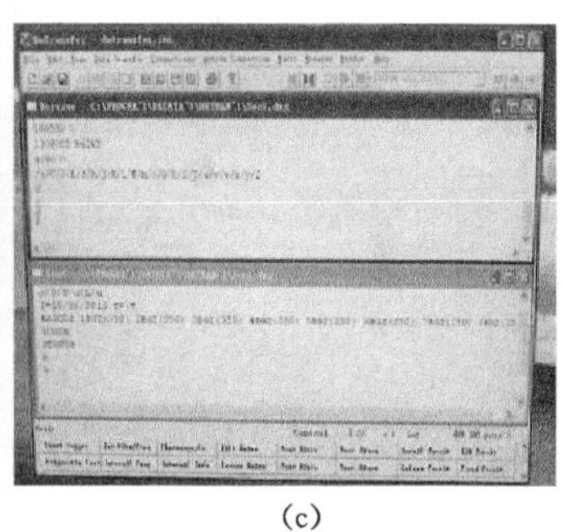

(c)

图3-5　极弱胶结岩体再生结构形成试验装置数据采集系统

### 3.1.2　极弱胶结岩体再生结构形成试验装置压力及位移传感器标定

在使用压力与位移传感器之前，为检验监测设备的灵敏度、精度与稳定性及保证在试验时监测数据的准确性等，需用相关设备与仪器进行标定。

（1）压力传感器标定

采用YNS2000电液伺服万能试验机对JHBU—5T型压力传感器进行标定，标定结果如图3-6所示。

由图3-6可知，1# 压力传感器的标定直线为：$y=-21.128x-543.01$，$R^2=1$；2# 压力传感器的标定直线为：$y=-23.189x-441.65$，$R^2=1$；3# 压力传感器的标定直线为：$y=-21.347x-352.49$，$R^2=1$；4# 压力传感器的标定标定直线为：$y=-22.579x-442.47$，

$R^2=1$。

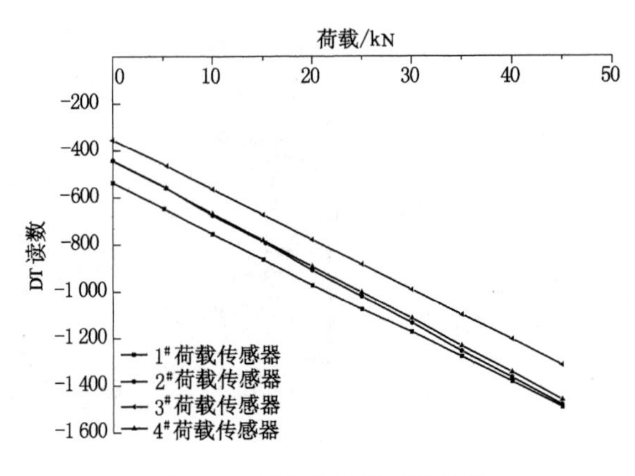


图 3-6　压力传感器标定结果

（2）位移传感器标定

采用位移标定仪对 YHD—30 型位移传感器进行标定，标定结果如图 3-7 所示。

由图 3-7 可知，1# 位移传感器标定标定直线为：$y=-325.21x+3847.3$，$R^2=1$；2# 位移传感器标定标定直线为：$y=-326.08x+4302.6$，$R^2=1$；3# 位移传感器标定标定直线为：$y=-325.6x+4186.3$，$R^2=1$；4# 位移传感器标定标定直线为：$y=-326.62x+4\ 219.5$，$R^2=1$。

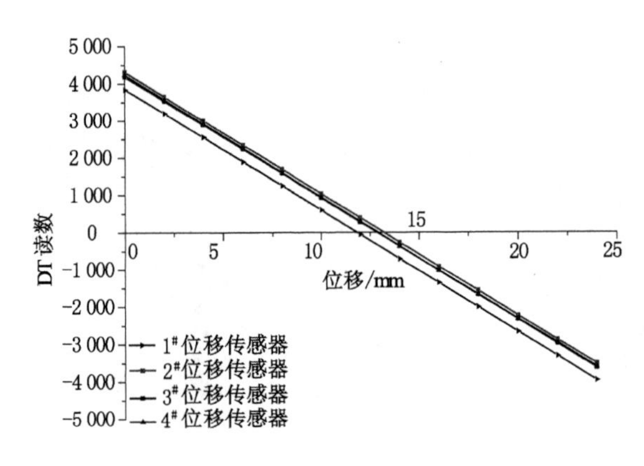


图 3-7　位移传感器标定结果

### 3.1.3　极弱胶结岩体再生结构形成试验装置稳定性分析及参数验算

极弱胶结岩体再生结构形成试验装置选用槽钢、钢板、工字钢加工而成，采用焊接与螺栓连接两种方式进行装配，具有分配组装、灵活性高的特点，装置主要包括横梁、立柱、底板、柱梁联结件、底部加固件、加载杆、压杆与模具及其他配件等部分组成。

（1）基本参数

试件直径为 50 mm，需满足设计最大深度 500 m 范围的破碎岩体再生结构形成试验要求，最大竖向应力约为 12.5 MPa，则需提供的轴向固结压力为 $P=24.53$ kN。

（2）横梁参数验算

① 横梁结构及材料的力学参数计算

横梁由水平放置的2根槽钢及槽钢上下面焊接的2块钢板组成，槽钢型号为[18#，钢板的尺寸为165 mm×26 mm×20 mm。查表可得[161]，[18#槽钢惯性矩为$I_{xc}=1\ 370\ cm^4$；2块钢板到横梁截面中心的惯性矩$2I_{xm}=10\ 434.66\ cm^4$，则横梁的截面惯性矩为$I_x=13\ 174.66\ cm^4$。

② 强度验算

在相同受力条件下，两端固支梁的跨中弯矩值要小于两端绞支梁的跨中弯矩值。由于两端固支梁受力计算比较复杂，绞支梁受力分析相对简单。为安全考虑及便于计算，将横梁的受力简化如图3-8所示。

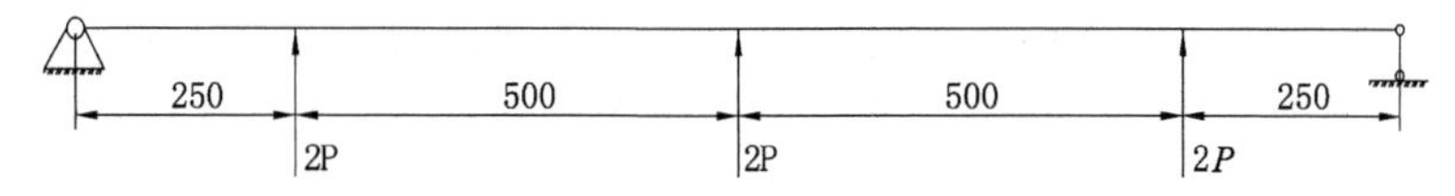


图3-8 横梁受力简图

考虑再生结构形成试验装置的使用安全及施加配重时的误差等因素，在计算时取固结压力$P=30$ kN，则横梁截面的最大弯矩为$37.5\times10^3$ N·m。

横梁截面的最大正应力为：

$$\sigma_{\max}=\frac{M_{\max}\cdot y_{\max}}{I_x}=\frac{37.5\times10^3\times0.11}{13\ 174.66\times10^{-8}}$$

$$=31.31\ \text{MPa}<[\sigma]=\frac{\sigma_s}{n}=\frac{215}{2}\ \text{MPa}=107.5\ \text{MPa} \tag{3-1}$$

横梁截面的最大剪应力为：

$$\tau_{\max}=\frac{F_s}{2b_0h_0}=\frac{3P}{2b_0h_0}=\frac{3\times30\times10^3}{2\times0.009\times0.135}$$

$$=37.04\ \text{MPa}<[\tau]=\frac{\sigma_s}{n}=107.5\ \text{MPa} \tag{3-2}$$

式中 $M_{\max}$——横梁截面的最大弯矩，N·m；

$\sigma_{\max}$——横梁截面的最大正应力，MPa；

$\tau_{\max}$——横梁截面的最大剪应力，MPa；

$F_s$——横梁所承受的支撑力，kN；

$y_{\max}$——横梁横截面上任一点到中性轴最大距离，m；

$b_0$——截面的宽度，m；

$h_0$——截面的高度，m；

$[\sigma_s]$——允许应力，MPa；

$[\sigma]$——允许正应力，MPa；

$[\tau]$——允许剪应力，MPa；

$n$——安全系数，数值取为2。

由上述分析可知，横梁的强度能够满足试验要求。

③ 变形计算

若三对加载杆同时加载，则横梁产生的最大挠度为：

$$\omega_0<3\rho_1=3\times\frac{2Pl^3}{48EI_x}=3\times0.155\ 4\ \text{mm}=0.466\ 2\ \text{mm} \tag{3-3}$$

式中 $\omega_0$——横梁中间部位的最大变形量，mm；

$\rho_1$——横梁中间部位的变形量，mm；

$l$——横梁的长度，m；

$E$——横梁的弹性模量，GPa。

与此同时，在横梁中间焊有 4 块肋板进行加强加固，能够起到加强横梁的稳定性与提高强度的作用，故实际横梁产生的挠度更小，且横梁中间部位的受力也比计算值要小（正常使用时为两对加载杆同时加载），故选择的横梁满足稳定及安全要求。

(3) 立柱参数验算

立柱由垂直放置的 1 根槽钢及槽钢下面焊接的 1 块钢板组成，槽钢型号为[20#，钢板的尺寸为 700 mm×200 mm×20 mm；槽钢截面形状和参数[161]，高度 $h=200$ mm，翼缘宽度 $b=75$ mm，腹板厚度 $d=9$ mm。

① 强度验算

立柱内的正应力为：

$$\sigma_1=\frac{3P}{A_1}=\frac{2\times\dfrac{3}{2}\times30\times10^3}{32.83\times10^{-4}}=27.414\ \text{MPa}<\frac{[\sigma]}{2}=112.5\ \text{MPa} \tag{3-4}$$

式中 $\sigma_1$——立柱内的正应力，MPa；

$A_1$——立柱截面面积，$m^2$。

② 变形计算

$$\Delta l=\frac{F_1 l}{EA_1}=\frac{3Pl}{EA_1}=\frac{2\times\dfrac{3}{2}\times30\times10^3\times1}{206\times10^9\times32.83\times10^{-4}}=0.133\ 1\ \text{mm} \tag{3-5}$$

式中 $F_1$——立柱所承受的荷载，kN；

$\Delta l$——立柱的变形量，mm；

$l$——立柱的高度，mm。

③ 弯曲计算

由横梁和立柱组成的结构受力是完全对称的，取一半结构进行弯曲稳定性分析，则立柱所受到的弯矩值为 $37.5\times10^3$ N·m。

立柱所受的正应力为：

$$\begin{cases}\sigma_{11}=\dfrac{M_1\cdot y_1}{I_{xc}}=\dfrac{37.5\times10^3\times0.021\ 24}{1780\times10^{-8}}=44.75\ \text{MPa}<[\sigma]=\dfrac{\sigma_s}{n}=112.5\ \text{MPa}\\ \sigma_{12}=\dfrac{M_1\cdot y_2}{I_{xc}}=\dfrac{37.5\times10^3\times0.053\ 76}{1\ 780\times10^{-8}}=113.25\ \text{MPa}<[\sigma]=225\ \text{MPa}\end{cases} \tag{3-6}$$

式中 $\sigma_{11}$——立柱截面在腹板处所受最大应力，MPa；

$\sigma_{12}$——立柱截面在翼缘尖端处所受最大应力，MPa；

$y_1$——立柱截面形心主轴到腹板的距离，m；

$y_2$——立柱截面形心主轴到翼缘尖端的距离，m；

$M_1$——立柱所受到的弯矩值，N·m。

则槽钢在荷载作用下所受的最大应力为：

$$\begin{cases}\sigma_{1c}=\sigma_1+\sigma_{li1}=72.16\ \text{MPa}<[\sigma]=112.5\ \text{MPa}\\ \sigma_{2c}=\sigma_{li2}-\sigma_1=85.84\ \text{MPa}<[\sigma]=112.5\ \text{MPa}\end{cases}\tag{3-7}$$

式中 $\sigma_{1c}$——在槽钢腹板处最大拉应力,MPa;

$\sigma_{2c}$——在槽钢翼缘尖端处最大压应力,MPa。

由以上计算结果可知,立柱满足稳定的要求。

(4) 钢板与立柱连接参数验算

钢板与立柱之间进行焊接时,在槽钢的内外侧都要进行焊接。分析可知,除了立柱与两侧肋板之间的竖向焊缝为侧向受力外,其余均为剪应力作用的正向角焊缝,为了安全和方便计算,可以忽略竖向焊缝的作用,只计算正向焊缝的受力状态。计算参数:钢板厚度为 20 mm,槽钢厚度均为 10 mm。

① 焊缝设计

根据钢结构设计原理[161],进行相关计算可得:最大焊脚尺寸为 $h_{fmax}=9$ mm,最小焊脚尺寸为 $h_{fmin}=4.74$ mm,确定焊角尺寸为 $h_f=8$ mm。焊缝有效厚度为 $h_e=5.6$ mm,焊缝外侧计算长度为 $l_1=302$ mm,焊缝内侧计算长度为 $l_2=151$ mm,内外侧焊缝的总长度为 $l_w=453$ mm。

② 焊缝强度验算

考虑到焊缝的不均匀性,验算时每侧立柱上焊缝受力取设计值为 108 kN。焊缝强度验算:

$$\begin{cases}\sigma_h=\dfrac{\sqrt{2}}{2}\dfrac{F_h}{h_e\sum l_w}=\dfrac{\sqrt{2}}{2}\times\dfrac{108\times10^3}{5.6\times453\times10^{-6}}=42.86\ \text{MPa}\\ \tau_h=\dfrac{\sqrt{2}}{2}\dfrac{F_h}{h_e\sum l_w}=\dfrac{\sqrt{2}}{2}\times\dfrac{108\times10^3}{5.6\times453\times10^{-6}}=42.86\ \text{MPa}\end{cases}\tag{3-8}$$

将式(3-8)代入式(3-9)可得:

$$\sqrt{{\sigma_h}^2+3{\tau_h}^2}=85.72\ \text{MPa}\leqslant\sqrt{3}f_f^w=\sqrt{3}\times160=277.13\ \text{MPa}\tag{3-9}$$

式中 $\sigma_h$——作用在焊缝有效截面上的正应力,MPa;

$\tau_h$——作用在焊缝有效截面上的剪应力,MPa;

${f_f}^w$——角焊缝强度的设计值,MPa;

$F_h$——单侧立柱上焊缝受力,kN。

可见,设计焊缝满足强度要求。

同理,横梁与顶部钢板之间焊接方式设计计算过程同上,不再赘述;经计算确定,焊角尺寸为 $h_f=8$ mm,有效厚度为 $h_e=5.6$ mm,内外侧焊缝的总长度 $l_w=344$ mm。强度验算,$\sqrt{{\sigma_h}^2+3{\tau_h}^2}=112.12\ \text{MPa}\leqslant\sqrt{3}f_f^w=\sqrt{3}\times160\ \text{MPa}=277.13\ \text{MPa}$,满足强度要求。

(5) 横梁与立柱之间螺栓受力验算

横梁与立柱之间两端均采用三根高强螺栓进行连接,选用 M20×10 型六角螺栓。以单根立柱作为对象进行强度计算,两边对称加载时,则单根立柱所受到的最大荷载为 90 kN,单个螺栓受力为 30 kN,故单个螺栓承受的最大正应力为:

$$\sigma_{ls}=\frac{F_{ls}}{A}=\frac{30\times10^3}{\dfrac{\pi}{4}\times0.02^2}=95.49\ \text{MPa}\tag{3-10}$$

式中 $\sigma_{ls}$——螺栓承受最大应力,MPa;

$F_{ls}$——每个螺栓受力,kN。

综上计算,螺栓可选用 8.8 级[161](抗拉强度 $f_t^b=400$ MPa,抗剪强度 $f_v^b=320$ MPa)及以上级别,以防止螺栓破断而造成试验架失稳。同理,立柱与底部也采用螺栓连接,亦采用以上规格螺栓,可满足使用要求。

(6) 底板参数计算

底板由 1 块钢板与 3 根工字钢焊接组成,工字钢型号为 I20#,钢板的尺寸为 1 950 mm×900 mm×20 mm。查表可得[161],I20# 工字钢惯性矩为 $I_{xc}=2\ 369\ \text{cm}^4$,截面积为$A=35.5\ \text{cm}^2$。

① 强度验算

将底板的受力简化如图 3-9 所示,底板截面的最大弯矩为 $37.5\times10^3$ N·m。

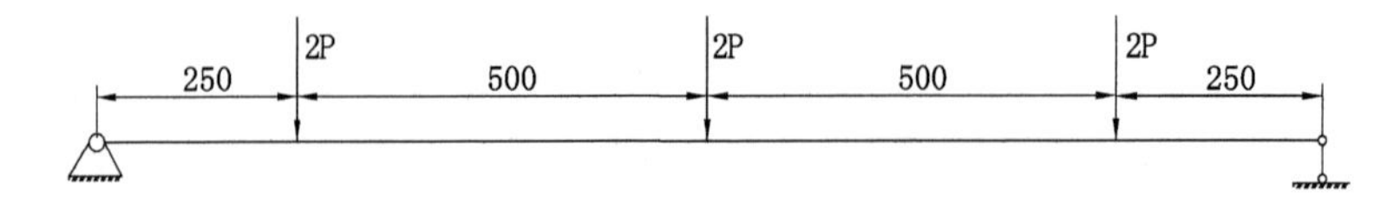


图 3-9　底板受力简图

底板截面的最大正应力为:

$$\sigma_{dmax}=\frac{M_{dmax}\cdot y_{dmax}}{3I_{xc}}=\frac{37.5\times10^3\times0.1}{7\ 107\times10^{-8}}=52.76\ \text{MPa}<[\sigma]=\frac{\sigma_s}{n}=112.5\ \text{MPa} \tag{3-11}$$

式中 $\sigma_{dmax}$——底板截面的最大正应力,MPa;

$M_{dmax}$——底板截面的最大弯矩,N·m;

$y_{dmax}$——底板截面上任一点到中性轴最大距离,m。

底板截面的最大剪应力为:

$$\tau_{dmax}=\frac{3P}{A_b+A_d}=\frac{3\times30\times10^3}{0.02\times0.9+3\times35.5\times10^{-4}}$$

$$=3.14\ \text{MPa}<[\tau]=\frac{\sigma_s}{n}=112.5\ \text{MPa} \tag{3-12}$$

式中 $\tau_{dmax}$——底板截面的最大剪应力,MPa;

$A_b$——底板钢板的截面面积,$m^2$;

$A_d$——底板工字钢的截面面积,$m^2$。

② 变形计算

若三对加载杆同时加载,则底板产生的最大挠度为:

$$\omega_d<3\rho_d=3\times\frac{2Pl^3}{48E\times3I_{xc}}=3\times0.288\ 2\ \text{mm}=0.864\ 6\ \text{mm} \tag{3-13}$$

式中 $\omega_d$——底板中间部位的变形量,mm;

$\rho_d$——底板中间部位的变形量,mm;

$l$——底板的长度,m;

$E$——底板的弹性模量,GPa。

由于在底座上面焊有一块钢板能够起到加强与稳固试验架的作用,实际所产生的挠度会更小,故能够保持底座的稳定及安全。

(7) 加载杆参数验算

加载杆采用 I14# 工字钢,查表可得[161] I14# 工字钢惯性矩为 $I_{xc}=712\ \text{cm}^4$。在加载杆的 1 号孔与 2 号孔处放置砝码,通过压杆向再生结构装置传递荷载,则会在加载杆与压杆连接处产生弯曲荷载。以最大设计埋深 500 m 时,验算加载杆的稳定性;此时 1 号孔布置砝码共计 195 kg,2 号孔布置砝码共计 90 kg。

① 加载杆强度验算

计算可知加载杆最大弯矩为 $M_{jy}=2\ 355.45\ \text{N}\cdot\text{m}$,则加载杆截面的最大正应力为:

$$\sigma_{jymax}=\frac{M_{iy}y_{iymax}}{I_{xc}}=\frac{2\ 355.45\times 0.007}{712\times 10^{-8}}=2.32\ \text{MPa}<[\sigma]=\frac{\sigma_s}{n}=107.5\ \text{MPa} \tag{3-14}$$

式中 $\sigma_{jymax}$——加载杆截面的最大正应力,MPa;

$y_{jymax}$——加载杆截面上任一点到中性轴最大距离,m;

$M_{jy}$——加载杆截面的最大弯矩,N·m。

② 联结螺栓的最大抗剪强度验算

加载杆与横梁之间通过螺栓连接,选用 5.6 级 M20×10 型六角螺栓。查表可得[161],抗剪强度 $f_v^b=190\ \text{MPa}$。为了安全考虑,将联结螺栓的受力假定为压杆传递的最大固结压力 $P$,联结螺栓的最大剪应力为:

$$\sigma_{ljtmax}=\frac{F_{lj}}{A_{ls}}=\frac{3\times 10^4}{3.14\times 0.01^2}=95.54\ \text{MPa}<[\sigma_\tau]=190\ \text{MPa} \tag{3-15}$$

式中 $\tau_{lj\tau max}$——联结螺栓的最大剪应力,MPa;

$[\sigma_\tau]$——螺栓允许剪应力,MPa;

$A_{ls}$——螺栓横截面的面积,MPa;

$F_{lj}$——联结螺栓受力,kN。

③ 加载杆最大挠度计算

将 1 号孔与 2 号孔的荷载全部放置到 2 号孔上进行简化计算,可获得加载杆最大挠度;若此时计算挠度结果满足要求,则原受力状态亦满足要求。加载杆挠度计算公式为:

$$\omega_{jy}=\frac{Gl^3}{3EI_x}=\frac{2\ 850\times 0.997^3}{3\times 206\times 10^9\times 712\times 10^{-8}}=0.641\ 9\ \text{mm} \tag{3-16}$$

式中 $\omega_{jy}$——加载杆的变形量,mm。

以上分析可知,实际加载杆产生的最大挠度要小于 0.614 9 mm,则加载杆能够满足加载过程中的稳定性要求。

(8) 模具螺栓受力验算

近似取破碎岩体结构重组试验时的静止侧压力系数为 0.5,当固结压力达到 12.5 MPa 时,选用 M10×10 型六角螺栓,故螺栓受力为 12.27 kN,则单个螺栓受力为:

$$\sigma_{ls}=\frac{F_{ls}}{nA_{ls}}=\frac{12.27\times 10^3}{10\times\frac{1}{4}\times 3.14\times 10^2\times 10^{-6}}=156.31\ \text{MPa} \tag{3-17}$$

螺栓可选用 5.6 级(抗拉强度 $f_t^b=210\ \text{MPa}$,抗剪强度 $f_v^b=190\ \text{MPa}$)及以上级别,均能满足要求。

(9) 压杆稳定性验算

压杆端面为球形截面,可活动空间较大,一方面可以保证由加载杆施加的荷载通过压杆传递垂直施加到加盖帽上,另一方面由于球形装置可灵活调节加载状态,防止在加载时因荷载偏心造成加载装置倒塌。压杆球形段直径为 45 mm,直线段直径为 30 mm、长度为 220 mm 的套丝杆,在其端部安设螺母,其截面惯性矩为 $I_x = 7.948\ \text{cm}^4$。

取 $\mu_z = 0.5$,$A_h = 7.166 \times 10^{-5}\ \text{m}^2$,可得截面对应的回转半径 $i_h$ 及压杆的长细比 $\lambda_y$:

$$\begin{cases} i_h = \sqrt{\dfrac{I_x}{A_h}} = 33.3\ \text{mm} \\ \lambda_y = \dfrac{\mu_z l}{i} = \dfrac{0.5 \times 265}{33.3} = 3.99 \end{cases} \tag{3-18}$$

式中 $i_h$——回转半径,$\text{m}^4$;

$\lambda_y$——压杆的长细比;

$\mu_z$——折减系数。

因为,计算长细比 $\lambda_1 = \sqrt{\dfrac{\pi^2 E}{\sigma_p}} = \sqrt{\dfrac{3.14^2 \times 206 \times 10^9}{210 \times 10^6}} = 98.35 > \lambda_y = 3.99$,则可用欧拉公式计算临界力为:

$$F_{cr} = \frac{\pi^2 EI}{(\mu l)^2} = \frac{\pi^2 \times 206 \times 10^9 \times 7.948 \times 10^{-8}}{(0.5 \times 0.25)^2} = 1.03 \times 10^7\ \text{N} > F = 3 \times 10^4\ \text{N} \tag{3-19}$$

式中 $F_{cr}$——压杆失稳的临界力,kN。

由此可知,压杆受力小于其失稳临界力,即压杆是稳定的,满足设计要求。综上分析可知,所设计的极弱胶结岩体再生结构形成试验装置稳定安全可靠,能满足试验要求。

## 3.2 极弱胶结岩体再生结构形成试验研究

采用自主研制的极弱胶结岩体再生结构形成试验装置,开展极弱胶结岩体再生结构的形成过程试验,确定分级加载与固结方法,反映极弱胶结岩体再生结构的形成过程与演化规律。

### 3.2.1 试验方法与过程

将现场取来的破碎岩样或完整岩样试验后的破裂岩块粉碎进行颗粒筛分试验,选择一定粒径的岩石粉末与不同水量混合,将其掺拌均匀,然后将其装入模具中,采用击实锤将其振捣压实,再将模具放入研制的极弱胶结岩体再生结构形成试验装置下施加固结压力进行结构重组,最终可形成不同含水率的极弱胶结岩体再生结构岩样。

极弱胶结岩体再生结构形成试验过程:第 1 步,现场取样,密封运输;第 2 步,将地质钻孔岩样采用碎石机粉碎成粉末状;第 3 步,采用烘箱将岩样粉末烘干;第 4 步,采用孔筛(孔径为 1 mm)进行筛分,选取一定粒径的粉末;第 5 步,将一定质量的干燥岩样粉末与水混合均匀,形成均匀混合物;第 6 步,将混合物放入模具中,采用击实锤将其击实;第 7 步,将模具放在极弱胶结岩体再生结构形成试验装置加载设备下,按设计固结压力进行破碎岩体结构重组试验。在试验过程中要做好模具的密封工作,一方面可减小由于温度变化而引起模具中水分的蒸发流失，另一方面可降低模具中的空气含量，防止因再生结构孔隙率过大而松软破碎，有利于极弱胶结岩体再生结构的形成。

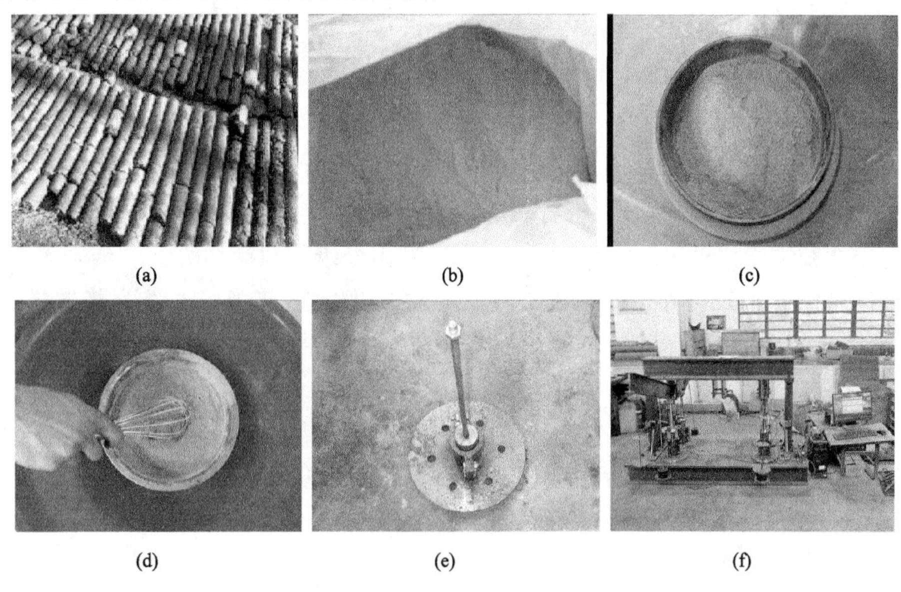

图 3-10 极弱胶结岩体再生结构形成试验过程

(a) 现场取样；(b) 岩样粉碎；(c) 孔筛筛分；

(d) 均匀混合物；(e) 模具击实；(f) 装置固结

极弱胶结岩体再生结构形成试验注意事项：① 将烘干的岩样粉碎后必须过 1 mm 孔筛，保证试验使用粉末颗粒的均匀性，且在使用前需将岩样粉末再次烘干，以保证岩样制作时含水率的准确性；② 将粉末岩样与水均匀混合物后采用分层方式加入模具中，每层的厚度要均匀，在层面接茬处用尖物将其刨毛，即形成毛边便于各层间的结合，预防岩样在接茬处断裂，且在每层击实时采用击实锤的高度与击实次数要相同，以保证各层密实度的均匀性；③ 为保证气体与水能顺畅地通过加盖帽，在岩样与加盖帽之间放置滤纸，以防止加盖帽上的出气水口被堵；④ 在模具内表面涂抹凡士林，既可减小在结构重组时岩样与模具之间的侧向摩擦力，又可在试验完成后方便脱模。

极弱胶结岩体再生结构形成过程受含水率、固结压力、固结时间及环境等因素影响。在确定固结压力时，根据不同埋深计算固结压力，结合工程实际开采深度，本试验所模拟的巷道深度为 300～320 m，固结压力为 7.5～8 MPa。采用 GYS—2 型液塑限测定仪测定了极弱胶结岩体塑限含水率为 23.55%，液限含水率为 28.78%。这类极软岩的液塑限范围极小，即对水极为敏感、可塑性好；同时结合实际试验操作，当含水率 $w<15\%$时，岩石粉末与水的混合物极为干燥，用力捏合混合物不成团，为散装物；当含水率 $w>25\%$时，在加载过程中加载杆出现多次倾倒，试验较为困难，最终试验确定的含水率为 15%、18%、20%、25%。在试验过程中又发现当含水率为 18%时，加载过程较为稳定，极少发生加载装置倾倒现象。因此，在后期采用烘箱控制岩样含水率时所需岩样基本采用 18%的含水率试验固结而成。由于受试验条件等限制，最终确定在最后一级荷载作用下满足极弱胶结岩体再生结构形成试验固结稳定标准时，立即停止加载，将再生结构岩样取出，然后进行相关试验。

### 3.2.2 固结稳定与荷载分级加载标准

（1）分级加载固结标准

软岩蠕变试验稳定标准[162-164]：当位移增量＜0.001 mm/h时，则可施加下一级荷载；长期软岩蠕变试验时，当变形增量＜0.001 mm/d时，则可施加下一级荷载，直至试样发生破坏，试验停止。

土体固结试验稳定标准[160]：每级荷载作用下试件竖向变形变化率≤0.01 mm/h时，则可施加下一级荷载。

进行极弱胶结岩体再生结构形成试验时，仍采用分级加载固结方式。结合软岩蠕变试验与土体固结试验稳定标准，初步确定本试验固结稳定标准为：① 当位移增量＜0.008 mm/h时，则可施加下一级荷载；② 根据软岩蠕变试验结果分析，10～20 h蠕变基本趋于稳定，故本试验确定分级加载时间为12～24 h。总的来说，本试验固结分级加载标准，以①为基本标准，②为辅助标准；当达到标准①时，无论标准②是否到达，均可表明固结稳定，则可施加下级荷载；若达到标准②时，但标准①未达到，则还需保持该荷载，直至满足标准①为止，方可施加下级荷载。

（2）荷载分级标准

软岩蠕变试验分级加载标准[162-164]：首先将拟施加的荷载分级，然后按照由小到大的顺序逐级施加荷载，各级荷载所持续的时间根据蠕变试验稳定标准来确定。

土固结试验分级加载标准[160]：《土工试验规范》(GB/T 50123—1999)详细规定了在常压、中压及高压条件下相关加载标准。

极弱胶结岩体再生结构形成试验分级加载标准可参考软岩蠕变试验与土体固结试验分级加载标准，初步确定本试验固结分级加载标准为：根据施加的荷载不同，确定不同的分级，以中间荷载为基准，当所施加荷载小于该荷载时，按成倍增加荷载；当所施加荷载大于该荷载时，按等量增加荷载，直至达到最终设计的荷载，分级固结荷载设计值详见表3-1。

**表3-1　分级固结荷载设计值**

| 埋深/m | $\sigma_z$/MPa | 分级荷载/MPa | | | | | | | | | |
|---|---|---|---|---|---|---|---|---|---|---|---|
| | | 1 | 2 | 3 | 4 | 5 | 6 | 7 | 8 | 9 | 10 |
| 100 | 2.5 | 0.1 | 0.2 | 0.4 | 0.8 | 1.5 | 2.5 | | | | |
| 200 | 5 | 0.1 | 0.2 | 0.4 | 0.8 | 1.5 | 3.5 | 5 | | | |
| 300 | 7.5 | 0.1 | 0.2 | 0.4 | 0.8 | 1.5 | 2.5 | 5 | 7.5 | | |
| 400 | 10 | 0.1 | 0.2 | 0.4 | 0.8 | 1.5 | 2.5 | 5 | 7.5 | 10 | |
| 500 | 12.5 | 0.1 | 0.2 | 0.4 | 0.8 | 1.5 | 2.5 | 5 | 7.5 | 10 | 12.5 |

参照土体固结试验数据采集要求[160]，确定在固结过程中每隔5～10 min采集1次数据。为在破碎岩体结构重组试验过程中实时反映每级加载实际数值，将DateTaker 515数据采集仪采集的数据与荷载直接联系一起，并通过压力传感器的标定曲线，可计算出每级荷载对应的DateTaker采集数据，详见表3-2。

表 3-2　　分级固结荷载与传感器 DT 读数的关系(埋深/300 m)

| 埋深/m | 固结压力 | | 分级荷载 | | | | | | | |
|---|---|---|---|---|---|---|---|---|---|---|
| | | | 1 | 2 | 3 | 4 | 5 | 6 | 7 | 8 |
| 300 | $\sigma_z$/MPa | 7.5 | 0.05 | 0.1 | 0.2 | 0.4 | 0.8 | 2.5 | 5 | 7.5 |
| | $p_z$/kN | 14.719 | 0.098 | 0.196 | 0.392 5 | 0.785 | 1.57 | 4.906 | 9.813 | 14.719 |
| 压力传感器 DT 读数 | 1# 岩样压力传感器 | | −545 | −547 | −551 | −560 | −576 | −647 | −450 | −854 |
| | 2# 岩样压力传感器 | | −444 | −446 | −451 | −460 | −478 | −555 | −669 | −783 |
| | 3# 岩样压力传感器 | | −355 | −357 | −361 | −369 | −386 | −457 | −562 | −667 |
| | 4# 岩样压力传感器 | | −445 | −447 | −451 | −460 | −478 | −553 | −664 | −775 |

### 3.2.3　极弱胶结岩体再生结构形成试验研究

采用自主研制的极弱胶结岩体再生结构形成试验装置，按照固结稳定与荷载分级加载方法，将含有高含量胶结物质的岩样粉末(骨料)与水均匀拌和，并将混合物放入模具中，利用加载杆与压杆施加传递固结压力，在模具内完成破碎岩体结构重组等复杂物理、化学及力学作用等过程，最终形成了极弱胶结岩体再生结构岩样。在试验过程中，要严格按照文中制定的试验方法与步骤进行，每一个操作步骤过程都要做到细致、规范，防止因某一试验步骤出错而造成整个试验失败。采用自主研制的极弱胶结岩体再生结构形成试验装置进行了不同含水率的多组试验，本节仅选用一组含水率试验来说明极弱胶结岩体固结稳定与荷载分级加载方法的应用及再生结构的形成过程，设计含水率 $w=18\%$ 时极弱胶结岩体分级加载试验结果如图 3-11 至图 3-14 所示。

由于在设计时需考虑荷载分级(分级类别、荷载设计值)、配重(重量、数量)、加载杆的长度与加载点位置等复杂对应关系，忽略了加载杆的自重，因此在前几级加载时荷载要比设计值偏大。而在后期加载过程中，通过调整配重的数量与重量，使之荷载与设计值相差不大，保证在最后一级荷载时所施加的荷载与设计值基本吻合。由图 3-11 和图 3-12 可知，在加载过程中，荷载监测数据变化浮动不大，相邻时刻压力传感器采集的压力数值相差±0.1～0.15 kN[(±0.051～0.077) MPa]，个别时刻的数值相差±(0.15～0.2) kN[(±0.077～0.1) MPa]，即表明机械式加载与压力传感器的数据采集是相对稳定的。由图 3-13 和图 3-14 可知，在加载过程中，位移监测数据变化浮动较小，相邻时刻位移传感器采集的位移数值仅仅相差±(0.005～0.01) mm，个别时刻的数值相差仅为±(0.01～0.015) mm，即表明在加载过程中位移传感器的数据采集是相对稳定的，可满足分级加载固结稳定标准的要求。

因岩样含水率的不同，故在同一级荷载作用下各组岩样的固结压缩量(下沉量)是不同的；由于受岩样制作工艺、试验环境及模具与试验设备的精度等因素的影响，即使在相同含水率时同组各岩样的固结压缩量也不尽相同，极弱胶结岩体再生结构形成试验结果详见表 3-3，各级荷载及含水率条件下岩样固结压缩量如图 3-15 所示。

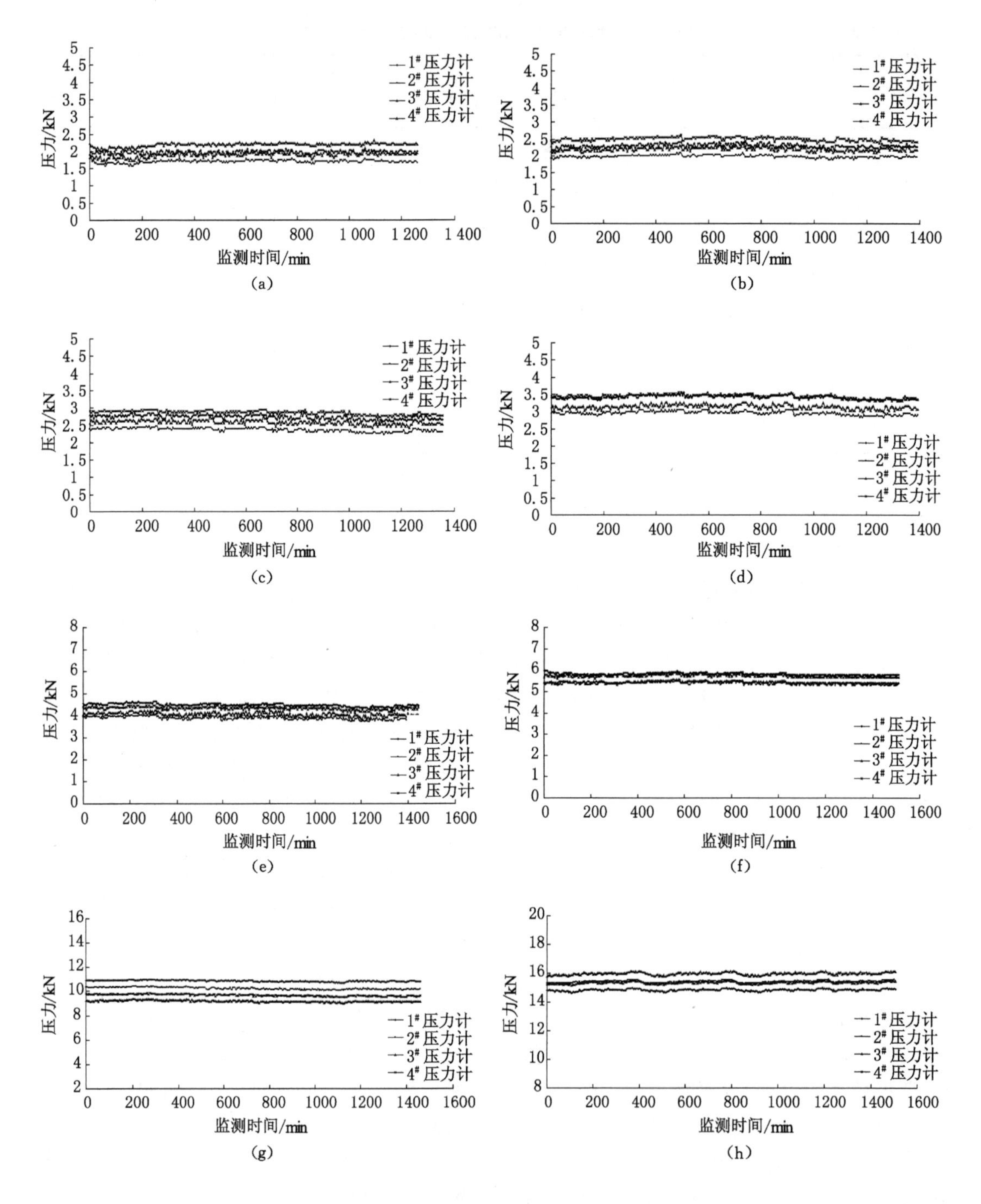


图 3-11 含水率 $w=18\%$ 时再生结构形成试验分级荷载

(a) 1 级荷载;(b) 2 级荷载;(c) 3 级荷载;(d) 4 级荷载;

(e) 5 级荷载;(f) 6 级荷载;(g) 7 级荷载;(h) 8 级荷载

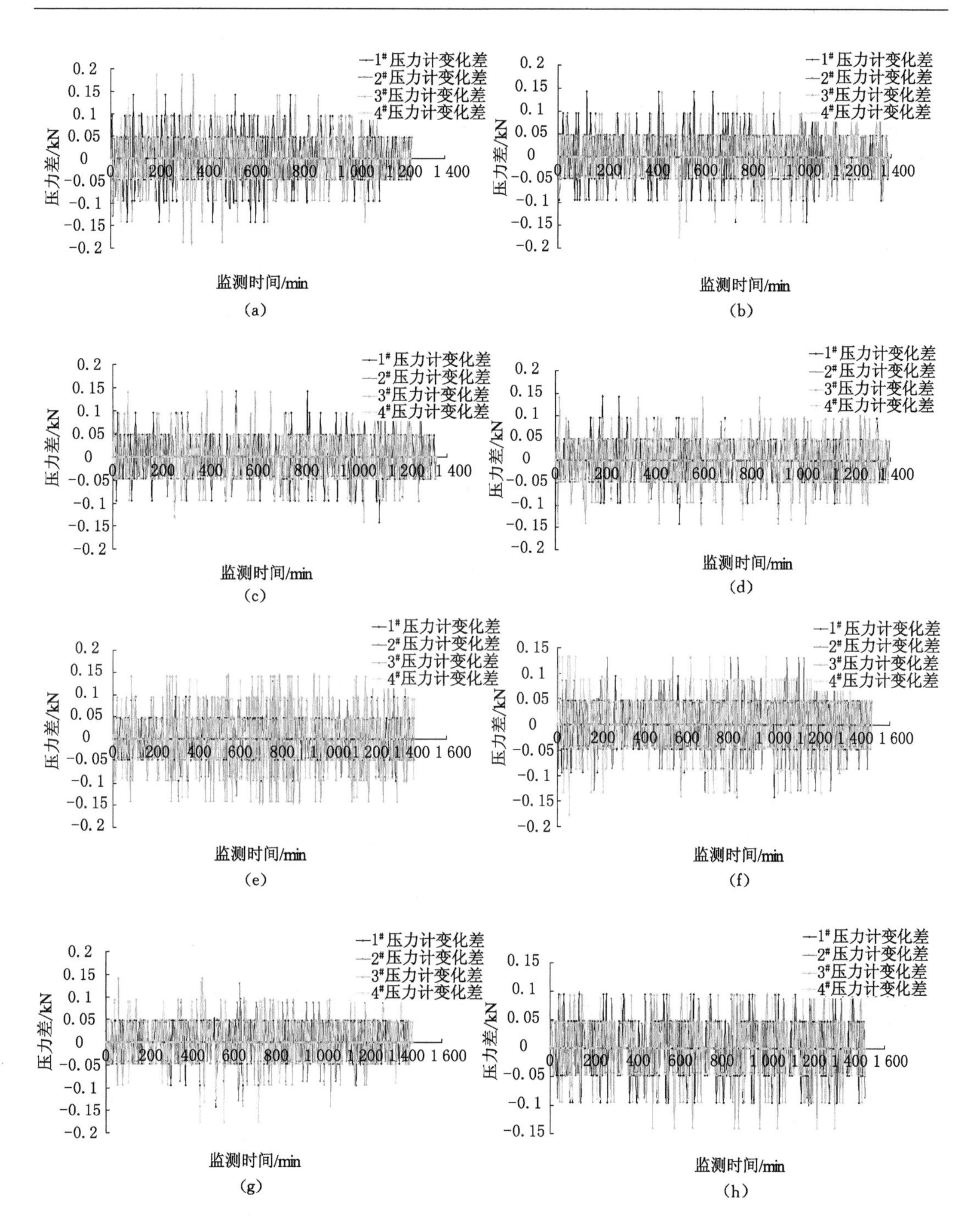


图 3-12 含水率 $w=18\%$ 时再生结构形成试验分级荷载相邻时刻的荷载差值

(a) 1 级荷载;(b) 2 级荷载;(c) 3 级荷载;(d) 4 级荷载;

(e) 5 级荷载;(f) 6 级荷载;(g) 7 级荷载;(h) 8 级荷载

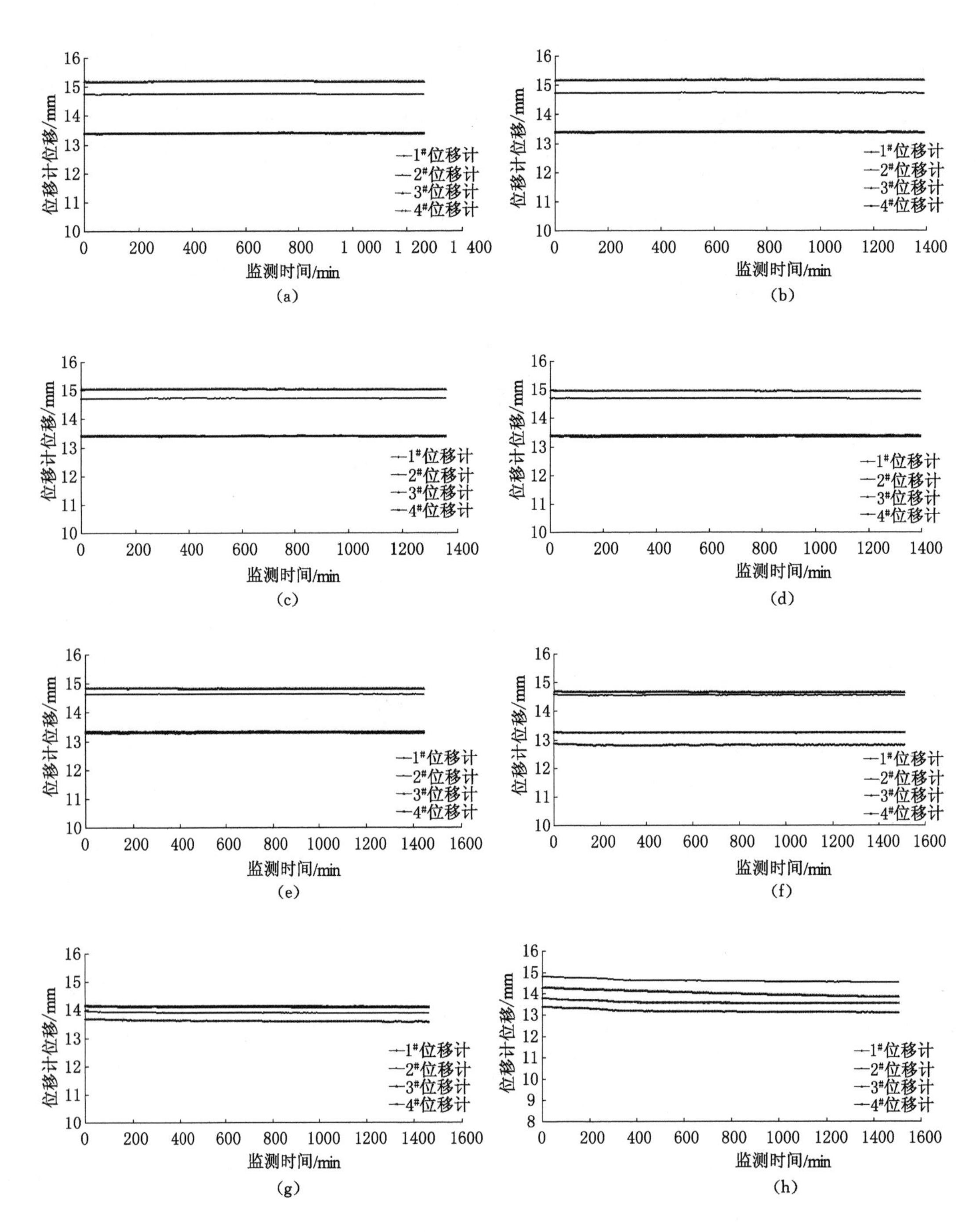


图 3-13 含水率 $w=18\%$时再生结构形成试验分级荷载对应的位移

(a) 1 级荷载;(b) 2 级荷载;(c) 3 级荷载;(d) 4 级荷载;

(e) 5 级荷载;(f) 6 级荷载;(g) 7 级荷载;(h) 8 级荷载

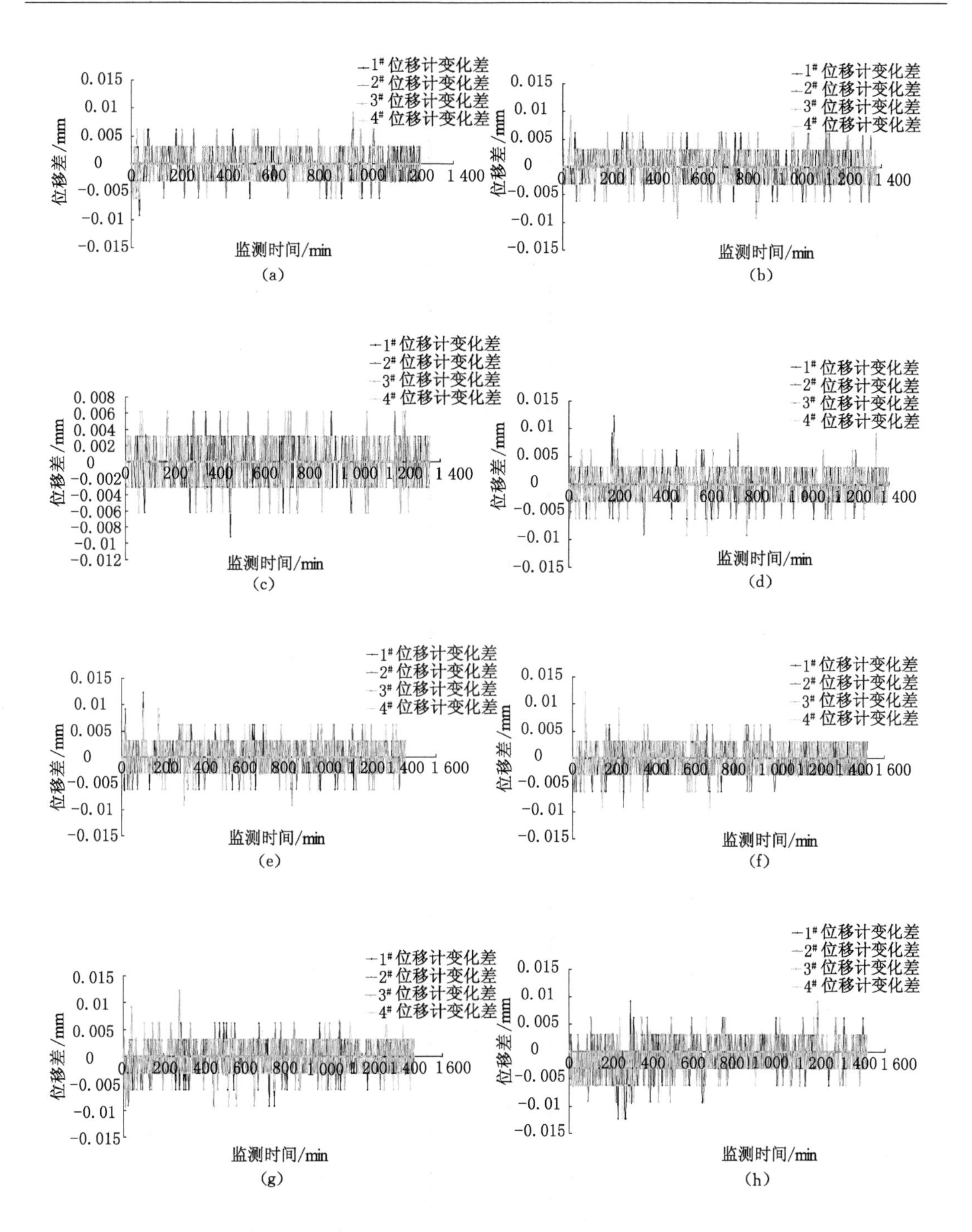


图 3-14　含水率 $w=18\%$时再生结构形成试验分级荷载对应的相邻时刻的位移差值

(a) 1 级荷载；(b) 2 级荷载；(c) 3 级荷载；(d) 4 级荷载；

(e) 5 级荷载；(f) 6 级荷载；(g) 7 级荷载；(h) 8 级荷载

**表 3-3　　极弱胶结岩体再生结构形成试验岩样固结荷载与压缩量**

| 分级 | 设计荷载/MPa | 含水率/% | 1# 荷载/MPa | 2# 荷载/MPa | 3# 荷载/MPa | 4# 荷载/MPa | 1# 位移/mm | 2# 位移/mm | 3# 位移/mm | 4# 位移/mm | 荷载平均值/MPa | 位移平均值/mm |
|---|---|---|---|---|---|---|---|---|---|---|---|---|
| 1 | 0.1 | 15 | 0.918 | 0.884 | 0.985 | 0.922 | −0.014 | −0.029 | −0.017 | −0.014 | 0.923 | −0.019 |
| 2 | 0.2 | | 1.048 | 1.018 | 1.104 | 1.036 | −0.025 | −0.035 | −0.025 | −0.018 | 1.052 | −0.026 |
| 3 | 0.4 | | 1.260 | 1.206 | 1.235 | 1.220 | −0.043 | −0.039 | −0.037 | −0.027 | 1.231 | −0.036 |
| 4 | 0.8 | | 1.523 | 1.469 | 1.530 | 1.428 | −0.045 | −0.054 | −0.044 | −0.029 | 1.488 | −0.043 |
| 5 | 1.5 | | 2.073 | 1.968 | 2.012 | 1.903 | −0.057 | −0.071 | −0.063 | −0.036 | 1.989 | −0.057 |
| 6 | 2.5 | | 2.894 | 2.620 | 2.733 | 2.608 | −0.091 | −0.096 | −0.090 | −0.051 | 2.714 | −0.082 |
| 7 | 5.0 | | 5.166 | 4.452 | 4.556 | 4.342 | −0.155 | −0.141 | −0.123 | −0.093 | 4.629 | −0.128 |
| 8 | 7.5 | | 7.555 | 8.075 | 8.001 | 8.015 | −0.262 | −0.247 | −0.297 | −0.231 | 7.911 | −0.259 |
| 1 | 0.1 | 18 | 1.118 | 0.863 | 0.967 | 0.985 | −0.010 | −0.014 | −0.010 | −0.012 | 0.993 | −0.012 |
| 2 | 0.2 | | 1.274 | 1.007 | 1.121 | 1.143 | −0.022 | −0.022 | −0.017 | −0.027 | 1.171 | −0.022 |
| 3 | 0.4 | | 1.456 | 1.202 | 1.311 | 1.340 | −0.046 | −0.041 | −0.054 | −0.041 | 1.390 | −0.046 |
| 4 | 0.8 | | 1.750 | 1.503 | 1.599 | 1.649 | −0.070 | −0.072 | −0.102 | −0.045 | 1.744 | −0.072 |
| 5 | 1.5 | | 2.206 | 1.979 | 2.067 | 2.134 | −0.087 | −0.092 | −0.132 | −0.067 | 2.285 | −0.095 |
| 6 | 2.5 | | 2.920 | 2.741 | 2.767 | 2.847 | −0.143 | −0.124 | −0.184 | −0.088 | 2.962 | −0.135 |
| 7 | 5.0 | | 4.932 | 5.213 | 4.676 | 5.087 | −0.260 | −0.208 | −0.255 | −0.133 | 5.527 | −0.214 |
| 8 | 7.5 | | 7.799 | 7.854 | 8.126 | 7.829 | −0.539 | −0.491 | −0.516 | −0.493 | 7.539 | −0.502 |
| 1 | 0.1 | 20 | 0.771 | 0.743 | 0.861 | 0.883 | −0.144 | −0.136 | −0.133 | −0.134 | 0.815 | −0.137 |
| 2 | 0.2 | | 0.855 | 0.816 | 0.921 | 0.959 | −0.155 | −0.138 | −0.215 | −0.142 | 0.888 | −0.163 |
| 3 | 0.4 | | 0.989 | 0.947 | 1.036 | 1.102 | −0.294 | −0.262 | −0.242 | −0.203 | 1.019 | −0.250 |
| 4 | 0.8 | | 1.438 | 1.344 | 1.451 | 1.543 | −0.594 | −0.560 | −0.583 | −0.588 | 1.444 | −0.591 |
| 5 | 1.5 | | 2.022 | 1.864 | 2.032 | 2.045 | −1.248 | −1.223 | −1.231 | −1.232 | 1.991 | −1.233 |
| 6 | 2.5 | | 2.888 | 2.710 | 2.838 | 2.897 | −1.964 | −2.364 | −1.829 | −1.988 | 2.833 | −2.036 |
| 7 | 5.0 | | 5.507 | 5.626 | 5.169 | 5.276 | −4.754 | −4.674 | −4.755 | −4.931 | 5.395 | −4.779 |
| 8 | 7.5 | | 7.251 | 6.612 | 6.388 | 6.449 | −5.667 | −5.674 | −5.700 | −5.857 | 6.675 | −5.724 |
| 1 | 0.1 | 25 | 0.781 | 0.765 | 0.816 | 0.890 | −3.488 | −3.090 | −2.155 | −3.332 | 0.813 | −3.016 |
| 2 | 0.2 | | 0.832 | 0.790 | 0.889 | 0.921 | −4.105 | −3.993 | −3.329 | −3.511 | 0.858 | −3.735 |
| 3 | 0.4 | | 1.071 | 1.046 | 1.144 | 1.192 | −4.294 | −4.156 | −3.513 | −3.735 | 1.113 | −3.925 |
| 4 | 0.8 | | 1.432 | 1.377 | 1.488 | 1.559 | −4.616 | −4.390 | −3.720 | −4.104 | 1.464 | −4.207 |
| 5 | 1.5 | | 2.051 | 1.935 | 2.043 | 2.201 | −5.098 | −4.742 | −4.085 | −4.722 | 2.057 | −4.662 |
| 6 | 2.5 | | 2.851 | 2.725 | 3.054 | 3.125 | −5.629 | −5.155 | −4.833 | −5.324 | 2.938 | −5.235 |
| 7 | 5.0 | | 4.751 | 4.214 | 4.418 | 5.006 | −6.118 | −5.660 | −5.669 | −6.081 | 4.597 | −5.882 |
| 8 | 7.5 | | 7.440 | 7.700 | 7.548 | 7.675 | −6.867 | −6.550 | −6.240 | −6.596 | 7.591 | −6.563 |

由表 3-3、图 3-15 可知，在分级荷载作用下，随着荷载的增大，岩样的压缩量呈线性增加。在同一荷载作用下，随着含水率的增大，岩样压缩量呈非线性增加。各组岩样平均压缩

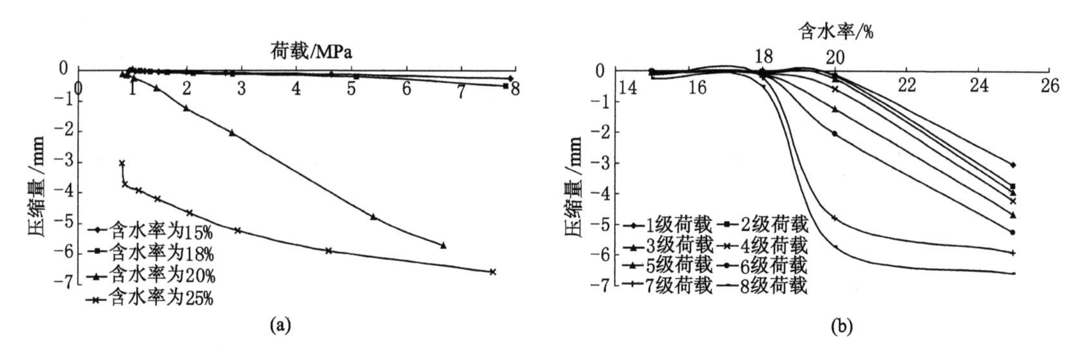


图 3-15 极弱胶结岩体再生结构形成试验岩样固结压缩量

(a) 压缩量与固结荷载关系;(b) 压缩量与含水率关系

量 $u$ 随分级荷载 $F$ 的增加呈线性增大,详见表 3-4,表明岩样的压缩量对含水率敏感性较高,受其影响较大。对于相同含水率岩样,由于受制作工艺、模具与加工设备的精度及试验环境等因素的影响,使得对各个岩样所施加的荷载及同级荷载作用下岩样的压缩量存在差异(表 3-5),但误差相对较小,能满足试验要求。

**表 3-4　极弱胶结岩体再生结构形成试验岩样压缩量与分级荷载的关系式**

| 设计含水率 $w$/% | 关系式 |
| --- | --- |
| 15 | $u=-0.0331F+0.0095, R^2=0.992$ |
| 18 | $u=-0.066F+0.0527, R^2=0.964$ |
| 20 | $u=-0.9865F+0.7325, R^2=0.998$ |
| 25 | $u=-0.4229F-3.6412, R^2=0.936$ |

**表 3-5　极弱胶结岩体再生结构形成试验岩样分级荷载与位移差值**

| 设计含水率 $w$/% | 荷载分级 | 荷载差值/MPa | 荷载差值百分比/% | 位移差值/mm |
| --- | --- | --- | --- | --- |
| 15 | 1 级 | 0.004～0.101 | 0.41～10.25 | 0～0.015 |
|  | 2 级 | 0.012～0.086 | 1.09～7.79 | 0～0.017 |
|  | 3 级 | 0.014～0.054 | 1.11～4.29 | 0.002～0.016 |
|  | 4 级 | 0.007～0.102 | 0.49～7.14 | 0.001～0.025 |
|  | 5 级 | 0.044～0.170 | 2.12～8.20 | 0.006～0.035 |
|  | 6 级 | 0.012～0.286 | 0.42～9.88 | 0.001～0.045 |
|  | 7 级 | 0.104～0.824 | 2.01～15.95 | 0.014～0.062 |
|  | 8 级 | 0.060～0.520 | 0.74～6.44 | 0.015～0.066 |
| 18 | 1 级 | 0.018～0.255 | 1.61～22.81 | 0～0.004 |
|  | 2 级 | 0.022～0.267 | 1.73～20.96 | 0.005～0.010 |
|  | 3 级 | 0.029～0.254 | 1.99～17.45 | 0～0.013 |
|  | 4 级 | 0.050～0.247 | 2.86～14.11 | 0.002～0.057 |
|  | 5 级 | 0.067～0.227 | 3.04～10.29 | 0.005～0.065 |
|  | 6 级 | 0.080～0.179 | 2.74～6.13 | 0.019～0.096 |

**续表 3-5**

| 设计含水率 $w$/% | 荷载分级 | 荷载差值/MPa | 荷载差值百分比/% | 位移差值/mm |
| --- | --- | --- | --- | --- |
| 18 | 7 级 | 0.126～0.537 | 2.42～10.30 | 0.005～0.127 |
| | 8 级 | 0.025～0.327 | 0.31～4.02 | 0.002～0.048 |
| 20 | 1 级 | 0.022～0.140 | 2.49～15.86 | 0.001～0.011 |
| | 2 级 | 0.038～0.143 | 3.96～14.91 | 0.004～0.077 |
| | 3 级 | 0.042～0.155 | 3.81～14.07 | 0.020～0.091 |
| | 4 级 | 0.013～0.199 | 0.84～12.90 | 0.005～0.034 |
| | 5 级 | 0.010～0.181 | 0.49～8.85 | 0.001～0.025 |
| | 6 级 | 0.009～0.187 | 0.31～6.46 | 0.024～0.535 |
| | 7 级 | 0.107～0.457 | 1.90～8.12 | 0.001～0.257 |
| | 8 级 | 0.061～0.863 | 0.84～11.99 | 0.007～0.190 |
| 25 | 1 级 | 0.016～0.125 | 1.80～14.05 | 0.156～1.333 |
| | 2 级 | 0.032～0.131 | 3.48～14.22 | 0.112～0.776 |
| | 3 级 | 0.025～0.146 | 2.10～12.25 | 0.138～1.141 |
| | 4 级 | 0.055～0.182 | 3.53～11.67 | 0.226～0.896 |
| | 5 级 | 0.008～0.266 | 0.36～12.09 | 0.020～1.013 |
| | 6 级 | 0.071～0.329 | 2.27～10.53 | 0.169～0.796 |
| | 7 级 | 0.204～0.792 | 4.08～15.82 | 0.009～0.458 |
| | 8 级 | 0.025～0.260 | 0.33～3.38 | 0.046～0.627 |

### 3.2.4 极弱胶结岩体再生结构形成过程分析

在进行极弱胶结岩体再生结构形成试验过程中，遵守所制定的试验方法与步骤，严格控制试验条件，最终形成了极弱胶结岩体再生结构岩样。然后通过锯石机切割与磨石机打磨，制作成单轴与三轴试验的标准试件，如图 3-16 所示。

(a)

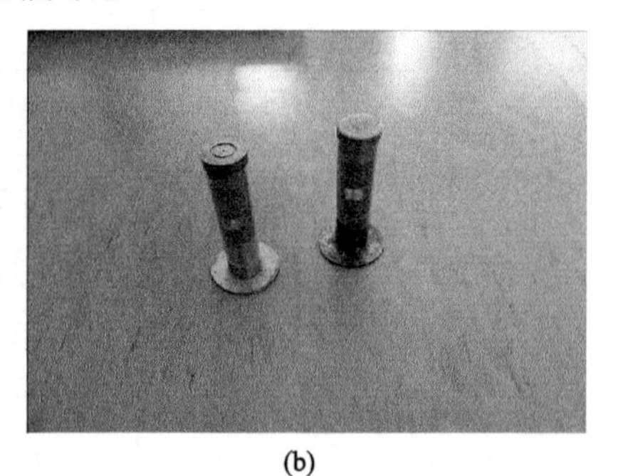

(b)

图 3-16 极弱胶结岩体再生结构试件

(a) 形成的再生结构岩样；(b) 再生结构标准试件

极弱胶结岩体是一类特殊软岩，在干燥或天然状态下属于岩石，但其遇水后易泥化崩解，并随着含水率的增加有逐渐向土体性质转化的趋势，在饱和状态下甚至可具有黏土特性，其物理力学性质介于软岩与硬土之间，是一种过渡性特殊岩土介质，兼有岩石与土体的特性。将岩样粉碎后成为粉末，这是就极弱胶结岩体再生结构形成的骨料；其胶结程度较差，为弱胶结或未胶结，胶结物为泥质胶结，高岭石、伊利石等黏土矿物成分含量高，这是极弱胶结岩体再生结构形成的胶结物质；极弱胶结岩体对水极为敏感，遇水后极易泥化崩解，主要是由于黏土矿物与水发生水化反应，水为极弱胶结岩体再生结构能够形成的催化剂。颗粒、胶结物与水同时存在，基本满足了结构重组的必要条件，可采用自主研制的极弱胶结岩体再生结构形成试验装置，将含有高含量胶结物质的岩样粉末（骨料）与水均匀拌和，并将混合物放入模具中，利用加载杆与压杆施加传递固结压力，在模具内完成破碎岩体结构重组等复杂物理、化学及力学作用，最终形成了极弱胶结岩体再生结构。

在极弱胶结岩体再生结构形成试验过程中，黏土矿物与水发生水化反应，高岭石、伊利石等黏土矿物成分吸水后会产生体积膨胀，由于模具为刚性约束，会限制岩样的膨胀变形而产生作用反力，即对岩样粉末（骨料）与高含量胶结物质的混合物起着挤压密实作用，将固体颗粒胶结在一起，增加了颗粒之间的连接性，降低了孔隙率，提高了混合物的密实度与整体性，促进了颗粒与胶结物之间的结构重组过程。在固结压力作用下，岩样环向与模具之间会产生一定的摩擦力，因摩擦而生热，实际上热量一方面会减小模具中混合物的水分，进一步降低孔隙率，增加骨料与黏结物质之间的胶结性；另一方面，温度升高可引起相变，改变了其结构状态，影响了破碎岩体结构重组及其物理力学性质，并起一定的养护作用，有利于再生结构的形成。总之，极弱胶结岩体再生结构是在温度、水及压力“三相”复杂环境作用下形成的具有一定结构与构造的“类岩石”，兼有岩石与土体的特性，是一类过渡性特殊岩土介质。

## 3.3　极弱胶结再生结构岩体力学性质试验研究

在极弱胶结岩体再生结构形成试验的基础上，开展不同应力及含水率条件下极弱胶结再生结构岩体的强度与变形特性试验，以揭示极弱胶结再生结构岩体的力学性质。

### 3.3.1　试验系统与试验方法

#### 3.3.1.1　试验系统

本试验采用 MTS 815.02 型电液伺服岩石力学试验系统（图 3-17），由加载、测试与控制系统等三部分组成，可以实现轴向力或应力控制、轴向行程或冲程控制、轴向位移或应变控制、环向位移或应变控制等控制方式，满足多种试验设计要求。该系统可进行岩石常规单轴与三轴试验，应力—渗流—温度等多场耦合三轴压缩试验，单轴与三轴压缩流变试验，以及岩石损伤疲劳试验等。试验机轴向刚度较大，通过试验机轴向与横向的力及位移传感器的实时监测，可获得岩样的应力与轴向、环向或体积应变曲线等。

#### 3.3.1.2　试验方法

岩石常规单轴与三轴加卸载试验，是用于研究岩石力学性质最基本和常用的试验手段，采用 MTS 815.02 型电液伺服岩石力学试验系统进行相关试验，其试验方法与过程简要说

(a)

(b)

图 3-17 MTS 815 电液伺服岩石力学试验系统

明如下：

(1) 单轴压缩试验方法与过程

① 采用游标卡尺测量岩样的直径与高度，可在岩样的上端、中部及下端或端面的左端、中部及右端等三处进行测量，求其平均值作为岩样的直径或高度；将加载压头放好，将其置于试验机承压板中心位置，然后安设轴向及环向位移传感器等。

② 采用轴向位移加载控制模式，并设定压缩位移上限值，以 0.003 mm/s 的加载速率施加轴向荷载，直至达到位移限值或岩样破坏时停止试验。

(2) 三轴压缩试验方法与过程

① 将制好的岩样采用游标卡尺测量其直径与高度后(测量方法同上)，在岩样周边套上薄热缩管，并采用防水胶带将其包裹均匀，防止液压油浸入到岩样中而影响试验结果，将试件放置于三轴压力室中，并将压力室内的空气排净。

② 以 0.05 MPa/s 的加载速率施加轴压及围压至预设值，且始终保持围压数值不变。

③ 采用轴向位移加载控制模式，并设定压缩位移上限值，以 0.005 mm/s 的加载速率施加轴向荷载，直至达到位移限值或岩样发生破坏为止。本试验采用低围压值，与实际工程中所能提供的碎胀力或支护力相对应，设计围压数值为 1 MPa、1.5 MPa、2 MPa、2.5 MPa、3 MPa。

(3) 三轴卸围压试验方法与过程

① 以 0.05 MPa/s 的加载速率同步施加轴压及围压至预定值。

② 采用轴向位移控制方式，以 0.005 mm/s 的加载速率施加轴向荷载，本次试验取值为相应三轴抗压强度的 70%。

③ 以设计速率进行卸除围压，直至岩样发生破坏为止。

单轴与三轴加卸载试验所需的岩样均由极弱胶结岩体再生结构形成试验装置制备提供的原始岩样，然后经过切割、打磨等工序，制作成 50 mm×100 mm 的标准试件，且满足《煤和岩石物理力学性质测定方法》(GB/T 23561.1—2009)与《岩石试验方法标准》(GB 50218—94)对岩样加工要求，岩样特征与加卸载方式详见表 3-6。

**表 3-6**　　岩样特征与加卸载方式

| 编号 | 含水率/% | $w_{平均}$/% | 直径/mm | 高度/mm | 加载控制方式 | 试验类型 |
|---|---|---|---|---|---|---|
| 1-1 | 1.79 | 1.91 | 50.0 | 100.2 | 轴向位移控制 | 单轴试验 |
| 1-2 | 1.63 | | 50.1 | 100.0 | | |
| 1-3 | 2.03 | | 50.4 | 100.0 | | |
| 1-4 | 2.11 | | 50.0 | 100.1 | 轴向位移控制 | 三轴试验 |
| 1-5 | 1.83 | | 50.0 | 100.0 | | |
| 1-6 | 2.05 | | 50.2 | 100.4 | | |
| 2-1 | 2.98 | 2.91 | 50.2 | 100.2 | 轴向位移控制 | 单轴试验 |
| 2-2 | 3.43 | | 50.2 | 100.2 | | |
| 2-3 | 3.05 | | 50.1 | 100.2 | | |
| 2-4 | 2.91 | | 50.1 | 100.2 | 轴向位移控制 | 三轴试验 |
| 2-5 | 2.14 | | 50.0 | 100.0 | | |
| 2-6 | 2.93 | | 50.1 | 100.2 | | |
| 3-1 | 5.23 | 5.43 | 50.0 | 100.0 | 轴向位移控制 | 单轴试验 |
| 3-2 | 5.19 | | 50.0 | 100.0 | | |
| 3-3 | 5.52 | | 50.0 | 100.0 | | |
| 3-4 | 5.77 | | 50.0 | 100.0 | 轴向位移控制 | 三轴试验 |
| 3-5 | 5.38 | | 50.1 | 100.2 | | |
| 3-6 | 5.49 | | 50.0 | 100.0 | | |
| 4-1 | 9.27 | 9.56 | 50.0 | 100.0 | 轴向位移控制 | 单轴试验 |
| 4-2 | 9.34 | | 50.2 | 100.0 | | |
| 4-3 | 9.43 | | 50.0 | 100.0 | | |
| 4-4 | 10.00 | | 直径 50.2 | 高度 100.4 | 轴向位移控制 | 三轴试验 |
| 4-5 | 9.77 | | 50.0 | 100.2 | | |
| 4-6 | 9.52 | | 50.0 | 100.0 | | |
| 5-1 | 13.93 | 13.53 | 50.2 | 100.0 | 轴向位移控制 | 单轴试验 |
| 5-2 | 13.57 | | 50.2 | 100.0 | | |
| 5-3 | 13.56 | | 50.4 | 100.2 | | |
| 5-4 | 13.06 | | 50.2 | 100.4 | 轴向位移控制 | 三轴试验 |
| 5-5 | 13.41 | | 50.0 | 100.0 | | |
| 5-6 | 13.62 | | 50.1 | 100.0 | | |
| 6-1 | 14.98 | 14.55 | 50.1 | 100.0 | 轴向位移控制 | 单轴试验 |
| 6-2 | 15.10 | | 50.4 | 100.0 | | |
| 6-3 | 14.36 | | 50.1 | 100.4 | | |
| 6-4 | 14.10 | | 50.2 | 100.4 | 轴向位移控制 | 三轴试验 |
| 6-5 | 14.53 | | 50.1 | 100.2 | | |
| 6-6 | 14.25 | | 50.0 | 100.0 | | |

**续表 3-6**

| 编号 | 含水率/% | $w_{平均}$/% | 直径/mm | 高度/mm | 加载控制方式 | 试验类型 |
|---|---|---|---|---|---|---|
| 7-1 | 5.36 | 5.35 | 50.0 | 100.0 | 力、轴向位移控制 | 三轴卸载试验 |
| 7-2 | 5.25 | | 50.2 | 100.0 | | |
| 7-3 | 5.21 | | 50.0 | 100.4 | | |
| 7-4 | 5.56 | | 50.1 | 100.2 | | |
| 8-1 | 14.39 | 14.45 | 50.2 | 100.4 | 力、轴向位移控制 | 三轴卸载试验 |
| 8-2 | 14.43 | | 50.1 | 100.2 | | |
| 8-3 | 14.45 | | 50.0 | 100.0 | | |
| 8-4 | 45.51 | | 50.2 | 100.4 | | |

### 3.3.2 单轴与三轴试验岩样强度及变形特性分析

采用 MTS 815.02 型电液伺服岩石力学试验系统对极弱胶结再生结构岩样进行了单轴与三轴试验，其试验力学性质参数详见表 3-7，全应力—应变曲线如图 3-18 至图 3-23 所示。

**表 3-7　再生结构岩样单轴与三轴压缩试验力学性质参数**

| 编号 | 含水率/% | $w_{平均}$/% | 围压/MPa | 弹性模量/GPa | 泊松比 | 峰值强度/MPa | 残余强度/MPa | 峰值应变/(mm/mm) | | |
|---|---|---|---|---|---|---|---|---|---|---|
| | | | | | | | | 轴向 | 环向 | 体积 |
| 1-1 | 1.79 | 1.91 | 0.0 | 0.762 | 0.233 | 5.76 | 0.00 | 0.008 73 | 0.010 66 | −0.012 59 |
| 1-2 | 1.63 | | 1.0 | 0.767 | 0.203 | 9.57 | 5.67 | 0.015 6 | 0.012 74 | −0.009 88 |
| 1-3 | 2.03 | | 1.5 | 0.769 | 0.191 | 11.12 | 7.37 | 0.018 64 | 0.013 89 | −0.009 14 |
| 1-4 | 2.11 | | 2.0 | 0.770 | 0.182 | 13.03 | 8.13 | 0.021 74 | 0.014 68 | −0.007 62 |
| 1-5 | 1.83 | | 2.5 | 0.770 | 0.176 | 14.43 | 9.30 | 0.024 56 | 0.015 71 | −0.006 86 |
| 1-6 | 2.05 | | 3.0 | 0.770 | 0.168 | 16.25 | 10.32 | 0.026 58 | 0.015 98 | −0.005 38 |
| 2-1 | 2.98 | 2.91 | 0 | 0.705 | 0.249 | 5.11 | 0.00 | 0.007 05 | 0.008 72 | −0.010 39 |
| 2-2 | 3.43 | | 1.0 | 0.710 | 0.217 | 9.22 | 5.36 | 0.014 89 | 0.010 13 | −0.005 37 |
| 2-3 | 3.05 | | 1.5 | 0.713 | 0.209 | 10.54 | 6.69 | 0.018 22 | 0.011 27 | −0.004 32 |
| 2-4 | 2.91 | | 2.0 | 0.713 | 0.196 | 12.33 | 7.76 | 0.021 27 | 0.012 04 | −0.002 81 |
| 2-5 | 2.14 | | 2.5 | 0.713 | 0.185 | 13.50 | 9.03 | 0.024 27 | 0.013 36 | −0.002 45 |
| 2-6 | 2.93 | | 3.0 | 0.714 | 0.178 | 14.80 | 10.12 | 0.027 25 | 0.014 59 | −0.001 93 |
| 3-1 | 5.23 | 5.43 | 0.0 | 0.498 | 0.285 | 4.30 | 0.00 | 0.010 04 | 0.006 59 | −0.003 14 |
| 3-2 | 5.19 | | 1.0 | 0.503 | 0.253 | 8.25 | 4.69 | 0.017 2 | 0.008 86 | −0.000 52 |
| 3-3 | 5.52 | | 1.5 | 0.505 | 0.245 | 8.95 | 5.66 | 0.020 77 | 0.010 89 | −0.001 01 |
| 3-4 | 5.77 | | 2.0 | 0.505 | 0.238 | 10.24 | 6.35 | 0.023 7 | 0.012 15 | −0.000 6 |
| 3-5 | 5.38 | | 2.5 | 0.506 | 0.229 | 10.86 | 7.47 | 0.025 17 | 0.013 11 | −0.001 05 |
| 3-6 | 5.49 | | 3.0 | 0.506 | 0.220 | 11.85 | 8.52 | 0.028 25 | 0.014 41 | −0.000 57 |

续表 3-7

| 编号 | 含水率 /% | $w_{平均}$ /% | 围压 /MPa | 弹性模量 /GPa | 泊松比 | 峰值强度 /MPa | 残余强度 /MPa | 峰值应变/(mm/mm) | | |
|---|---|---|---|---|---|---|---|---|---|---|
| | | | | | | | | 轴向 | 环向 | 体积 |
| 4－1 | 9.27 | 9.56 | 0.0 | 0.294 | 0.307 | 3.42 | 0.00 | 0.011 64 | 0.010 11 | －0.008 58 |
| 4－2 | 9.34 | | 1.0 | 0.299 | 0.282 | 6.21 | 3.64 | 0.016 38 | 0.013 02 | －0.009 66 |
| 4－3 | 9.43 | | 1.5 | 0.301 | 0.275 | 7.69 | 4.31 | 0.019 28 | 0.013 46 | －0.007 64 |
| 4－4 | 10.0 | | 2.0 | 0.301 | 0.267 | 8.89 | 5.64 | 0.022 14 | 0.014 99 | －0.007 84 |
| 4－5 | 9.77 | | 2.5 | 0.301 | 0.258 | 9.66 | 6.68 | 0.025 56 | 0.016 16 | －0.006 76 |
| 4－6 | 9.52 | | 3.0 | 0.302 | 0.249 | 10.80 | 8.02 | 0.027 41 | 0.016 62 | －0.005 83 |
| 5－1 | 13.93 | 13.53 | 0.0 | 0.208 | 0.383 | 1.52 | 0.00 | 0.012 31 | 0.011 56 | －0.010 81 |
| 5－2 | 13.57 | | 1.0 | 0.213 | 0.355 | 3.07 | 3.06 | 0.021 67* | 0.019 60* | －0.017 53* |
| 5－3 | 13.56 | | 1.5 | 0.215 | 0.346 | 3.58 | 3.57 | 0.027 33* | 0.023 50* | －0.019 67* |
| 5－4 | 13.06 | | 2.0 | 0.216 | 0.338 | 4.13 | 4.08 | 0.030 42* | 0.025 60* | －0.020 78* |
| 5－5 | 13.41 | | 2.5 | 0.216 | 0.329 | 5.04 | 5.02 | 0.033 13* | 0.028 64* | －0.024 15* |
| 5－6 | 13.62 | | 3.0 | 0.217 | 0.320 | 5.75 | 5.73 | 0.036 52* | 0.031 20* | －0.025 88* |
| 6－1 | 14.98 | 14.55 | 0.0 | 0.193 | 0.448 | 1.20 | 0.00 | 0.015 21 | 0.012 14 | －0.009 07 |
| 6－2 | 15.10 | | 1.0 | 0.198 | 0.419 | 2.33 | 2.31 | 0.022 66* | 0.020 55* | －0.018 44* |
| 6－3 | 14.36 | | 1.5 | 0.200 | 0.411 | 3.29 | 3.27 | 0.028 39* | 0.024 08* | －0.019 77* |
| 6－4 | 14.10 | | 2.0 | 0.200 | 0.402 | 3.80 | 3.78 | 0.032 59* | 0.026 08* | －0.019 57* |
| 6－5 | 14.53 | | 2.5 | 0.201 | 0.391 | 4.33 | 4.31 | 0.038 50* | 0.028 77* | －0.019 04* |
| 6－6 | 14.25 | | 3.0 | 0.201 | 0.385 | 5.14 | 5.07 | 0.042 31* | 0.032 88* | －0.023 45* |

注：图表中环向应变压缩为"－"，膨胀为"＋"，体积应变压缩为"＋"，扩容为"－"，* 表示取近似峰值处的轴向应变、环向应变与体积应变。

#### 3.3.2.1　变形特征分析

由图 3-18 和图 3-23 可知，以 $w=13.53\%$ 为临界含水率，当含水率 $w<13.53\%$ 时，极弱胶结岩体再生结构岩样的单轴与三轴试验全应力—应变曲线可分为压密、弹性、塑性、应变软化与残余等五个阶段，全应力—应变曲线基本反映了软岩的力学性质。当含水率 $w=13.53\%$ 时，极弱胶结岩体再生结构岩样的单轴应力—应变曲线具有以上阶段，基本反映了软岩的力学性质。而岩样三轴全应力—应变曲线基本为理想塑性，表现出软岩的延性破坏特征。当含水率 $w>13.53\%$ 时，极弱胶结岩体再生结构岩样的单轴应力—应变曲线基本具有以上阶段，但是在峰值附近存在屈服平台，在峰后应力—应变曲线下降较为平缓；岩样三轴全应力—应变曲线基本为理想弹塑性，在峰值强度附近出现显著的屈服平台，即轴向应力基本保持不变，而变形持续增加，岩样产生塑性流动，表现出软岩的延性破坏特征。

一般常采用变形参数 $E$、$\mu$ 来进行岩石类材料变形特性的分析，而变形参数一般常通过室内岩石力学试验数据获得，极弱胶结岩体再生结构岩样的弹性模量与泊松比数值详见表 3-7，再生结构岩样的弹性模量与围压的关系曲线如图 3-24 所示。

由表 3-7、图 3-24 可知，再生结构岩样的弹性模量随围压增加而增大，当围压增加到一定数值后再提高围压，其弹性模量增加幅度不大。单轴试验与三轴试验相比，岩样的弹性模

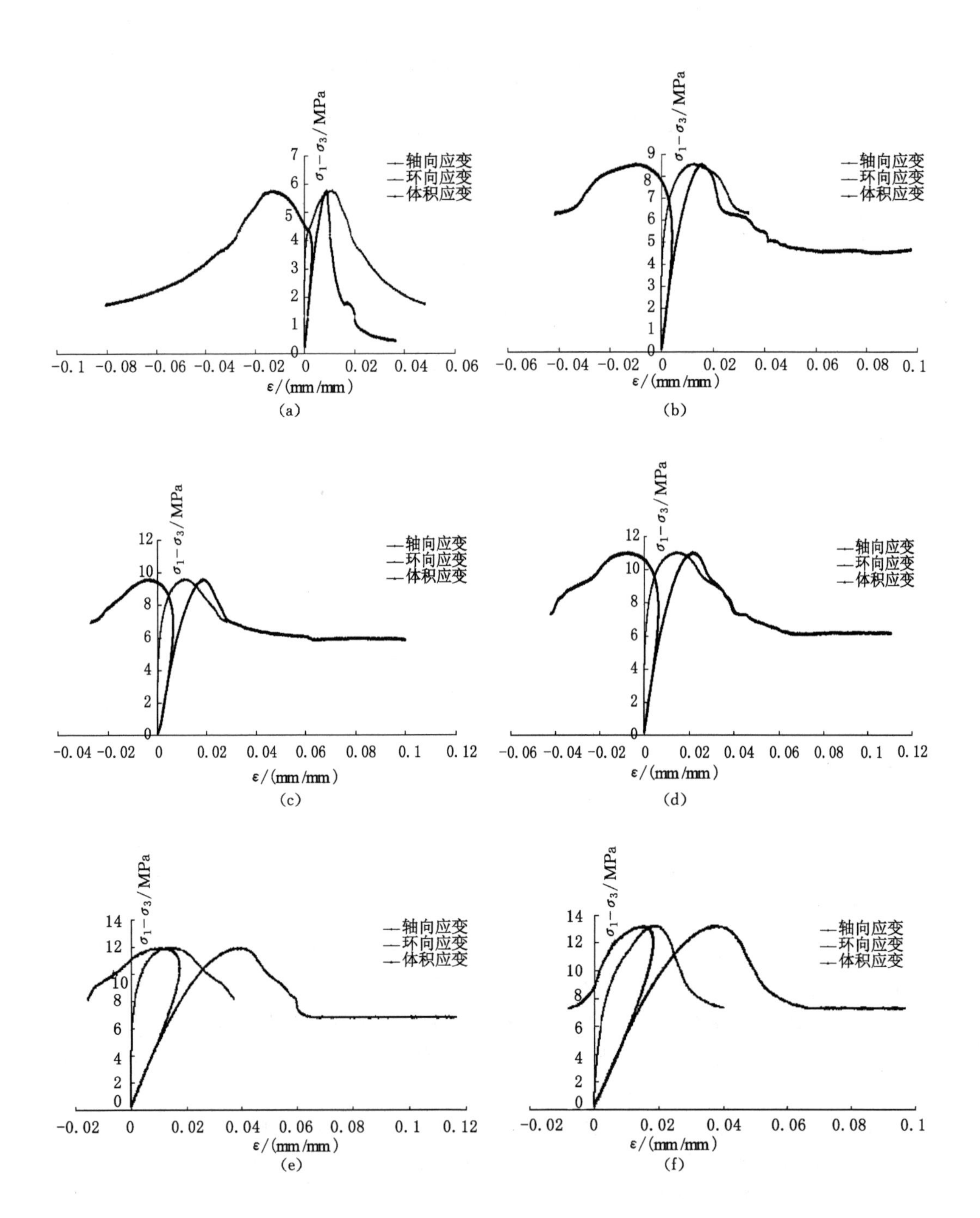


图 3-18　含水率 $w=1.91\%$时再生结构岩样单轴与三轴压缩应力—应变曲线

(a) 单轴试验;(b) 围压为 1 MPa 三轴试验;

(c) 围压为 1.5 MPa 三轴试验;(d) 围压为 2 MPa 三轴试验;

(e) 围压为 2.5 MPa 三轴试验;(f) 围压为 3 MPa 三轴试验

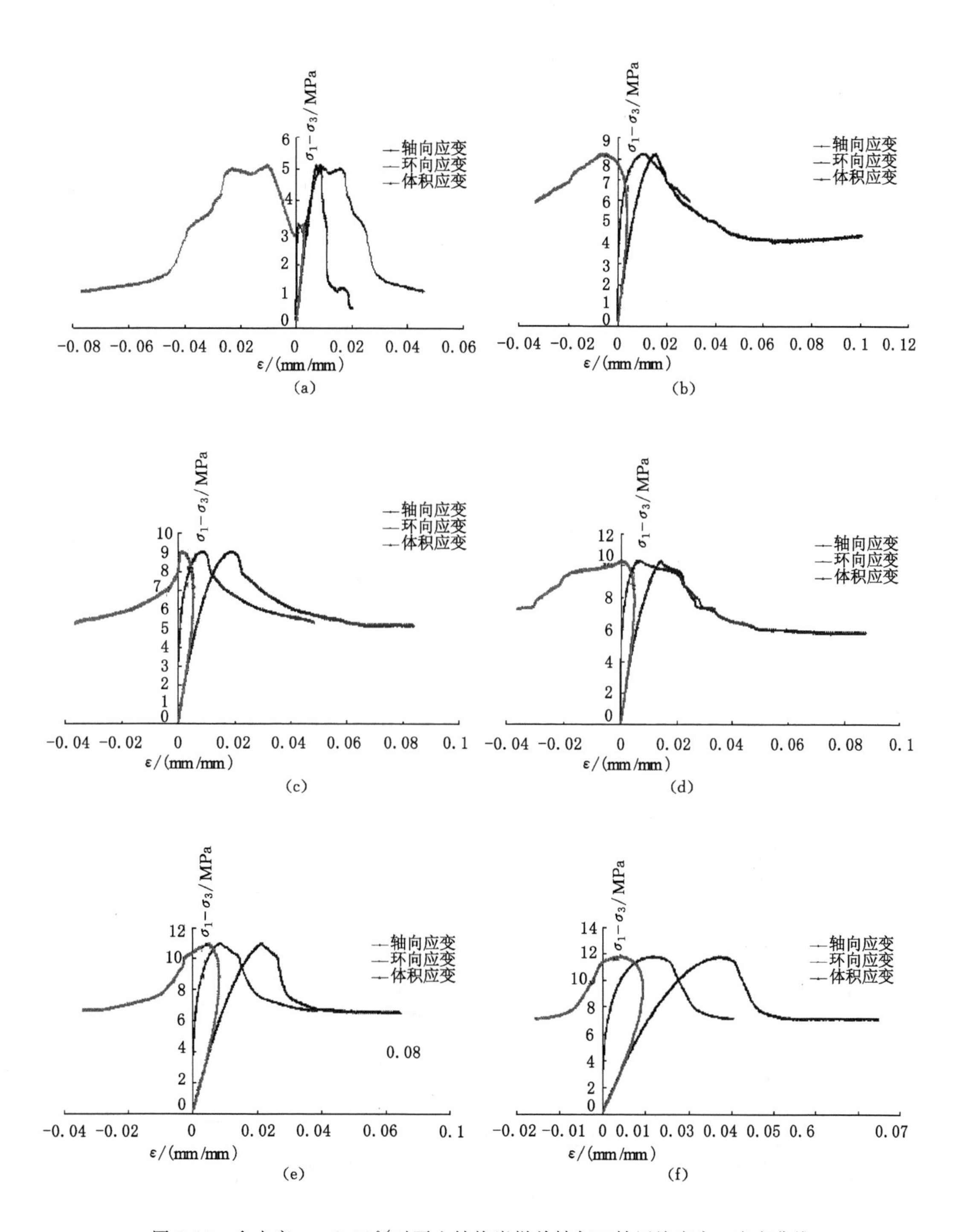


图 3-19 含水率 $w=2.91\%$时再生结构岩样单轴与三轴压缩应力—应变曲线

(a) 单轴试验;(b) 围压为 1 MPa 三轴试验;

(c) 围压为 1.5 MPa 三轴试验;(d) 围压为 2 MPa 三轴试验;

(e) 围压为 2.5 MPa 三轴试验;(f) 围压为 3 MPa 三轴试验

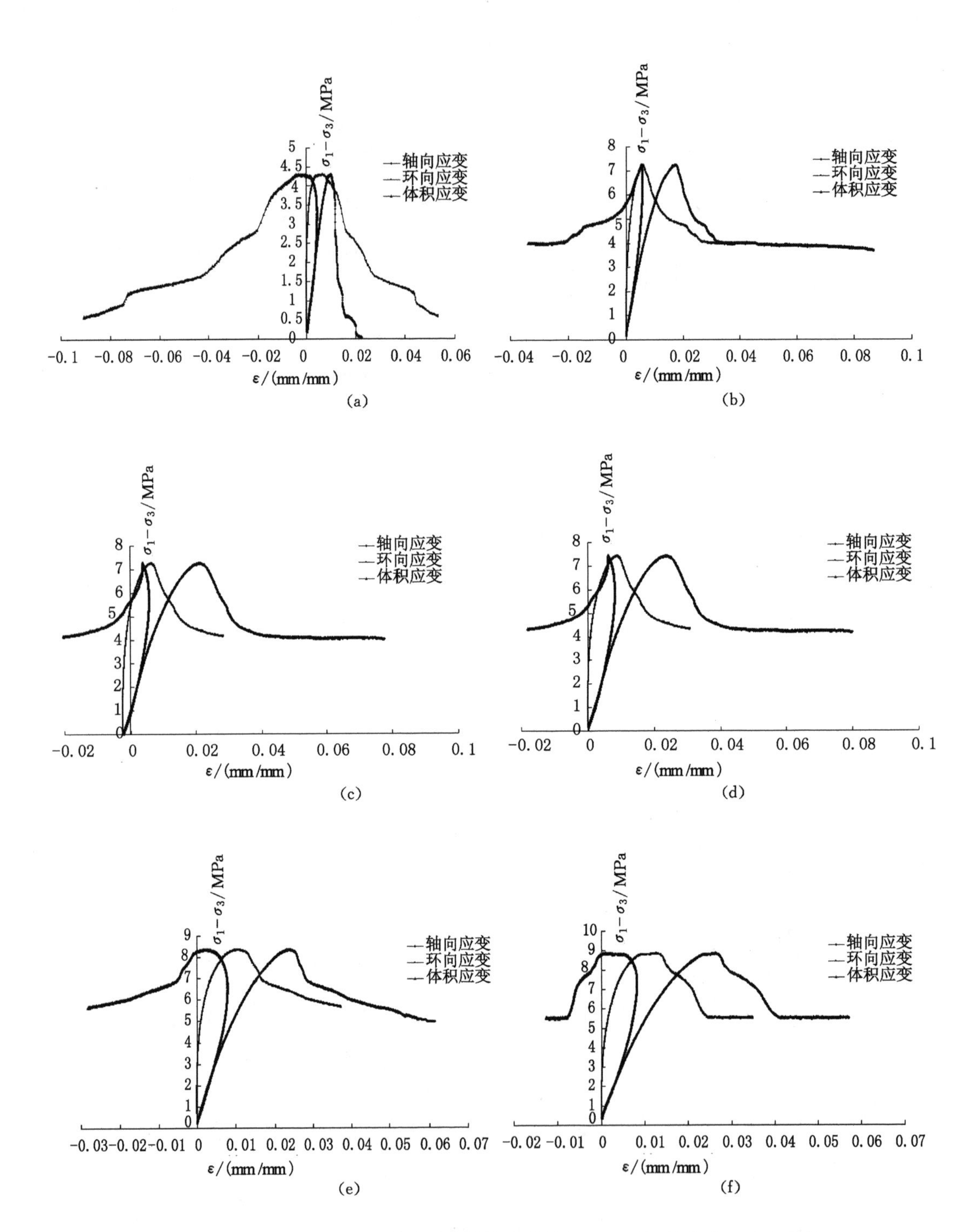


图 3-20 含水率 $w=5.43\%$时再生结构岩样单轴与三轴压缩应力—应变曲线

(a) 单轴试验；(b) 围压为 1 MPa 三轴试验；

(c) 围压为 1.5 MPa 三轴试验；(d) 围压为 2 MPa 三轴试验；

(e) 围压为 2.5 MPa 三轴试验；(f) 围压为 3 MPa 三轴试验

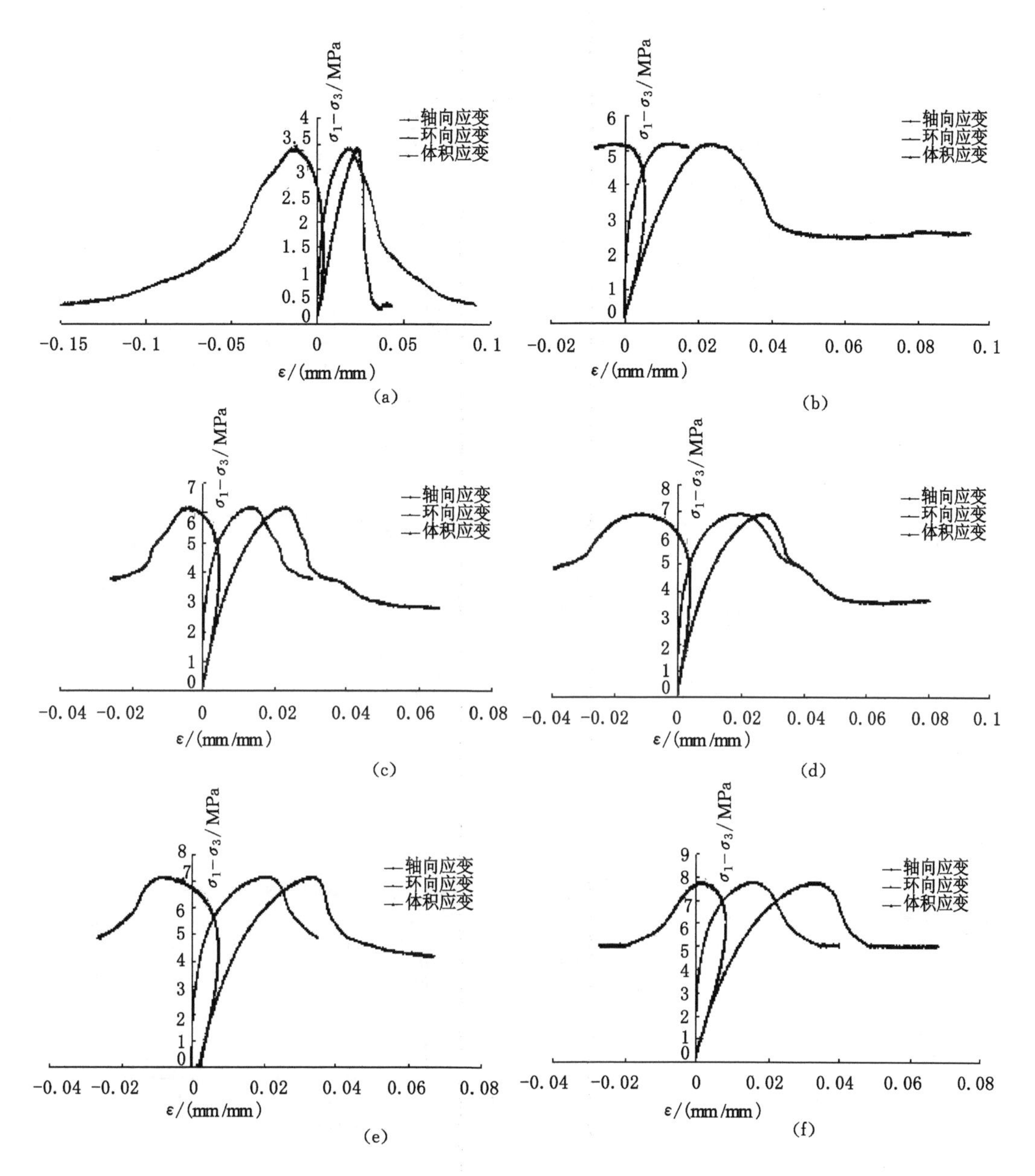


图 3-21 含水率 $w$=9.56%时再生结构岩样单轴与三轴压缩应力—应变曲线

(a) 单轴试验；(b) 围压为 1 MPa 三轴试验；

(c) 围压为 1.5 MPa 三轴试验；(d) 围压为 2 MPa 三轴试验；

(e) 围压为 2.5 MPa 三轴试验；(f) 围压为 3 MPa 三轴试验

量计算数值离散性较大；而在三轴试验时，弹性模量计算数值离散性相对较小，若忽略岩样压缩初期的非线性变形，应力—应变曲线中近似直线部分可较好的重合在一起。因岩样内的微裂隙在围压作用下逐渐趋于闭合，增加了岩样的密实度，减小了岩样的初始压缩非线性变形，使得岩样的变形快速由压密阶段进入弹性或近似弹性阶段，故在不同围压条件下岩样应力—应变曲线的弹性阶段基本吻合，而弹性模量是弹性阶段轴向应力与应变的比值，因此

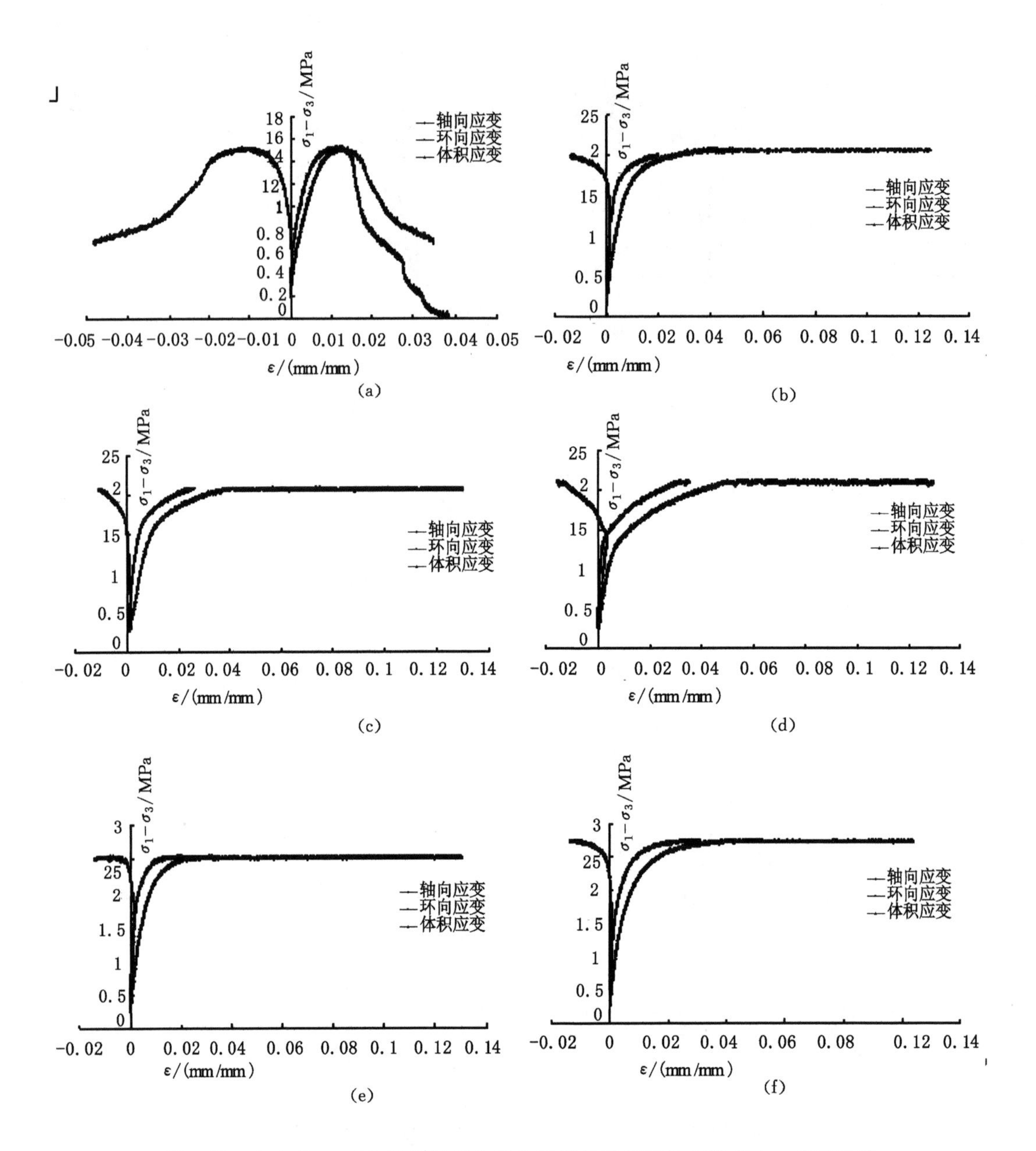


图 3-22 含水率 $w$=13.53%时再生结构岩样单轴与三轴压缩应力—应变曲线

(a) 单轴试验;(b) 围压为 1 MPa 三轴试验;

(c) 围压为 1.5 MPa 三轴试验;(d) 围压为 2 MPa 三轴试验;

(e) 围压为 2.5 MPa 三轴试验;(f) 围压为 3 MPa 三轴试验

所求得的弹性模量离散性相对较小。试验结果表明,在不同围压下岩样的泊松比相差不大,则可认为在加载状态下岩石的泊松比近似为常数。

将不同含水率再生结构岩样弹性模量与围压的关系曲线中的数据进行回归分析,可得到弹性模量与围压的关系为指数衰减型,详见表 3-8。

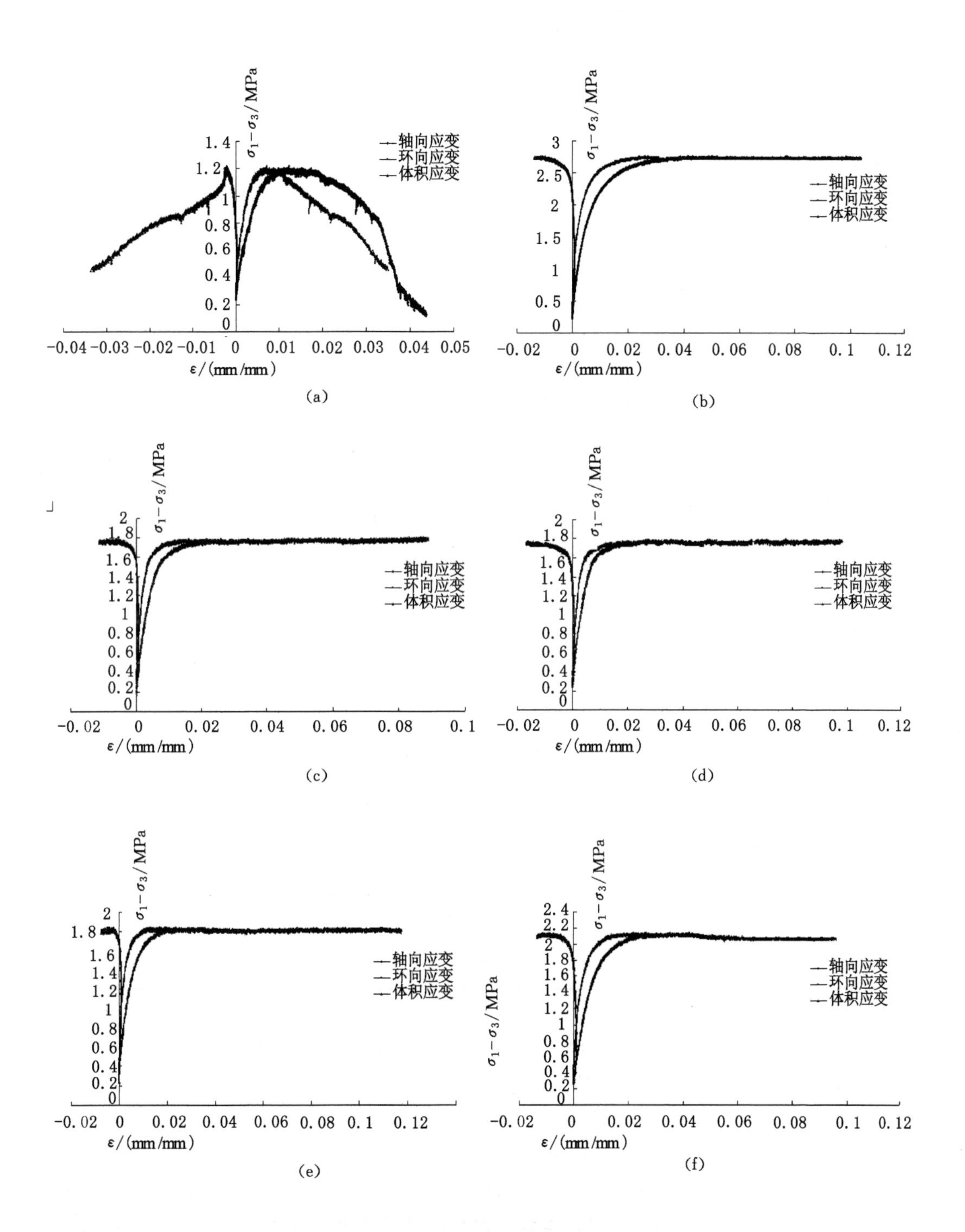


图 3-23　含水率 $w$=14.55%时再生结构岩样单轴与三轴压缩应力—应变曲线

(a) 单轴试验;(b) 围压为 1 MPa 三轴试验;

(c) 围压为 1.5 MPa 三轴试验;(d) 围压为 2 MPa 三轴试验;

(e) 围压为 2.5 MPa 三轴试验;(f) 围压为 3 MPa 三轴试验

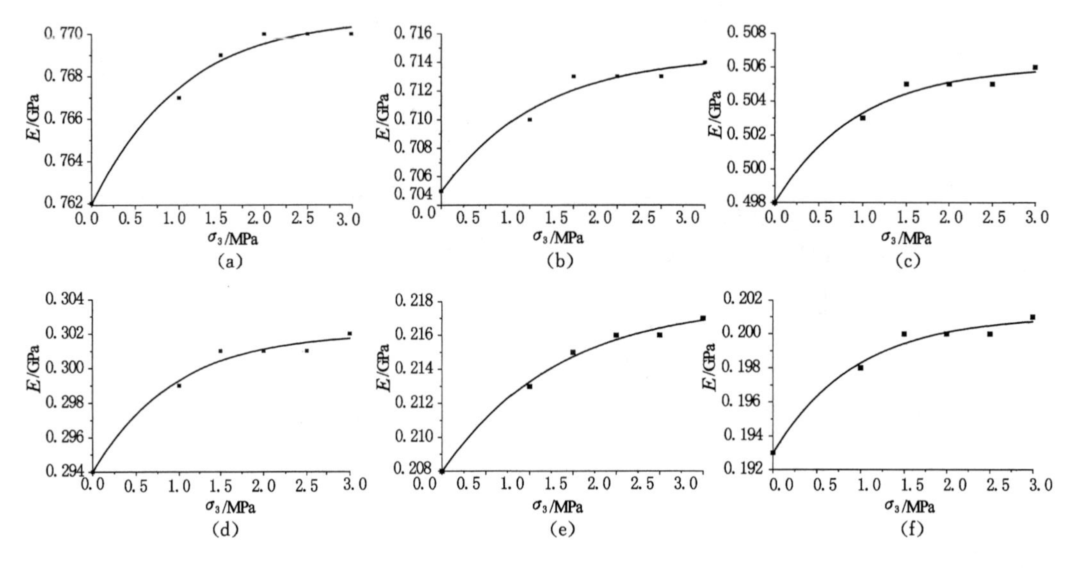


图 3-24　再生结构岩样的弹性模量与围压的关系曲线

(a) 含水率 $w=1.91\%$；(b) 含水率 $w=2.91\%$；(c) 含水率 $w=5.43\%$；
(d) 含水率 $w=9.56\%$；(e) 含水率 $w=13.53\%$；(f) 含水率 $w=14.55\%$

**表 3-8　　再生结构岩样的弹性模量与围压的关系式**

| $w_{平均}$/% | 关系式 |
| --- | --- |
| 1.91 | $E=-0.008\,9e^{-\frac{\sigma_3}{1.030\,9}}+0.770\,8, R^2=0.98$ |
| 2.91 | $E=-0.009\,6e^{-\frac{\sigma_3}{1.092}}+0.714\,5, R^2=0.954$ |
| 5.43 | $E=-0.008\,1e^{-\frac{\sigma_3}{0.928\,7}}+0.506, R^2=0.972$ |
| 9.56 | $E=-0.008\,1e^{-\frac{\sigma_3}{0.928\,7}}+0.302, R^2=0.972$ |
| 13.53 | $E=-0.009\,9e^{-\frac{\sigma_3}{1.307}}+0.217\,9, R^2=0.988$ |
| 14.55 | $E=-0.008\,1e^{-\frac{\sigma_3}{0.928\,7}}+0.201, R^2=0.98$ |

极弱胶结岩体再生结构岩样单轴与三轴试验表明，再生结构岩样的变形参数受岩样制备时的含水率影响较大，其弹性模量及泊松比与含水率的关系如图 3-25 所示。分析可知，再生结构岩样的弹性模量、泊松比与含水率之间呈线性关系，对于弹性模量而言：$E=-0.0452w+0.8064, R^2=0.95$；对泊松比而言：$\mu=0.0148w+0.198\,9, R^2=0.95$。随着含水率的增大，再生结构岩样的弹性模量随之越小，而泊松比随之增大。这说明，在相同荷载作用下，随着含水率的增大，极弱胶结岩体再生结构岩样的变形随之增大，但其抵抗外界荷载的承载能力随之降低。

由图 3-18 和图 3-23 可知，随着围压的提高，再生结构岩样的峰值强度逐渐增大，峰值强度处的塑性变形也随之增大，再生结构岩样的峰值应变 $\varepsilon_p$ 与围压 $\sigma_3$ 的关系如图 3-26 所示，峰值应变与围压的关系式详见表 3-9。分析可知，峰值轴向与环向应变随围压的增大呈

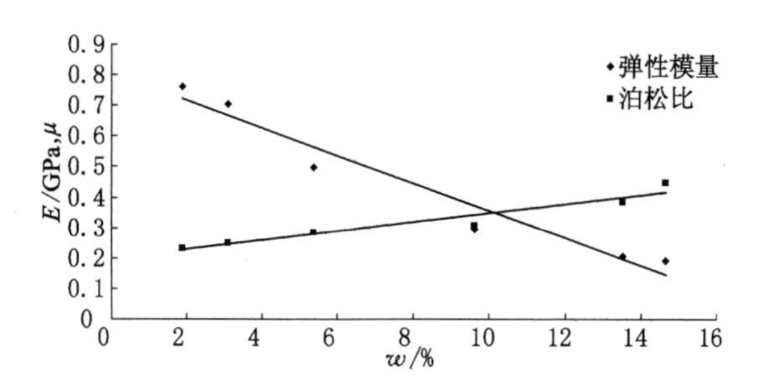


图 3-25　再生结构岩样的弹性模量及泊松比与含水率的关系曲线

线性增加，并且峰值点处的轴向应变比相对应的环向应变要大，在峰值点处产生了体积扩容现象。

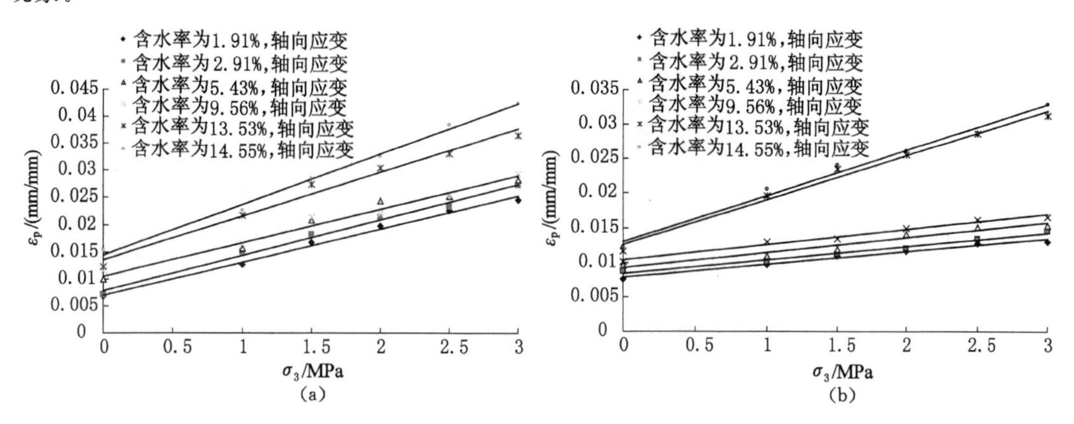


图 3-26　再生结构岩样峰值应变与围压的关系曲线

(a) 峰值轴向应变与围压的关系曲线；(b) 峰值环向应变与围压的关系曲线

**表 3-9　再生结构岩样峰值应变与围压的关系式**

| $w_{平均}$/% | 峰值轴向应变 | 峰值环向应变 |
|---|---|---|
| 1.91 | $\varepsilon_{p1}=0.0061\sigma_3+0.0069, R^2=0.993$ | $\varepsilon_{p3}=0.0018\sigma_3+0.0079, R^2=0.982$ |
| 2.91 | $\varepsilon_{p1}=0.0065\sigma_3+0.0078, R^2=0.991$ | $\varepsilon_{p3}=0.002\sigma_3+0.0084, R^2=0.985$ |
| 5.43 | $\varepsilon_{p1}=0.0062\sigma_3+0.0104, R^2=0.976$ | $\varepsilon_{p3}=0.0022\sigma_3+0.0092, R^2=0.951$ |
| 9.56 | $\varepsilon_{p1}=0.0058\sigma_3+0.0113, R^2=0.983$ | $\varepsilon_{p3}=0.0022\sigma_3+0.0104, R^2=0.98$ |
| 13.53 | $\varepsilon_{p1}=0.008\sigma_3+0.0135, R^2=0.983$ | $\varepsilon_{p3}=0.0065\sigma_3+0.0126, R^2=0.986$ |
| 14.55 | $\varepsilon_{p1}=0.0093\sigma_3+0.0145, R^2=0.995$ | $\varepsilon_{p3}=0.0066\sigma_3+0.0131, R^2=0.986$ |

随着含水率的增加，再生结构岩样的峰值强度逐渐降低，引起峰值强度处的塑性变形也随之变化，再生结构岩样的峰值应变与含水率的关系如图 3-27 所示，峰值应变与含水率的关系式详见表 3-10。分析可知，峰值轴向与环向应变随含水率的增大呈线性增加，并且峰值点处的轴向应力比相对应的环向应变大，在峰值点处产生了体积扩容现象。

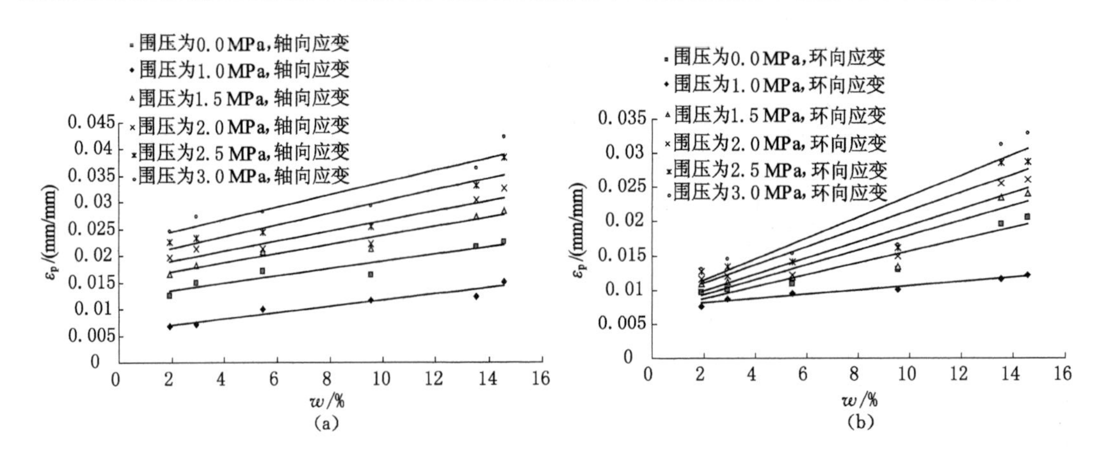


图 3-27 再生结构岩样峰值应变与含水率的关系曲线

(a) 峰值轴向应变与含水率的关系曲线;(b) 峰值环向应变与含水率的关系曲线

**表 3-10　　再生结构岩样峰值应变与含水率的关系式**

| $w_{平均}$/% | 峰值轴向应变 | 峰值环向应变 |
| --- | --- | --- |
| 1.91 | $\varepsilon_{p1}=0.000\,6w+0.005\,9, R^2=0.921$ | $\varepsilon_{p3}=0.000\,3w+0.007\,5, R^2=0.957$ |
| 2.91 | $\varepsilon_{p1}=0.000\,7w+0.012\,1, R^2=0.884$ | $\varepsilon_{p3}=0.000\,9w+0.007\,1, R^2=0.924$ |
| 5.43 | $\varepsilon_{p1}=0.000\,9w+0.015\,2, R^2=0.944$ | $\varepsilon_{p3}=0.001\,1w+0.007\,3, R^2=0.868$ |
| 9.56 | $\varepsilon_{p1}=0.000\,9w+0.017\,2, R^2=0.848$ | $\varepsilon_{p3}=0.001\,2w+0.007\,5, R^2=0.879$ |
| 13.53 | $\varepsilon_{p1}=0.001\,1w+0.019\,1, R^2=0.846$ | $\varepsilon_{p3}=0.001\,3w+0.008\,4, R^2=0.873$ |
| 14.55 | $\varepsilon_{p1}=0.001\,2w+0.022\,2, R^2=0.864$ | $\varepsilon_{p3}=0.001\,5w+0.008\,4, R^2=0.856$ |

极弱胶结岩体再生结构是“类岩石”,岩样单轴与三轴压缩试验表明,即当荷载较小时,岩样处于压缩状态,且压缩变形量随荷载的增加而增大;当荷载达到某一临界数值后,曲线出现反向弯曲,即产生了体积膨胀现象(体积扩容),且这一过程是非线性、不可逆的,再生结构岩样的环向应变及体积应变与轴向应变的关系如图 3-28 所示。

由图 3-28 可知,与极弱胶结岩体完整岩样类似,再生结构岩样在单轴与三轴压缩试验过程中应力—应变之间并不能较好地保持线性关系,并且环向变形基本上处于非线性增加状态。由于极弱胶结岩体再生结构岩样的结构性较差,在试验过程中岩样的压缩变形量较大且持续时间长,在加载初期岩样的轴向变形量增加速率要高于环向变形,随着岩样密实度的不断增加,使得其环向变形非线性增加速度较快,造成体积应变曲线上出现反弯点,体积应变由压缩转为膨胀(扩容),体积应变—轴向应变曲线比完整岩样平缓,反弯点显著。岩样破坏前后具有明显的体积膨胀特性,即岩样的体积变形经历了先压缩后膨胀的过程,并且以峰值应力点为体积变化的分界点,在峰值应力之前体积变形较小,在峰值应力之后体积变形迅速增加,且反映出围压对岩石体积扩容变形的抑制作用,即随着围压的提高,岩石峰后体积应变曲线逐渐变缓,或者说岩石峰后体积膨胀特性逐渐减弱。

极弱胶结岩体再生结构岩样的临界应力数值详见表 3-11,临界应力与围压、峰值强度、含水率的关系曲线如图 3-29 所示。

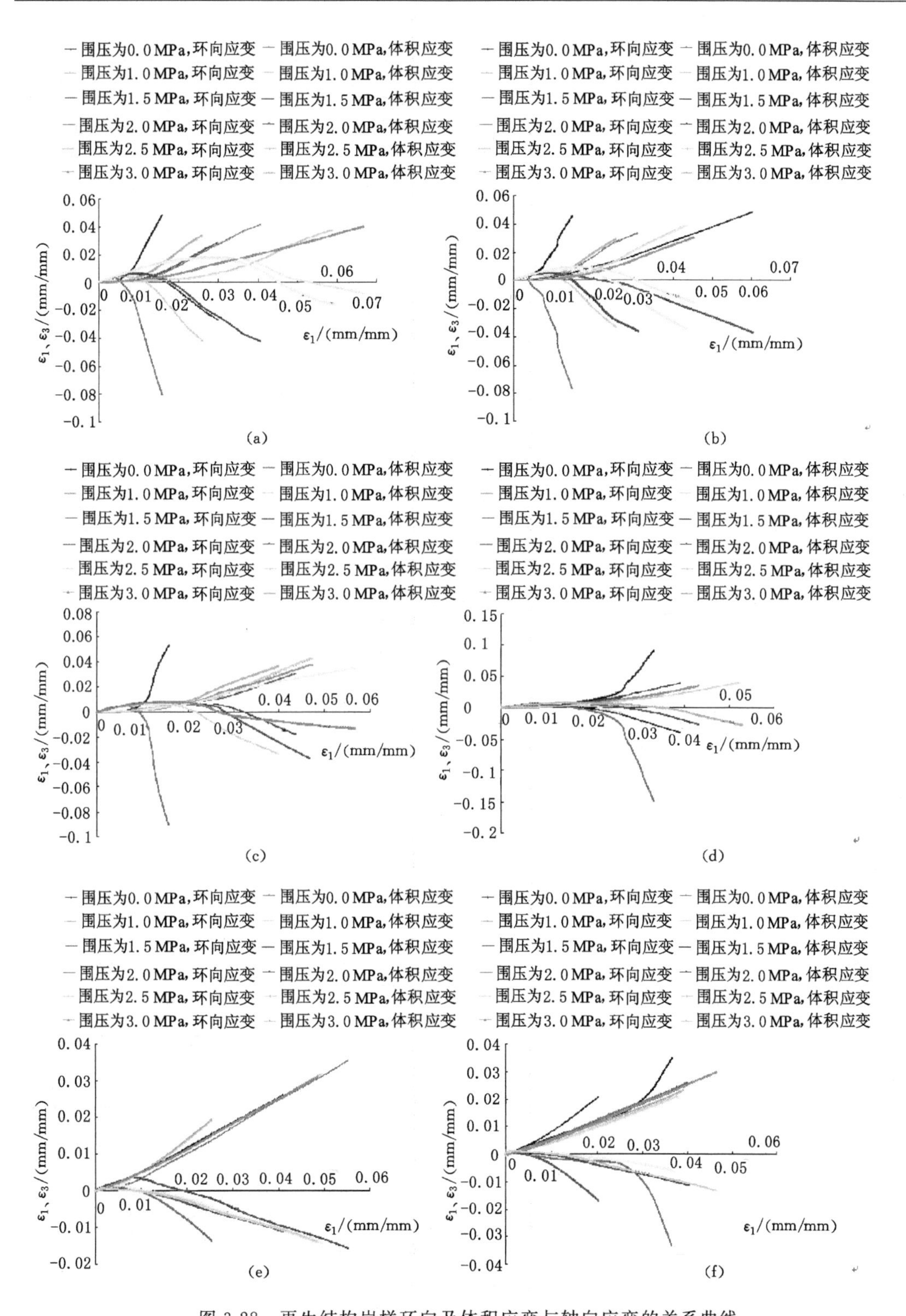


图 3-28 再生结构岩样环向及体积应变与轴向应变的关系曲线

(a) 含水率 $w$=1.91%;(b) 含水率 $w$=2.91%;(c) 含水率 $w$=5.43%;
(d) 含水率 $w$=9.56%;(e) 含水率 $w$=13.53%;(f) 含水率 $w$=14.55%

**表 3-11　　再生结构岩样的临界应力**

| $w_{平均}$/% | 围压/MPa | 临界应力/MPa | 临界应力与峰值应力的百分比/% |
|---|---|---|---|
| 1.91 | 0.0 | 4.55 | 78.99 |
| | 1.0 | 8.86 | 92.58 |
| | 1.5 | 10.89 | 97.93 |
| | 2.0 | 12.63 | 96.93 |
| | 2.5 | 13.59 | 94.18 |
| | 3.0 | 16.19 | 99.63 |
| 2.91 | 0.0 | 3.22 | 63.01 |
| | 1.0 | 8.72 | 94.58 |
| | 1.5 | 9.69 | 91.94 |
| | 2.0 | 12.29 | 99.68 |
| | 2.5 | 12.93 | 95.78 |
| | 3.0 | 14.43 | 97.50 |
| 5.43 | 0.0 | 4.26 | 99.07 |
| | 1.0 | 6.69 | 81.09 |
| | 1.5 | 6.86 | 76.65 |
| | 2.0 | 7.66 | 74.81 |
| | 2.5 | 10.75 | 98.99 |
| | 3.0 | 11.82 | 99.75 |
| 9.56 | 0.0 | 2.68 | 78.36 |
| | 1.0 | 6.14 | 98.87 |
| | 1.5 | 7.43 | 96.62 |
| | 2.0 | 8.18 | 92.01 |
| | 2.5 | 9.23 | 95.55 |
| | 3.0 | 10.72 | 99.26 |
| 13.53 | 0.0 | 0.73 | 48.03 |
| | 1.0 | 2.67 | 86.97 |
| | 1.5 | 2.97 | 82.96 |
| | 2.0 | 3.68 | 89.10 |
| | 2.5 | 3.75 | 94.25 |
| | 3.0 | 5.10 | 88.70 |
| 14.55 | 0.0 | 0.76 | 63.33 |
| | 1.0 | 2.17 | 93.13 |
| | 1.5 | 2.79 | 84.80 |
| | 2.0 | 3.50 | 92.10 |
| | 2.5 | 4.21 | 97.23 |
| | 3.0 | 4.74 | 92.22 |

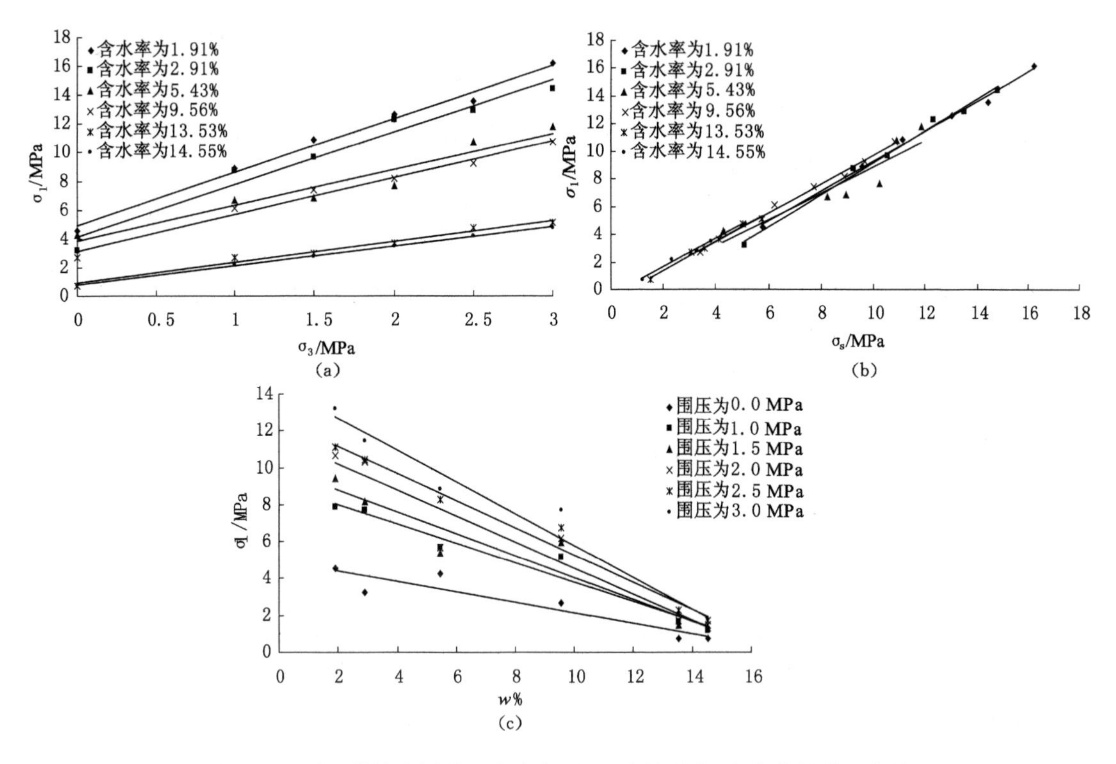


图 3-29 再生结构岩样临界应力与围压、峰值强度、含水率的关系曲线

(a) 临界应力与围压的关系曲线;(b) 临界应力与峰值应力的关系曲线;

(c) 临界应力与含水率的关系曲线

将不同含水率再生结构岩样单轴及三轴试验的临界应力与围压、峰值强度、含水率的关系曲线中的数据进行回归分析,可得相应关系式,详见表 3-12。

**表 3-12 再生结构岩样临界应力与围压、峰值强度、含水率的关系式**

| $w_{平均}$/% | 与围压的关系式 | 与峰值强度的关系式 | 与含水率的关系式 |
|---|---|---|---|
| 1.91 | $\sigma_1=3.74\sigma_3+4.885$<br>$R^2=0.99$ | $\sigma_1=1.0815\sigma_s-1.5281$<br>$R^2=0.995$ | $\sigma_3=0.0$ MPa, $\sigma_1=-0.2856w+4.9793$<br>$R^2=0.862$ |
| 2.91 | $\sigma_1=3.6543\sigma_3+4.1299$<br>$R^2=0.963$ | $\sigma_1=1.1517\sigma_s-2.3596$<br>$R^2=0.992$ | $\sigma_3=1.0$ MPa, $\sigma_1=-0.5246w+10.062$<br>$R^2=0.959$ |
| 5.43 | $\sigma_1=2.4974\sigma_3+3.8443$<br>$R^2=0.926$ | $\sigma_1=0.9567\sigma_s-0.6758$<br>$R^2=0.833$ | $\sigma_3=1.5$ MPa, $\sigma_1=-0.5926w+11.502$<br>$R^2=0.909$ |
| 9.56 | $\sigma_1=2.5566\sigma_3+3.1357$<br>$R^2=0.982$ | $\sigma_1=1.0429\sigma_s-0.7155$<br>$R^2=0.99$ | $\sigma_3=2.0$ MPa, $\sigma_1=-0.7026w+13.598$<br>$R^2=0.911$ |
| 13.53 | $\sigma_1=1.456\sigma_3+0.89$<br>$R^2=0.982$ | $\sigma_1=1.054\sigma_s-0.7396$<br>$R^2=0.989$ | $\sigma_3=2.5$ MPa, $\sigma_1=-0.7349w+15.109$<br>$R^2=0.979$ |
| 14.55 | $\sigma_1=1.34\sigma_3+0.795$<br>$R^2=0.999$ | $\sigma_1=1.0167\sigma_s-0.5759$<br>$R^2=0.989$ | $\sigma_3=3.0$ MPa, $\sigma_1=-0.861w+17.373$<br>$R^2=0.964$ |

由于受制作工艺、模具与加工设备的精度及试验环境等因素的影响，与完整岩样相比，再生结构岩样试验结果有一定的离散性。总的来说，对于再生结构岩样单轴压缩试验而言，其临界应力约为峰值强度的1/2及以上，略比完整岩样所需的临界应力要大；对三轴压缩试验而言，由于极弱胶结岩体再生结构岩样的结构性较差、孔隙率大，在试验过程中岩样的压缩变形量较大且持续时间长，在加载初期岩样的轴向变形量增加速率要高于环向变形，造成体积应变在较长时间内才能由压缩转为扩容，因此岩样产生扩容时所需的临界应力随之增大，如图3-29(a)所示。临界应力与峰值应力的比值基本呈线性增加趋势，这与完整岩样试验结果恰恰相反，如图3-29(b)所示。临界应力与岩样的峰值强度成正比，即岩样的峰值强度越大，其产生扩容时所需的临界应力也随之增大。产生这一现象的主要原因为：极弱胶结岩体再生结构是在温度、水及压力“三相”复杂环境作用下形成的具有一定结构与构造的“类岩石”，是一种过渡性特殊岩土介质，兼有岩石与土体的特性；与完整岩样相比较差，其内部存在大量的孔隙或微裂隙，即其孔隙率要比完整岩样大得多，因此在荷载作用下再生结构岩样主要产生压缩变形，也就说其轴向压缩变形量远大于环向膨胀变形量，这就造成岩样经过较长的压缩变形后才能产生扩容。随着围压的提高，岩样的强度也随之增大，使其轴向变形量也随之增加，因此岩样产生扩容时所需的环向应变也随之增加，故造成产生扩容时所需的临界应力也随之增大。单轴与三轴试验结果表明，随着含水率的增大，再生结构岩样的强度不断降低，又因临界应力与岩样强度成正比关系，故再生结构岩样产生扩容时所需的临界应力随含水率的增大而降低，如图3-29(c)所示。

#### 3.3.2.2 强度特征分析

极弱胶结岩体再生结构强度可采用峰值强度与残余强度来表征，且与围压关系密切相关，再生结构岩样的峰值强度、残余强度与围压的关系如图3-30所示，利用M-C强度准则进行简单回归后可得，再生结构岩样的强度参数详见表3-13。

**表3-13　再生结构岩样的强度参数**

| $w_{平均}$/% | $f$ | $c$/MPa | $\varphi$/(°) |
|---|---|---|---|
| 1.91 | $\sigma_f = 3.4631\sigma_3 + 5.9214, R^2 = 0.998$ | 1.59 | 33.50 |
| | $\sigma_r = 2.246\sigma_3 + 3.666, R^2 = 0.986$ | 1.22 | 22.57 |
| 2.91 | $\sigma_f = 3.2011\sigma_3 + 5.5814, R^2 = 0.988$ | 1.56 | 31.60 |
| | $\sigma_r = 2.372\sigma_3 + 3.048, R^2 = 0.999$ | 0.99 | 24.01 |
| 5.43 | $\sigma_f = 2.418\sigma_3 + 5.045, R^2 = 0.954$ | 1.62 | 24.51 |
| | $\sigma_r = 1.894\sigma_3 + 2.75, R^2 = 0.994$ | 1.00 | 17.99 |
| 9.56 | $\sigma_f = 2.45\sigma_3 + 3.695, R^2 = 0.990$ | 1.18 | 24.85 |
| | $\sigma_r = 2.226\sigma_3 + 1.206, R^2 = 0.990$ | 0.40 | 22.34 |
| 13.53 | $\sigma_f = 1.3829\sigma_3 + 1.5436, R^2 = 0.995$ | 0.66 | 9.25 |
| | $\sigma_r = 1.358\sigma_3 + 1.576, R^2 = 0.985$ | 0.68 | 8.73 |
| 14.55 | $\sigma_f = 1.3074\sigma_3 + 1.1693, R^2 = 0.994$ | 0.51 | 7.66 |
| | $\sigma_r = 1.312\sigma_3 + 1.124, R^2 = 0.987$ | 0.49 | 7.76 |

试验结果表明，含水率对再生结构岩样的强度影响较大，岩样的峰值强度、残余强度与

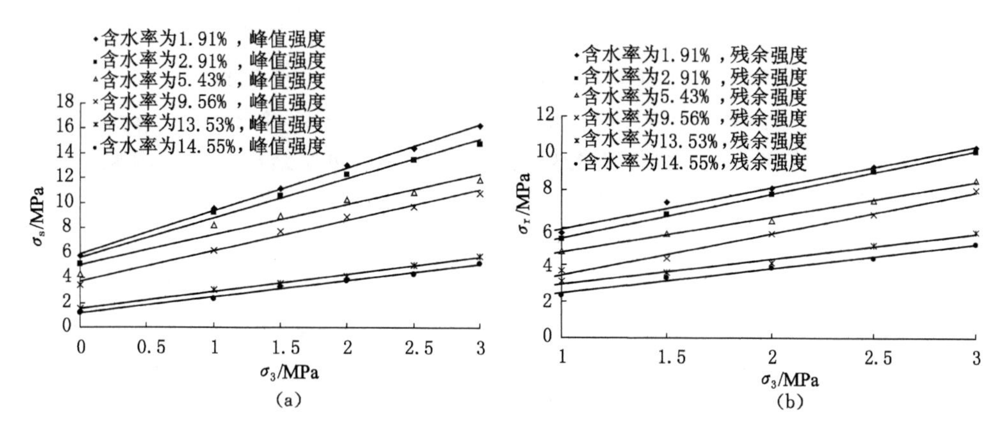


图 3-30　再生结构岩样峰值强度及残余强度与围压的关系曲线

(a) 峰值强度与围压的关系曲线；(b) 残余强度与围压的关系曲线

含水率的关系如图 3-31 所示，峰值强度及残余强度与含水率的关系式详见表 3-14。

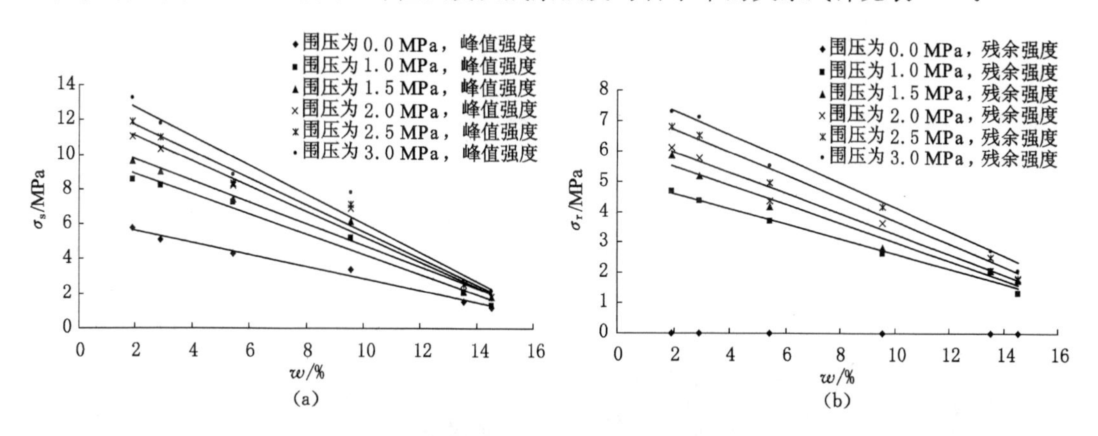


图 3-31　再生结构岩样峰值强度及残余强度与含水率的关系曲线

(a) 峰值强度与含水率的关系曲线；(b) 残余强度与含水率的关系曲线

**表 3-14　　再生结构岩样峰值强度及残余强度与含水率的关系式**

| 围压/MPa | 峰值强度 | 残余强度 |
|---|---|---|
| 0.0 | $\sigma_s = -0.344\,6w + 6.302\,3, R^2 = 0.985$ | $\sigma_r = 0$ |
| 1.0 | $\sigma_s = -0.575\,7w + 11.037, R^2 = 0.982$ | $\sigma_r = -0.245\,2w + 6.078\,8, R^2 = 0.984$ |
| 1.5 | $\sigma_s = -0.619\,9w + 12.476, R^2 = 0.971$ | $\sigma_r = -0.309\,5w + 7.615, R^2 = 0.975$ |
| 2.0 | $\sigma_s = -0.727\,6w + 14.544, R^2 = 0.972$ | $\sigma_r = -0.333\,7w + 8.619\,9, R^2 = 0.983$ |
| 2.5 | $\sigma_s = -0.770\,6w + 15.788, R^2 = 0.974$ | $\sigma_r = -0.375\,3w + 9.964\,2, R^2 = 0.982$ |
| 3.0 | $\sigma_s = -0.833\,3w + 17.416, R^2 = 0.968$ | $\sigma_r = -0.398\,4w + 11.143, R^2 = 0.967$ |

总的来说，对于极弱胶结岩体再生结构岩样的峰值强度及残余强度与围压、含水率的拟合关系曲线（多元回归分析曲线）为：$\sigma_s = -0.639\,91w + 2.343\,9\sigma_3 + 8.976\,3, R^2 = 0.967$；

$\sigma_r = -0.27359w + 2.5267\sigma_3 + 2.9979$，$R^2 = 0.953$。再生结构单轴与三轴试验结果表明，再生结构岩样的强度参数受岩样制备时的含水率影响较大，由于受制作工艺、模具与加工设备的精度及试验环境等因素的影响，造成试验结果具有一定的离散性。再生结构岩样的内聚力、内摩擦角与含水率的关系如图 3-32 所示。分析表明，再生结构岩样的内聚力、内摩擦角与含水率呈线性关系，对于内摩擦角而言：$\varphi = -1.9609w + 37.547$，$R^2 = 0.922$；对内聚力而言：$c = -0.0881w + 1.8901$，$R^2 = 0.923$。随着含水率的增大，再生结构岩样的内摩擦角与内聚力随之越小，即再生结构岩样的强度参数随含水率的增加而不断降低。

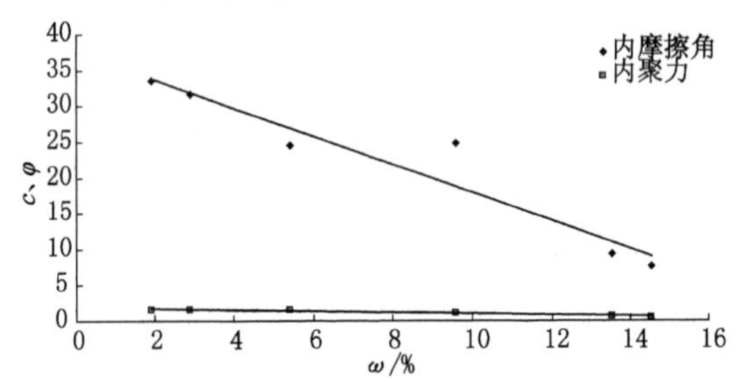


图 3-32 再生结构岩样内聚力及内摩擦角与含水率的关系曲线

## 3.3.3 单轴与三轴试验岩样破坏模式分析

### 3.3.3.1 单轴试验岩样破坏模式分析

通过对单轴试验破坏岩样的剖析可知，不同含水率条件下极弱胶结岩体再生结构岩样的破坏模式复杂，其破坏模式多数是与轴向平行或近似平行的劈裂破坏，与典型岩石单轴试验结果基本一致。再生结构岩样的典型破坏状况如图 3-33 所示，再生结构岩样的单轴破坏模式如图 3-34 所示。

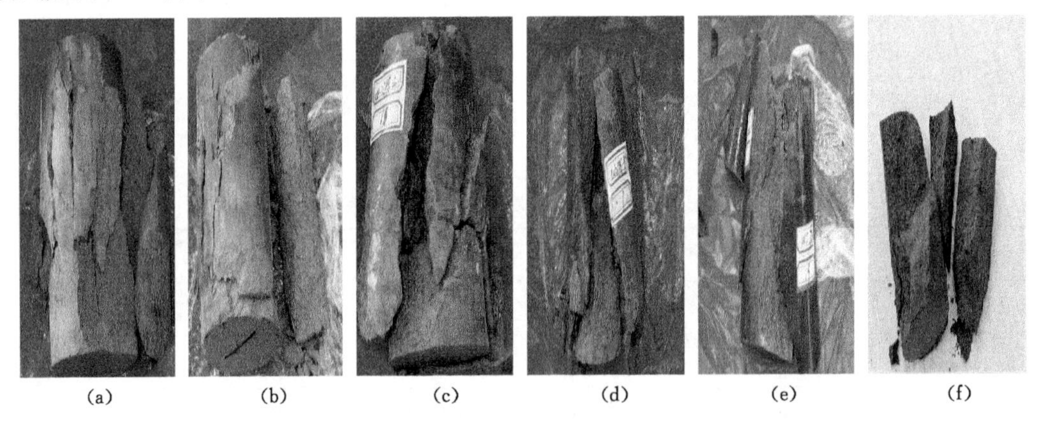

(a) (b) (c) (d) (e) (f)

图 3-33 再生结构岩样单轴压缩试验典型破坏状况

(a) $w=1.91\%$；(b) $w=2.91\%$；(c) $w=5.43\%$；(d) $w=9.56\%$；(e) $w=13.53\%$；(f) $w=14.55\%$

(1) 以轴向劈裂为主的破坏形式

岩样破坏后其破坏模式为以轴向劈裂(柱形劈裂)为主的破坏形式，如图 3-34(a～d)所示。岩样破坏后沿轴向存在许多劈裂面，且这些劈裂面与岩样轴向平行或近似平行，岩样破坏后形成多个长条状岩块；部分岩样试验时，由于试验机端面引起的“环箍效应”不明显，岩

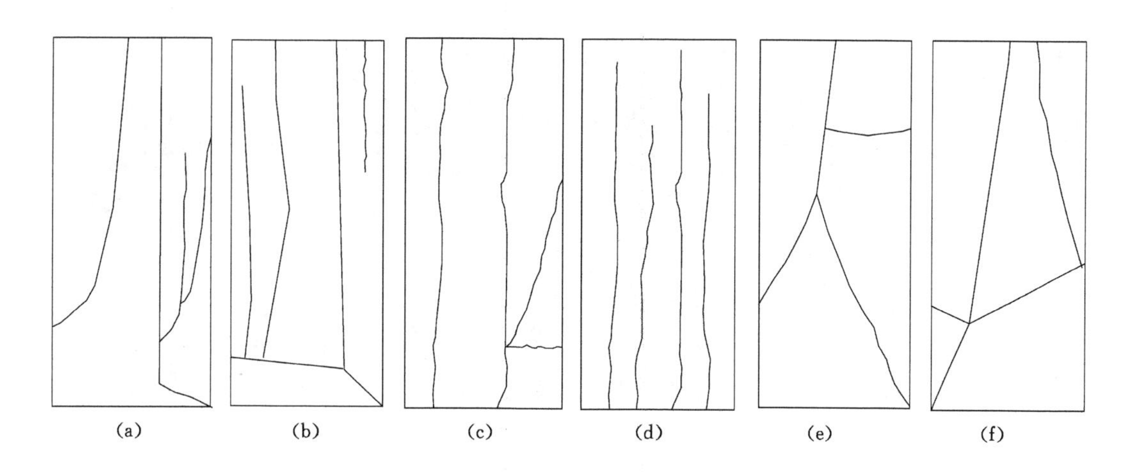


图 3-34 再生结构岩样单轴压缩试验破坏模式

(a) $w$=1.91%;(b) $w$=2.91%;(c) $w$=5.43%;(d) $w$=9.56%;(e) $w$=13.53%;(f) $w$=14.55%

样断面同样被分割成大小不一、形状各异的部分。将岩样解剖后发现,所形成的条状岩块存在沿斜截面断裂的现象,这说明在岩样破裂破坏过程中,在其内部也存在剪切破坏的过程;部分岩样受“环箍效应”对岩样环向变形限制作用的影响,造成其与试验机压头接触的端面部分不容易破坏。

(2) 以剪切为主的破坏形式

岩样破坏后其破坏模式为以剪切为主的破坏形式,如图 3-34(e)所示。在破坏的岩样中,存在两条相互连接且贯穿岩样轴向大部分的剪切面;同时也存在一些沿轴向的小劈裂面,造成岩样整体失稳破坏。

(3) 以剪切与张拉为主的破坏形式

岩样破坏后其破坏模式为以剪切与张拉为主的破坏形式,如图 3-34(f)所示。在破坏岩样中,存在一个或多个未贯穿岩样整体的剪切面,且岩样中的一些剪切面与轴向基本一致,另一些剪切面与轴向并不完全一致,岩样在剪切与张拉共同作用下产生失稳破坏。

总的来说,随着含水率的增加,岩样破碎块度逐渐增大,其破碎程度逐渐减小,并随着含水率的增加,岩样受“环箍效应”影响显著,破坏后在其端部形成“圆锥形块体”。

#### 3.3.3.2 三轴试验岩样破坏模式分析

不同含水率极弱胶结岩体再生结构岩样在三轴试验条件下的破坏模式是复杂的,且含水率对岩样的破坏模式影响较大。总体上,岩样破坏形式主要为剪切破坏和塑性流动破坏两大类,但不同含水率的岩样所表现出来的剪切破坏形式各不相同。再生结构岩样的三轴破坏状况如图 3-35 所示,再生结构岩样的三轴破坏模式如图 3-36 所示。

(1) 单一剪切破坏形式

岩样破坏后其破坏模式为以单一剪切面破坏为主的破坏形式,如图 3-36(a)所示。在破坏的岩样内,存在一个贯穿岩样轴向大部分断面的剪切破坏面,将岩样分为上下两个三角形岩块。且在两个岩块交界面(剪切破坏面)上存有一些擦痕与岩粉,这是由于在上下两岩块之间产生剪切滑移过程中剪切面局部凹凸不平处应力集中部位形成的二次剪切破坏。

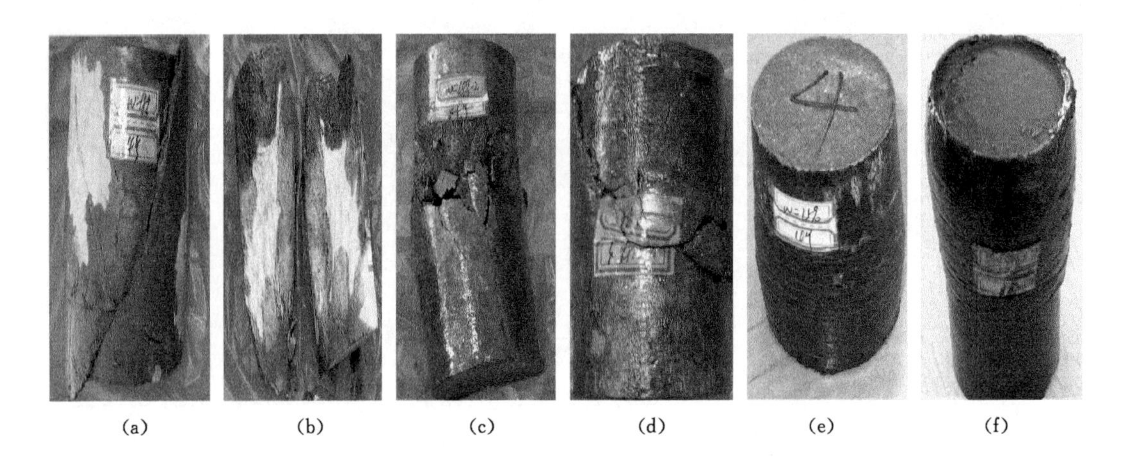

图 3-35 再生结构岩样三轴压缩试验典型破坏状况

(a) $w$=1.91%;(b) $w$=2.91%;(c) $w$=5.43%;(d) $w$=9.56%;(e) $w$=13.53%;(f) $w$=14.55%

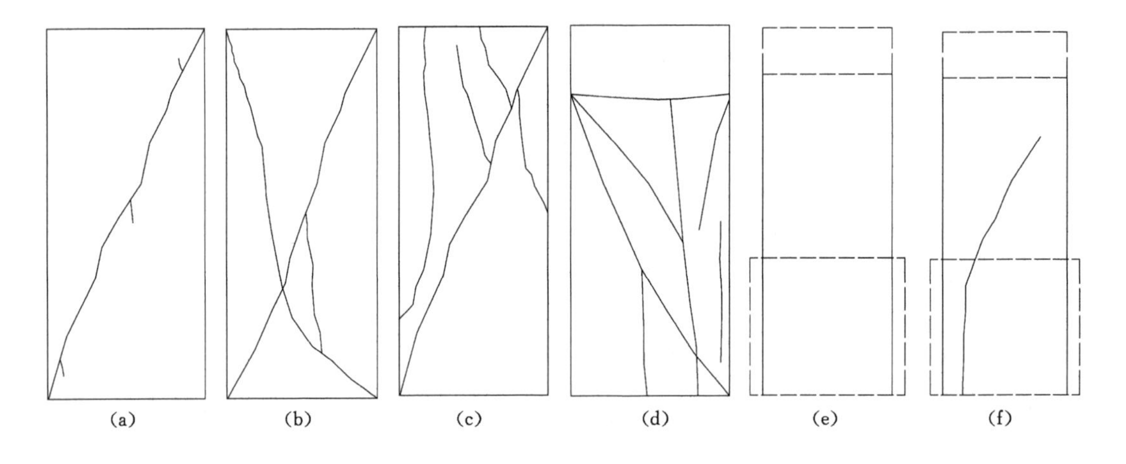

图 3-36 再生结构岩样三轴压缩试验破坏模式

(2)“X”状破坏形式

岩样破坏后其破坏模式为以“X”状破裂面为主的破坏形式,如图 3-36(b)所示。岩样表面存在与轴向一致的破裂面,破坏后的岩样形成两个端部为平面,近似为圆锥体的岩块,共同组成“X”状的破裂面,在其连接处出现了严重的破碎现象,这种破裂面的形成主要是由剪切与岩样端面处“环箍效应”共同导致的。

(3)多组剪切破坏形式

岩样破坏后其破坏模式为以多组剪切破坏面为主的破坏形式,如图 3-36(c)所示。在破坏岩样中,存在两条或两条以上的剪切破坏面,剪切面之间或近似平行,且通过其他剪切破坏面相连在一起;或以斜交贯穿的方式相互连接,造成破裂面贯穿岩样整体。

(4)剪切与劈裂组合破坏形式

岩样破坏后其破坏模式为以剪切与劈裂组合破坏为主的破坏形式,如图 3-36(d)所示。在破坏岩样中,存在一条或两条基本贯穿岩样整体的剪切破裂面;同时在由剪切破裂面分割成的岩块中，形成一些与轴向平行或斜交的劈裂面。

（5）塑性流动破坏形式

岩样破坏后其破坏模式为以塑性流动为主的破坏形式，如图 3-36(e)所示。由于受含水率的影响，当含水率较高时，改变了岩样的物理力学性质；当荷载基本在某一数值波动时，而岩样变形持续增加，即产生塑性流动，类似黏土或中密砂的变形破坏形式。但岩样在环向产生较大鼓起，最终呈“鼓状”，但是岩样整体未发生破坏。

（6）塑性流动与剪切组合破坏形式

岩样破坏后其破坏模式为以塑性流动与剪切组合为主的破坏形式，如图 3-36(f)所示。在岩样产生塑性流动的同时，在岩样表面形成了一条剪切破坏面，但未贯穿岩样整体。岩样在环向产生较大鼓起，最终呈“鼓状”，但是岩样整体未发生破坏。

极弱胶结岩体再生结构岩样单轴与三轴试验结果表明，再生结构岩样的破坏模式与一般软岩存在一定的差异，除与软岩有相同的影响因素外，再生结构岩样的破坏模式受含水率影响较大。总的来说，以 $w$=13.53%为临界含水率，当含水率 $w$<13.53%时，单轴试验时岩样的破坏模式以“劈裂破坏”为主；三轴试验时岩样的破坏模式以“剪切破坏”为主，反映了软岩的脆性破坏特性。当含水率 $w$≥13.53%时，单轴试验时岩样的破坏模式以“劈裂破坏”为主；三轴试验时岩样的破坏模式以“塑性流动破坏”为主，即破坏岩样呈“鼓状”，岩样整体未破坏，处于压扁状态，反映了软岩的延性破坏特征。随着含水率的增加，三轴试验时岩样的破坏模式逐渐由剪切破坏转向塑性流动破坏。

从极弱胶结岩体再生结构岩样的单轴与三轴试验结果来看，无论是单轴试验还是三轴试验，岩样的破坏模式都较为复杂，这与岩样的内在因素（矿物成分、结晶程度、胶结情况、颗粒大小与连接方式、断层与层理、密度、裂纹或裂隙特征等）、试验方法（试样的形状与加工精度、试验机压头端面条件、加载方式、控制方式等）与环境因素（含水率、温度等）等均有关系。总而言之，极弱胶结岩体再生结构岩样的破坏模式可分为劈裂破坏、剪切破坏、劈裂与剪切复合破坏、塑性流动破坏等四种主要破坏形式。且含水率对岩样破坏模式影响较大，随着含水率的增大，再生结构岩体的物理与力学性质发生改变，导致岩样的破坏模式逐渐由剪切为主的破坏转向塑性流动破坏。

### 3.3.4　三轴卸载试验研究

为再现巷道或隧硐等地下岩石工程开挖后的真实环境效应，最好采用真三轴卸载试验，揭示岩石开挖扰动特性；但是受试验设备与试验条件等因素的制约，目前常采用常规三轴卸载试验反映其开挖效应[35]。卸载试验可分为卸轴压试验与卸围压试验等两大类，卸轴压常用于循环加卸载试验，卸围压是指试验时首先将轴压与围压加载到预先设计值，然后按照一定的卸载速率逐步卸除围压以引起岩样发生屈服破坏。岩石卸围压试验包括应力控制和位移控制两种方式，应力控制分为轴压与围压差增加或等量减少试验，位移控制分为保持轴向位移不变卸围压或增加轴向位移（增加轴向应力）卸围压试验[35]。结合已有研究成果及试验条件，采用常规三轴加轴压 $\sigma_1$、卸围压 $\sigma_3$ 试验。为较好地反映不同含水率岩样卸载破坏特性，这里选用低含水率与高含水率两组再生结构岩样进行试验，并将试验结果与三轴加载试验结果进行对比分析，三轴卸围压试验结果如图 3-37 和图 3-38 所示，其力学性质参数详见表 3-15。

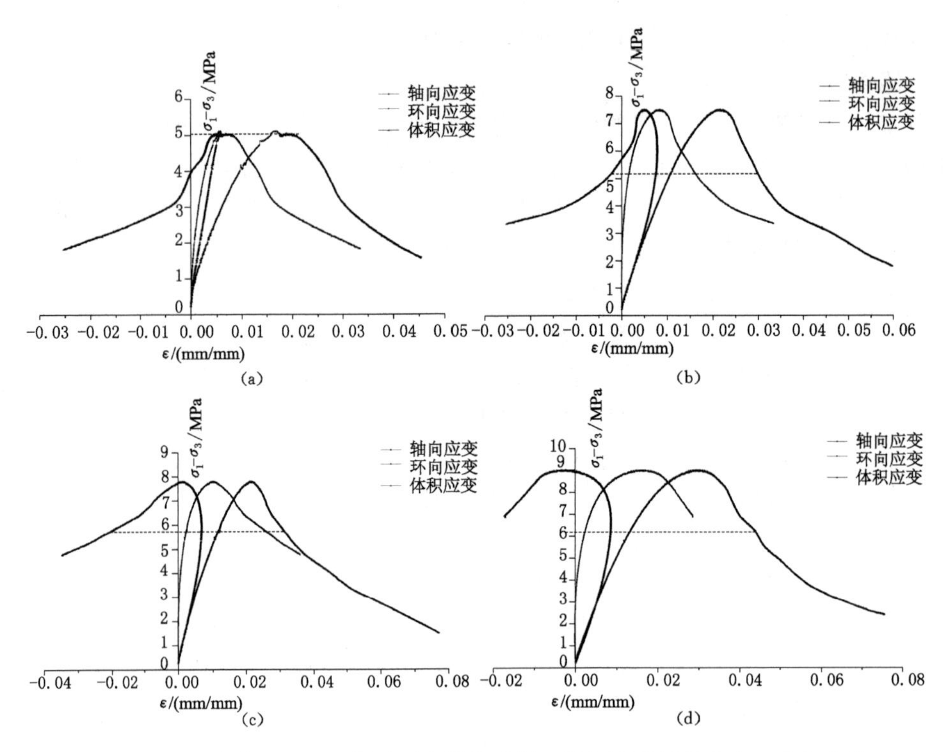


图 3-37　含水率 $w$=5.35%时再生结构岩样三轴卸围压试验应力—应变曲线

(a) 围压为 1 MPa;(b) 围压为 1.5 MPa;(c) 围压为 2 MPa;(d) 围压为 3 MPa

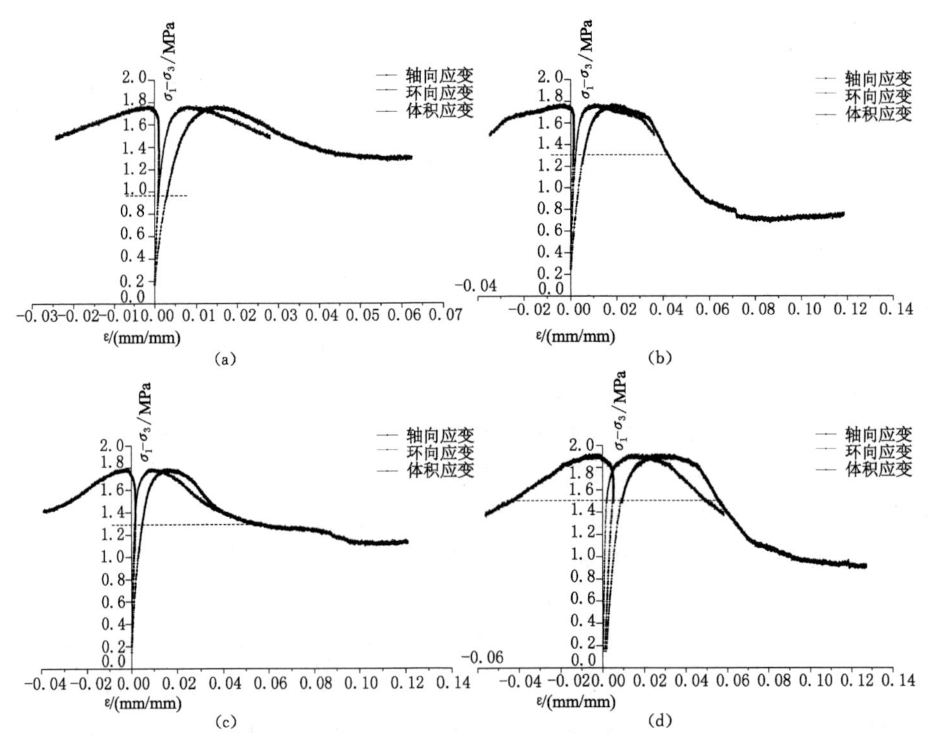


图 3-38　含水率 $w$=14.45%时再生结构岩样三轴卸围压试验应力—应变曲线

(a) 围压为 1 MPa;(b) 围压为 1.5 MPa;(c) 围压为 2 MPa;(d) 围压为 3 MPa

表 3-15　　再生结构岩样三轴卸围压试验力学性质参数

| 编号 | 含水率/% | $w_{平均}$/% | 围压/MPa | 弹性模量/GPa | 泊松比 | 峰值强度/MPa | 峰值应变/(mm/mm) | | |
|---|---|---|---|---|---|---|---|---|---|
| | | | | | | | 轴向 | 环向 | 体积 |
| 7-1 | 5.36 | 5.35 | 1.0 | 0.504 | 0.251 | 6.11 | 0.016 68 | 0.005 49 | 0.005 70 |
| 7-2 | 5.25 | | 1.5 | 0.505 | 0.244 | 8.66 | 0.022 28 | 0.008 90 | 0.004 48 |
| 7-3 | 5.21 | | 2.0 | 0.506 | 0.235 | 9.50 | 0.021 65 | 0.010 24 | 0.001 17 |
| 7-4 | 5.56 | | 3.0 | 0.506 | 0.220 | 11.47 | 0.030 42 | 0.017 04 | −0.003 67 |
| 8-1 | 14.39 | 14.45 | 1.0 | 0.196 | 0.412 | 2.21 | 0.015 02 | 0.008 30 | −0.001 58 |
| 8-2 | 14.43 | | 1.5 | 0.198 | 0.410 | 2.83 | 0.018 18 | 0.010 55 | −0.002 93 |
| 8-3 | 14.45 | | 2.0 | 0.200 | 0.400 | 3.31 | 0.015 77 | 0.009 08 | −0.002 40 |
| 8-4 | 15.51 | | 3.0 | 0.200 | 0.386 | 4.53 | 0.026 42 | 0.014 36 | −0.002 30 |

注：图表中环向应变压缩为“－”，膨胀为“＋”；体积应变压缩为“＋”，扩容为“－”。

#### 3.3.4.1　变形特征分析

由图 3-37 和图 3-38 可知，再生结构岩样峰前卸围压试验的加载阶段的应力—应变曲线近似为直线，由于围压对岩样环向变形的限制作用，造成环向应变值相对较小，即表明在加载阶段岩样轴向应变的增加幅度大于环向应变的增加幅度；体积应变的变化规律与轴向应变的变化规律类似，即表明在加载阶段岩样的轴向应变起主导作用。在卸荷之后（图 3-37、图 3-38 中虚线为卸围压的起始点），岩样的环向应变开始急剧增加，且环向应变的增长速率大于轴向应变，同时体积应变也开始向逆方向转变，即由体积压缩转变为体积膨胀，如图 3-39 所示。随着围压的不断降低，环向应变不断增加，岩样出现较为显著的体积扩容现象，表明在卸围压过程中岩样的环向应变及体积应变与轴向应变相比变化较为显著。随着体积应变的快速增加，岩样的承载能力不断降低直至丧失，几乎没有残余强度。并且当围压降低到一定程度后，岩样变形急剧增大直至破坏，即表明卸载试验比加载试验更容易造

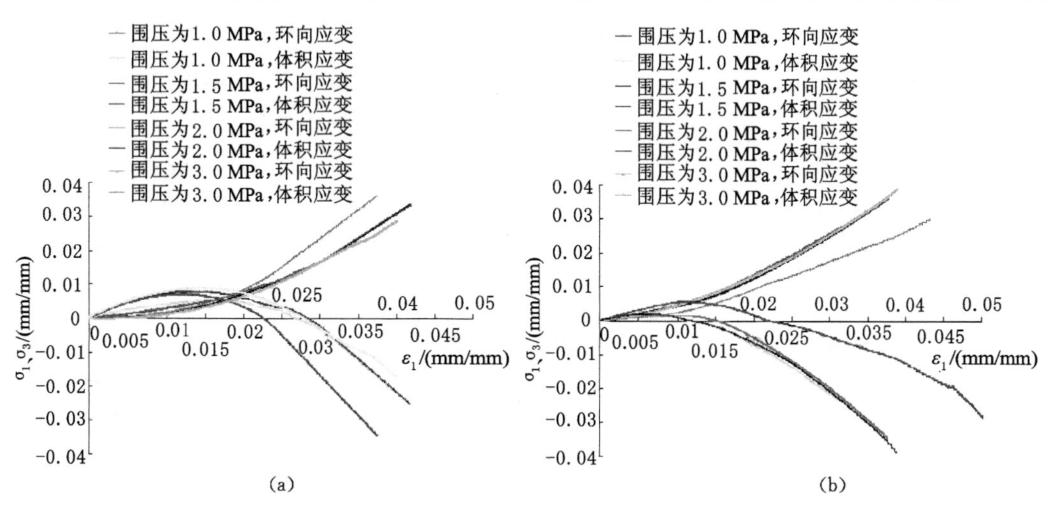


图 3-39　再生结构岩样三轴卸围压试验环向及体积应变与轴向应变的关系曲线

(a) 含水率 $w$=5.35%；(b) 含水率 $w$=14.45%

成岩样的变形破坏。

三轴卸围压试验时极弱胶结岩体再生结构岩样的峰值应变 $\varepsilon_p$ 与围压 $\sigma_3$ 的关系为，当含水率 $w$=5.35%时，对峰值轴向应变而言，$\varepsilon_{p1}=0.0064\sigma_3+0.0108$，$R^2=0.92$；对峰值环向应变而言，$\varepsilon_{p3}=0.0056\sigma_3-0.0001$，$R^2=0.983$。当含水率 $w=14.45\%$ 时，对峰值轴向应变而言，$\varepsilon_{p1}=0.0054\sigma_3+0.0088$，$R^2=0.768$；对峰值环向应变而言，$\varepsilon_{p3}=0.0028\sigma_3+0.0054$，$R^2=0.775$。同时将三轴卸载试验与加载试验岩样的峰值应变与围压的关系置于图 3-40 中，进行对比分析研究。

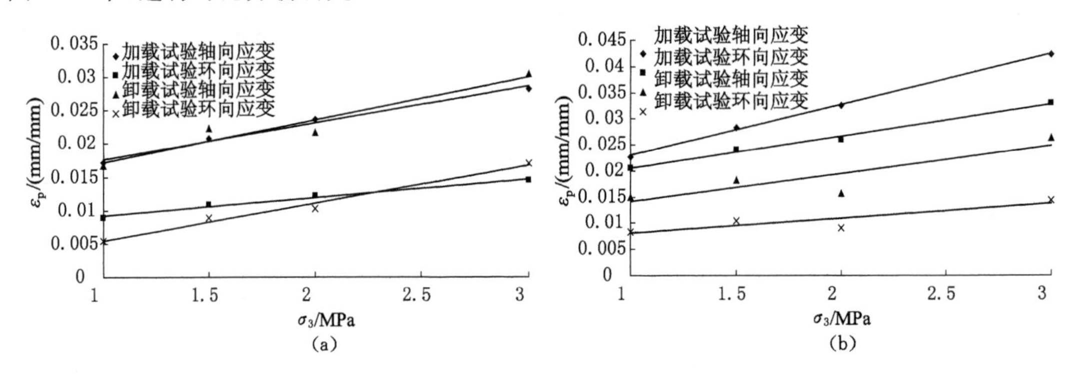


图 3-40　再生结构岩样三轴卸围压试验峰值应变与围压的关系曲线

(a) 含水率 $w$=5.35%；(b) 含水率 $w$=14.45%

由图 3-40 可知，由于卸载试验中围压不断降低，造成岩样的承载能力随之下降，引起岩样的轴向变形也不断增加；同时围压的降低使得对岩样变形的限制作用减弱，造成环向变形也不断增加。总的来说，在三轴卸载试验过程中，当岩样含水率较低时（含水率 $w$=5.35%），峰值轴向及环向应变随着围压的降低呈线性增加，且其增加幅度比加载试验时要大，即卸载试验时峰值轴向及环向应变的增加幅度要大于相应加载试验。当岩样含水率较高时（含水率 $w$=14.45%），峰值轴向及环向应变随着围压的降低而增加，仍以压缩变形为主，卸载试验时峰值轴向及环向应变的增加幅度要小于相应加载试验。主要原因为：一方面当岩样含水率较高时，其破坏模式基本为塑性流动与剪切组合破坏形式，但以"臌状"塑性流动破坏为主，这说明了对高含水率岩样卸载试验时以轴向压缩变形为主，且岩样的轴向变形要大于相应的环向变形，即表明岩样的体积扩容现象不显著；另一方面随着围压的降低，岩样的强度也不断降低，引起岩样受力在达到峰值强度时其变形量也随着降低。

在三轴卸载试验过程中，当含水率 $w$=5.35%时，围压为 3 MPa 时，临界应力为 11.47 MPa，约为峰值应力的 94.6%；围压为 2 MPa 时，临界应力为 9.5 MPa，约为峰值应力的 99.26%；围压为 1.5 MPa 时，临界应力为 8.66 MPa，约为峰值应力的 77.14%；围压为 1 MPa时，临界应力为 6.11 MPa，约为峰值应力的 76.6%。当含水率 $w$=14.45%时，围压为 3 MPa 时，临界应力为 3.91 MPa，约为峰值应力的 86.31%；围压为 2 MPa 时，临界应力为 3.15 MPa，约为峰值应力的 95.17%；围压为 1.5 MPa 时，临界应力为 2.48 MPa，约为峰值应力的 87.63%；围压为 1 MPa 时，临界应力为 2.05 MPa，约为峰值应力的 97.16%。

与三轴加载试验对比可知，三轴卸载试验时岩样的临界应力及临界应力与峰值应力的比值整体变小，但是相差不大。这主要由于在峰前阶段由于卸载速率较小，引起荷载下降幅度不大，同时围压仍对岩样环向变形控制作用较大，未能使环向变形急剧增加，造成在峰前阶段轴向变形仍起主动作用，故引起临界应力及临界应力与峰值应力的比值变化不大。

#### 3.3.4.2　强度特征分析

对三轴卸围压试验岩样的峰值强度数据进行统计分析，可得到极弱胶结岩体再生结构岩样的峰值强度与围压的关系如图 3-41 所示，利用 M－C 强度准则进行简单回归后可得，当含水率 $w=5.35\%$ 时，$\sigma_1=2.513\ 1\sigma_3+4.222\ 9$，$R^2=0.933$，$c=1.33$ MPa，$\varphi=25.51°$；与三轴压缩试验峰值应力参数相对比，根据峰前卸围压试验得到的岩样内聚力降低了 0.29 MPa、降低幅度为 17.9％，内摩擦角增加了 1°、增加幅度为 3.92％。当含水率 $w=14.45\%$ 时，$\sigma_1=1.149\ 7\sigma_3+1.064\ 3$，$R^2=0.991$，$c=0.5$ MPa，$\varphi=3.99°$；与三轴压缩试验峰值应力参数相对比，根据峰前卸围压试验得到的岩样内聚力增加了 0.01 MPa、增加幅度为2.04％，内摩擦角降低了 3.77°、降低幅度为 48.58％。

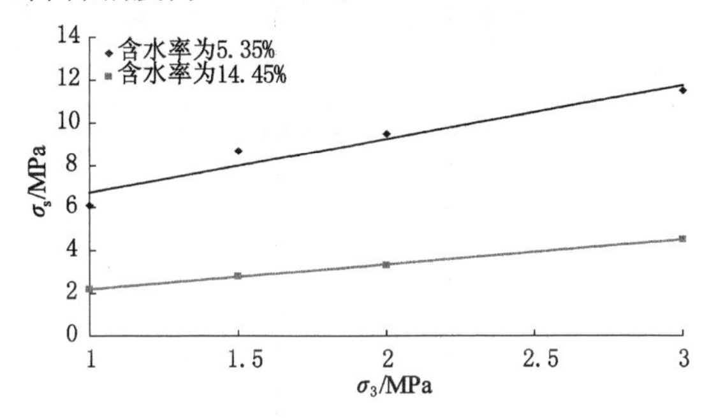


图 3-41　再生结构岩样三轴卸围压试验峰值强度与围压的关系曲线

原因为与三轴加载试验相比在卸载试验时，若岩样含水率较低，随着围压的不断降低，岩样的强度随之降低，而岩样内部微裂纹的扩展、连接与贯通，引起裂隙面之间的摩擦力逐渐增大，即引起 $c$ 值减小、$\varphi$ 值增加，呈现出“$c$ 弱化 —$\varphi$ 强化”的趋势，与典型岩石试验结果基本一致。若岩样含水率较高，因其孔隙率大而产生较大的压缩变形；随着围压的不断降低，围压对岩样环向变形的限制作用削弱，岩样的扩容特征显著，且产生塑性流动破坏，在荷载作用下引起岩样内部结构的排列与重组，内部结构的变化会引起强度参数的相应改变，呈现出“$c$ 强化 —$\varphi$ 弱化”的趋势。

#### 3.3.4.3　岩样破坏模式分析

在三轴卸围压试验时，当岩样含水率较低时(含水率 $w=5.35\%$)，在低围压条件下，岩样的破坏模式多数是与轴向平行或近似平行的劈裂破坏。随着围压的提高，岩样破坏时有一个或两个破裂面，即表明当围压增加至一定程度后，岩样的破坏模式由劈裂破坏逐渐向剪切破坏过渡。当岩样含水率较高时(含水率 $w=14.45\%$)，岩样的破坏模式为塑性流动与剪切组合破坏形式。再生结构岩样三轴卸围压试验典型破坏状况如图 3-42 所示，再生结构岩样三轴卸围压试验破坏模式如图 3-43 所示。

三轴卸围压试验时再生结构岩样主要破坏形式为：① 轴向劈裂形式，如图 3-43(a)所示；② 单一剪切破坏形式，如图 3-43(b)和图 3-43(d)所示；③ 多组剪切破坏形式，如图 3-43(c)所示；④ 塑性流动与剪切组合破坏形式，如图 3-43(e)所示。

总的来说，在峰前卸围压试验中，当含水率较低时(含水率 $w=5.35\%$)，在卸荷初始围

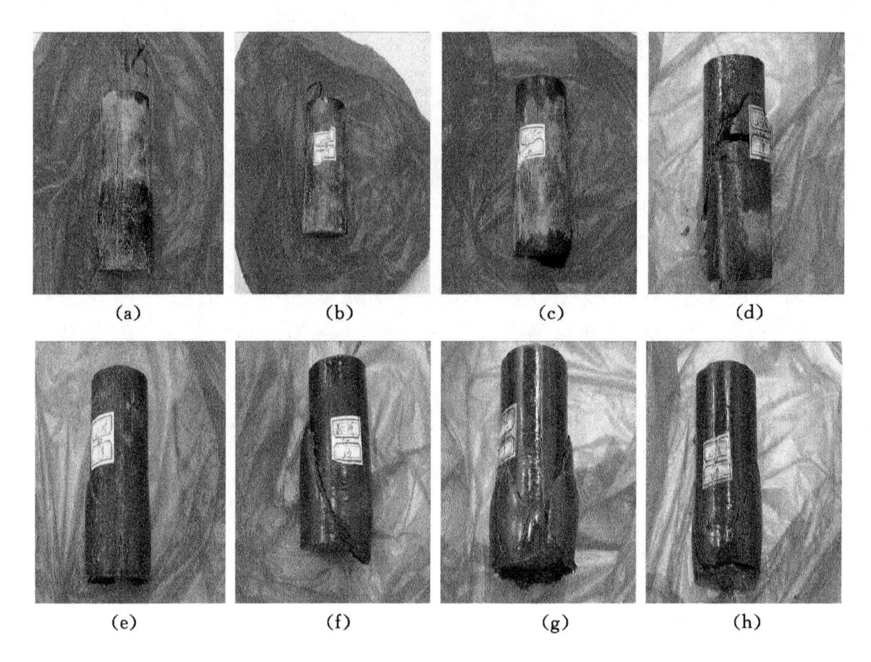

图 3-42　再生结构岩样三轴卸围压试验典型破坏状况

(a) $w$=5.35,CP=1 MPa;(b) $w$=5.35,CP=1.5 MPa;(c) $w$=5.35,CP=2 MPa;
(d) $w$=5.35,CP=3 MPa;(e) $w$=14.45%,CP=1 MPa;(f) $w$=14.45%,CP=1.5 MPa;
(g) $w$=14.45%,CP=2 MPa;(h) $w$=14.45%,CP=3 MPa

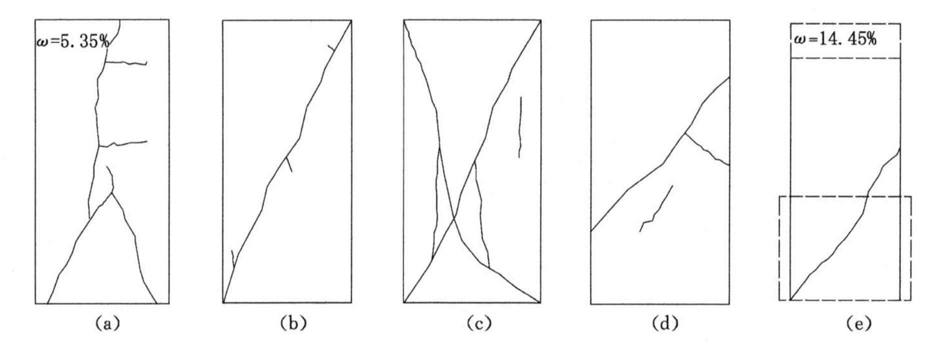


图 3-43　再生结构岩样三轴卸围压试验破坏模式

(a) CP=1 MPa;(b) CP=1.5 MPa;(c) CP=2 MPa;(d) CP=3 MPa;(e) CP=1～3 MPa

压较低时(1 MPa),岩样破坏以张性破坏为主,岩样的破坏模式表现出脆性破坏特征;当围压不断提高时(1.5～3 MPa),岩样破坏以剪切破坏为主,表现为单条或多条宏观剪切破裂面,且局部伴有张性裂纹。当含水率较高时(含水率$w$=14.45%),岩样的破坏模式为塑性流动与剪切组合破坏形式,在加载与卸载初期,由于围压对岩样环向变形的限制作用,岩样主要以轴向压缩变形为主,岩样变形成“臌状”;随着卸载时围压的不断降低,岩样的强度也随之降低,当剪应力超过岩样的抗剪强度时,岩样出现宏观剪切面而产生剪切破坏;并随着围压的降低,高含水率岩样的破坏模式由塑性流动破坏转向剪切破坏。

总的来说,在三轴加载试验时,随着含水率的增加,极弱胶结岩体再生结构岩样的破坏模式逐渐由剪切破坏转向塑性流动破坏。三轴卸载试验岩样的破坏模式与其类似,但随着围压的降低，高含水率岩样的破坏模式由塑性流动破坏转向剪切破坏。

### 3.3.5　极弱胶结岩体再生结构微观结构特性与分析

软岩的内部微观结构对其强度及软化特性影响较大，采用 FEI QuantaTM 250 环境扫描电子显微镜测试极弱胶结岩体再生结构岩样的微观结构，测试结果如图 3-44 所示。分析可知，高岭石、伊利石为极弱胶结岩体的主要黏土矿物，其单元体为一些细小的黏土矿物颗粒相互连接组合而构成了较大的颗粒体，且各颗粒体之间相互连接交织、有序排列，为絮凝状结构，孔隙或微裂隙分布在絮凝状结构之间[34]。石英、长石、云母等为粗粒物质，为片状微结构，黏土矿物颗粒充填在粗粒之间，可将粗粒胶结在一起，即在黏土矿物与粗颗粒之间形成了胶结连接，进而形成了粗颗粒骨架—黏土絮凝结构；并且粗粒的片状颗粒由更微小的片状颗粒组成，这些微小颗粒形状较为规则，基本为多边形薄片状结构，且结构松散、孔隙较多，多为面—面接触或点—面接触的结构[34]。

总的来说，极弱胶结岩体再生结构岩样的微观结构与完整岩样类似，为蜂窝状结构，由片状颗粒相互叠加在一起，孔隙多且连通性好，整体结构性较差，并且岩样的含水率越大，其内部的微孔隙及孔洞的数量随之增加，即岩样的孔隙率不断增大。

随着极弱胶结岩体再生结构岩样含水率的增加，首先引起较大骨架颗粒被剥落，岩样内部的中大孔隙被水充填，并使微小孔隙进一步扩张、连通，造成孔隙率增加，导致岩样的孔隙总表面积增大，进而增大了水化反应效果，又造成孔隙率的不断增加。另外，岩样孔隙率的增加，造成粗颗粒与黏土矿物颗粒之间的胶结程度逐渐被削弱，由原来的面—面接触变为点—面接触或点—点接触，造成结构松散破碎，由初始强度较高的致密结构转变为疏松多孔的松散絮凝状结构，该结构较松散、胶结性极差，在外力作用下极易产生岩样内部面—面滑动而造成结构失稳破坏，导致岩样强度降低或丧失。

### 3.3.6　极弱胶结岩体结构与力学性质分析

从极弱胶结岩体再生结构岩样的全应力—应变曲线特性来看，随着岩样含水率的增加，其应力—应变曲线由 5 阶段全过程曲线逐渐向理想弹塑性曲线转变。试验结果表明，以 $w=13.53\%$ 为临界含水率，当含水率 $w<13.53\%$ 时，再生结构岩样的单轴与三轴试验应力—应变曲线可分为压密、弹性、塑性、应变软化与残余等 5 个阶段，基本反映了软岩的力学性质。当含水率 $w=13.53\%$ 时，再生结构岩样的单轴应力—应变曲线具有以上阶段，基本反映了软岩的力学性质；而岩样三轴全应力—应变曲线基本为理想塑性，表现出软岩(土体)的延性破坏特征。当含水率 $w>13.53\%$ 时，再生结构岩样的单轴应力—应变曲线基本具有以上阶段，但是在峰值附近存在屈服平台，在峰后应力—应变曲线下降较为平缓；岩样三轴全应力—应变曲线基本为理想弹塑性，在峰值强度附近出现显著的屈服平台，岩样产生塑性流动，表现出软岩(土体)的延性破坏特征。随着含水率的增加，再生结构岩样的力学性质呈现出由岩体逐渐向土体性质转化的趋势。

从极弱胶结岩体再生结构岩样的单轴与三轴试验破坏模式来看，再生结构岩样的破坏模式受含水率影响较大，当含水率 $w<13.53\%$ 时，单轴试验时岩样的破坏模式以“劈裂破坏”为主，三轴试验时岩样的破坏模式以“剪切破坏”为主，反映了软岩的脆性破坏特性。当含水率 $w\geqslant 13.53\%$ 时，单轴试验时岩样的破坏模式以“劈裂破坏”为主；三轴试验时岩样的破坏模式以“塑性流动破坏”为主，反映了软岩(土体)的延性破坏特征。随着含水率的增大，

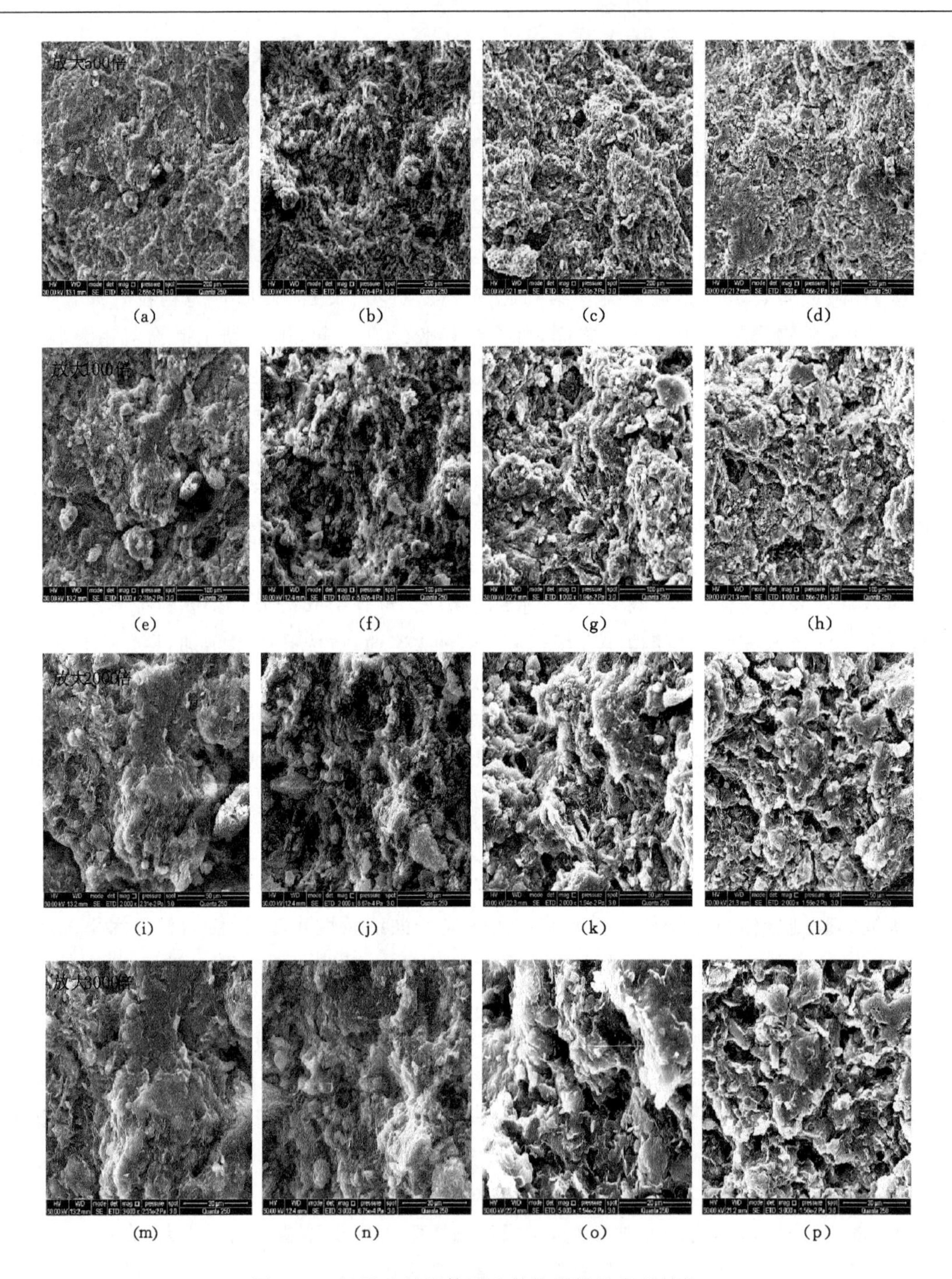


图 3-44　极弱胶结岩体再生结构岩样的微观结构

(a) $w=15\%$，放大 500 倍；(b) $w=18\%$，放大 500 倍；(c) $w=20\%$，放大 500 倍；(d) $w=25\%$，放大 500 倍；(e) $w=15\%$，放大 1 000 倍；(f) $w=18\%$，放大 1 000 倍；(g) $w=20\%$，放大 1 000 倍；(h) $w=25\%$，放大 1 000 倍；(i) $w=15\%$，放大 2 000 倍；(j) $w=18\%$，放大 2 000 倍；(k) $w=20\%$，放大 2 000 倍；(l) $w=25\%$，放大 2 000 倍；(m) $w=15\%$，放大 3 000 倍；(n) $w=18\%$，放大 3 000 倍；(o) $w=20\%$，放大 3 000 倍；(p) $w=25\%$，放大 3 000 倍

再生结构岩体的物理与力学性质发生改变，导致岩样的破坏模式逐渐由剪切为主的破坏转向塑性流动破坏。

从极弱胶结岩体再生结构岩样的变形及强度参数与含水率的演化规律来看，随着含水率的增大，再生结构岩样的弹性模量、内聚力、内摩擦角随之减小。随着含水率的增大，再生结构岩样的泊松比随之增大，当含水率较高时($w \geqslant 13.53\%$时)，且其数值(接近0.5)已超过岩石类材料的泊松比范围，与黏土较为接近。

从极弱胶结岩体再生结构岩样的微观结构与含水率的关系来看，随着含水率的增大，岩样的孔隙增多、结构松散，由初始强度较高的致密结构转变为疏松多孔的松散絮凝状结构。岩体是在温度、水及压力“三相”复杂环境作用下形成的具有一定结构与构造的地质体，其结构较为致密；土体是由出露地表的岩石经过风化、搬运及沉积而成，其结构较为松散；再生结构岩样为软岩与硬土之间的过渡性特殊岩土介质，随着含水率的增加，其结构易发生转变。

总的来说，极弱胶结岩体中黏土矿物成分含量较高，胶结程度较差，胶结物为泥质胶结，对水较为敏感，可塑性较强。在一定应力与含水率条件下，采用可行的试验装置，可将破坏后的极弱胶结岩体形成具有一定承载能力的再生结构。这种再生结构是在温度、水及压力“三相”复杂环境作用下形成的具有一定结构与构造的“类岩石”，其物理力学性质介于软岩与硬土之间，是一种过渡性特殊岩土介质。再生结构岩样的强度与变形特性受含水率影响较大，随着含水率的增大，再生结构岩体的力学性质呈现出由岩体逐渐向土体性质转化的趋势，岩样的破坏模式逐渐由剪切为主的破坏转向塑性流动破坏，微观结构也由致密结构转变为疏松多孔的松散絮凝状结构。

## 3.4 本章小结

本章主要针对极弱胶结岩体胶结程度差、强度低、易风化、遇水泥化、取样难的特点，自主研制了极弱胶结岩体再生结构形成试验装置，开展了不同含水率再生结构岩样的单轴与三轴加卸载试验。主要研究结论如下：

(1) 自主研制了极弱胶结岩体再生结构形成试验装置，确定了再生结构岩样分级加载与固结稳定方法，形成了不同含水率极弱胶结岩体再生结构岩样，反映了再生结构的形成过程。基于不同含水率再生结构岩样的单轴与三轴试验，揭示了再生结构岩样的变形及强度参数与应力状态、含水率变化的演化规律。

(2) 分析了极弱胶结岩体再生结构岩样的全应力—应变曲线特性，揭示了极弱胶结再生结构岩体的力学特性。以$w=13.53\%$为临界含水率，当含水率$w<13.53\%$时，其应力—应变曲线可分为压密、弹性、塑性、应变软化与残余等五个阶段，基本反映了软岩的力学性质。当含水率$w=13.53\%$时，岩样单轴应力—应变曲线具有以上阶段，基本反映了软岩的力学性质；而岩样三轴应力—应变曲线基本为理想塑性，表现出软岩的延性破坏特征。当含水率$w>13.53\%$时，岩样单轴应力—应变曲线基本具有以上阶段，但是在峰值附近存在屈服平台，在峰后应力—应变曲线下降较为平缓；岩样三轴应力—应变曲线基本为理想弹塑性，在峰值强度附近出现显著的屈服平台，岩样产生塑性流动，表现出软岩的延性破坏特征。

(3) 在分析极弱胶结岩体全应力—应变曲线特性的基础上，揭示了极弱胶结岩体再生结构岩样加卸载条件下的体积应变演化规律。因极弱胶结岩体再生结构岩样的结构性较差、孔隙率大，在试验过程中岩样的压缩变形量较大且持续时间长，在加载初期岩样的轴向变形量增加速率要高于环向变形，造成体积应变在较长时间内才能由压缩转为扩容。在三轴卸围压试验过程中，再生结构岩样的环向应变及体积应变与轴向应变相比变化较为显著，且随着体积应变的快速增加，岩样的承载能力不断降低直至丧失，即卸载比加载更容易造成岩样的变形破坏。

(4) 通过对极弱胶结岩体再生结构岩样的微观结构特性分析，反映了极弱胶结岩体再生岩样的微观结构呈蜂窝状，由片状颗粒相互叠加在一起，孔隙多且连通性好，整体结构性较差，并且岩样的含水率越大，其内部的微孔隙及孔洞的数量随之增加，岩样的孔隙率不断增大。

(5) 通过对极弱胶结岩体再生结构岩样单轴与三轴试验破坏模式的分析，反映了极弱胶结岩体再生结构岩样的破坏模式受含水率影响较大。当含水率 $w<13.53\%$时，单轴试验时岩样的破坏模式以“劈裂破坏”为主；三轴试验时岩样的破坏模式以“剪切破坏”为主，反映了软岩的脆性破坏特性。当含水率 $w\geqslant13.53\%$时，单轴试验时岩样的破坏模式以“劈裂破坏”为主；三轴试验时岩样的破坏模式以“塑性流动破坏”为主，反映了软岩的延性破坏特征。

(6) 通过极弱胶结岩体再生结构岩样加卸载试验破坏模式的对比分析，反映了当岩样含水率较低时岩样的破坏模式以张性破坏为主；当岩样含水率较高时，岩样的破坏模式为塑性流动与剪切组合破坏形式。在加载与卸载初期，由于围压对岩样环向变形的限制作用，岩样主要以轴向压缩变形为主；随着卸载时围压的不断降低，岩样的强度随之降低，当剪应力超过岩样的抗剪强度时，岩样出现宏观剪切面而产生剪切破坏，并随着围压的降低，高含水率岩样由塑性流动破坏转向剪切破坏。

# 4 极弱胶结岩体本构模型与参数辨识研究

本构关系是用数学与力学的手段来体现试验中所揭示的变形特性,合理的本构模型是进行理论分析与数值计算取得可靠结果的重要保证之一[100]。岩石本构模型的建立,需要通过岩石基本力学性质试验,确定其强度与变形参数及各类屈服条件,然后引入弹塑性力学的基本理论与必要假设,进而建立反映岩石变形特性的本构模型[103]。通过数值计算与现场测试来验证本构模型的合理性,经过反复的修正、优化,最终形成较为合理完善的本构模型。总的来说,一个合理的本构模型既要符合力学的基本原则和较好地反映岩土体的变形特性,又要在模型参数选取与计算方法等方面的处理上简便可行,才有利于本构模型的推广应用与数值实现。

本章在分析极弱胶结岩体完整与再生结构岩样的单轴及三轴试验全应力—应变曲线特性的基础上,采用弹塑性理论及必要的假设,建立相关屈服准则、流动法则及硬化—软化定律等,进而构建极弱胶结岩体的本构模型;同时通过本构模型参数的辨识,使得该模型能较好地反映极弱胶结岩体变形特性;最后,基于对新建本构的二次开发与数值实现,验证新建极弱胶结岩体本构模型的正确性与可行性,并进行适当的修正与优化。

## 4.1 极弱胶结岩体变形破坏机理分析

### 4.1.1 极弱胶结岩体全应力—应变曲线特性分析

采用 MTS 815.02 型电液伺服岩石力学试验系统,进行极弱胶结岩体完整与再生结构岩样的单轴及三轴试验,获得了极弱胶结岩体全应力—应变曲线(图 4-1、图 4-2),为研究极弱胶结岩体的强度与变形特征、分析其变形破坏机理及本构模型的构建提供了试验基础数据。

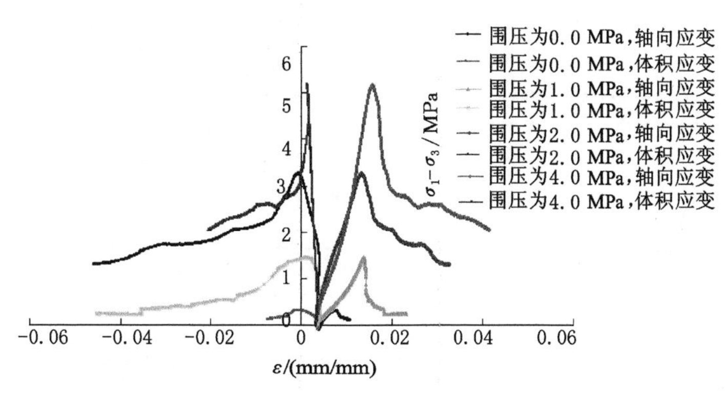


图 4-1 完整岩样全应力—应变曲线

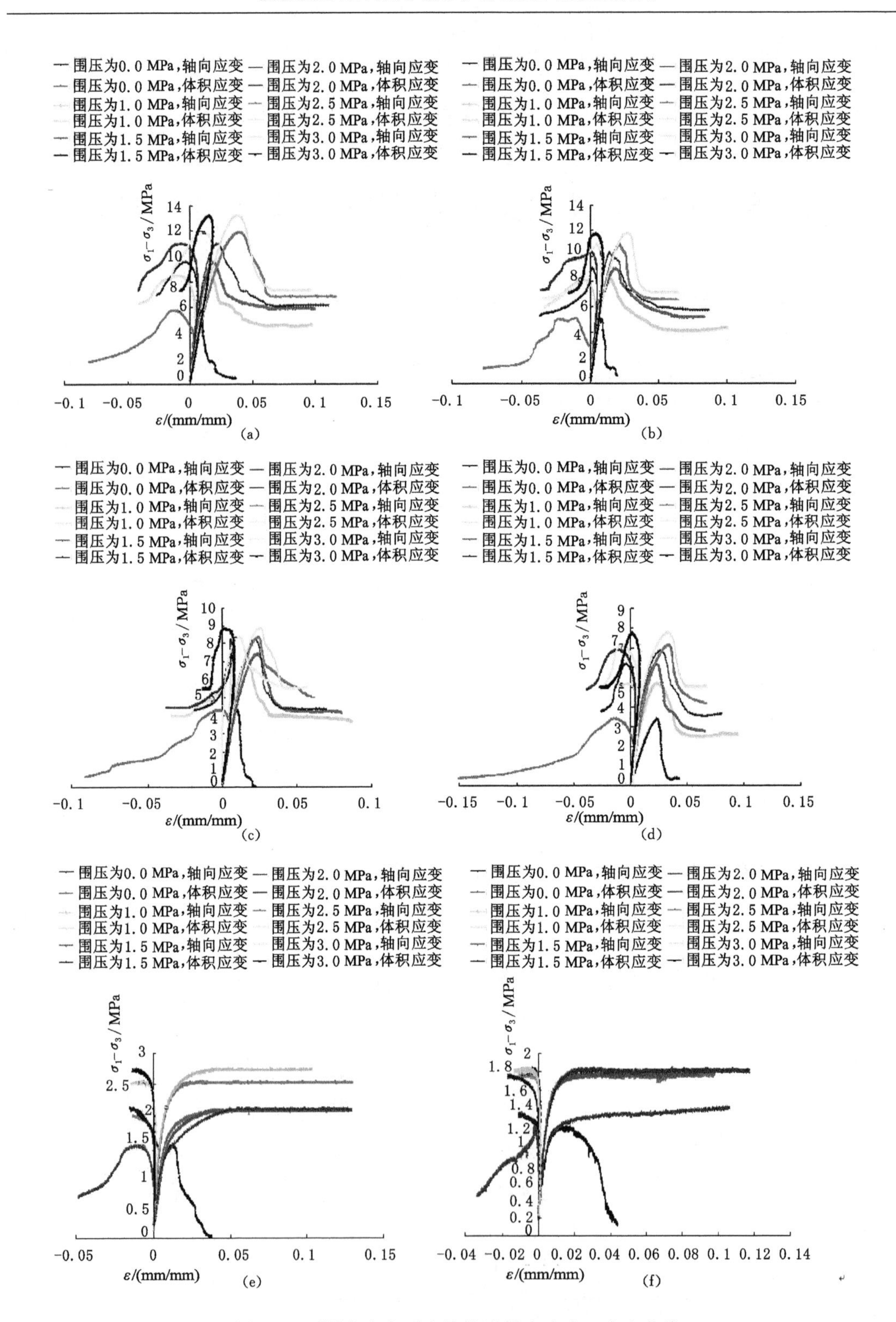


图 4-2　不同含水率再生结构岩样全应力—应变曲线

(a) $w$=1.91%；(b) $w$=2.91%；(c) $w$=5.43%；(d) $w$=9.56%；(e) $w$=13.53%；(f) $w$=14.55%

由图 4-1 和图 4-2 可知，极弱胶结岩体完整与再生结构岩样（$w<13.53\%$）的全应力—应变曲线可分为压密、弹性、塑性、应变软化及残余等五个阶段，如图 4-3 所示：① OS 段——即为“压密阶段”，岩样中原有的微裂隙、节理面或孔隙在压缩应力作用下被逐步被压密、闭合，在该阶段岩样变形比较复杂，无法准确地采用数学手段来表述，且该段并不是反映岩石强度与变形性质的主要阶段，在构建本构方程时一般不予考虑；② SA 段——即为“弹性阶段”，该阶段只产生可恢复的弹性变形，通常采用弹性模量 $E$ 与泊松比 $\mu$ 两个参数来描述岩样的变形特性，该阶段可采用胡克定律建立弹性本构方程，$A$ 点为岩样的屈服强度或弹性极限。③ $AB$ 段——即为“塑性阶段（应变硬化阶段）”，岩样的微裂隙开始产生、张开、扩展与累积，产生了不可逆的塑性变形，且岩石的非弹性体积应变不断增加，产生了扩容膨胀现象，此阶段可采用塑性力学理论建立其增量本构模型，$B$ 点为岩样的峰值强度。④ BC 段——即为“峰后应变软化阶段”，即岩石在应力达到峰值强度之后其强度发生劣化，产生了应变软化现象，在该阶段岩石内部的微裂纹相互连接、贯通，形成了宏观的破裂面，造成在岩石内部形成一些破碎小块体，而破碎块体可沿其不规则破裂面或内部的裂隙面滑动（滑移）、错动或翻转等变形，导致各碎裂岩块体之间产生几何上的不相容，产生了岩样峰后扩容变形，加剧了岩样峰后的体积膨胀[100]，这是造成巷道围岩产生大变形的主要原因，在峰后阶段可建立其应变软化本构模型，但要充分考虑极弱胶结岩体的扩容变形特征，$C$ 点为岩样的残余强度。⑤ $CD$ 段——即为“残余阶段（塑性流动阶段或摩擦阶段）”，随着塑性变形的不断累加，岩样的强度基本保持一个较低水平，即达到其残余强度，对于单轴试验而言由于没有侧向约束其残余强度为零，在该阶段可按理想塑性来建立本构方程。

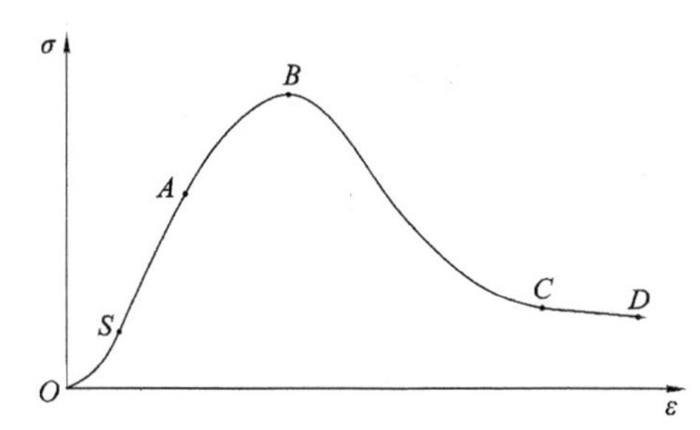


图 4-3 极弱胶结岩体典型应力—应变全过程曲线

当含水率 $w\geqslant 13.53\%$时，极弱胶结岩体再生结构岩样的单轴应力—应变曲线基本具有以上阶段，但是在峰值附近存在屈服平台，在峰后应力—应变曲线下降较为平缓，可建立上述分段本构模型；岩样的三轴全应力—应变曲线基本为理想弹塑性，在峰值强度附近出现显著的屈服平台，岩样产生塑性流动，可建立理想弹塑性本构模型。

岩样破坏前后具有明显的体积膨胀特性，扩容变形是岩石类材料（尤其是软岩）一个重要的变形特性，是岩石变形破坏过程中的非线性体积膨胀现象，即岩样在压缩应力作用下，在初始时处于弹性压缩阶段，当岩样变形进入非弹性变形阶段后，即会产生体积扩容膨胀，并有不可恢复的部分体积应变。总的来说，峰后应变软化与扩容变形是极弱胶结岩体重要的变形特性，在构建极弱胶结岩体本构模型中须充分体现，才能为研究极弱胶结地层巷道变形破坏机理，以及提出相应的支护对策与相关数值计算奠定坚实的理论基础。

### 4.1.2 极弱胶结岩体变形破坏机理分析

巷道或隧硐等地下工程在开挖扰动之前处于三向应力平衡的稳定状态，在开挖扰动之后引起围岩周边应力重分布与局部应力集中，打破了原来的应力平衡状态而进入了非稳定状态，即在巷道周边形成了破裂区；随后在支护结构提供的支护力（约束力）的作用下，重新改变了破裂区围岩的应力状态，形成具有一定承载力相对稳定的承载结构；而这种相对稳定的承载结构在其自身特性（如蠕变）、环境因素（如水、温度等）、外界荷载（如开采引起的动压等）等多种因素的作用下，改变了承载结构内部应力的分布状态，再次将相对稳定的平衡状态打破，引起承载结构的再破坏，宏观上表现为支护结构失效（如锚杆与锚索破断，型钢支架扭曲，混凝土开裂等）、巷道围岩变形破坏剧烈（如顶板下沉、底鼓、片帮等）。因此，巷道或隧硐等地下工程在开挖扰动与支护结构作用下围岩稳定状态是动态渐进变化的过程，处于围岩破裂、结构重组、再承载与再破坏的动态平衡过程，即为“原岩应力条件下的稳定状态→开挖扰动引起的围岩破坏失稳状态→支护结构作用下的相对稳定状态→在内外因素作用下的再破坏失稳状态”，与其相对应的结构状态为“原岩结构→破裂结构→再生结构→破裂结构”。并且稳定状态与结构状态均可与岩样的全应力—应变曲线相对应，如“原岩结构→破裂结构”与完整岩样的全应力—应变曲线相对应，“再生结构→破裂结构”与再生结构岩样的全应力—应变曲线相对应。

从极弱胶结岩体完整与再生结构岩样的全应力—应变曲线来看，峰后破裂围岩体积扩容变形显著，这是造成巷道围岩大变形与破坏的主要原因[157]。国内外学者对岩石的扩容变形特征进行了广泛的研究，如 Vermee、L. R. Alejan 等[165-166]指出岩石的扩容现象用膨胀角来表征，得出了岩石膨胀角的计算公式，并指出膨胀角要低于摩擦角；Detournay[167]提出了采用扩容因子对岩石的扩容膨胀现象进行描述，并用于工程实践进行了围岩稳定性的弹塑性分析；Hoek、Brown[168]基于岩石力学性质试验，得出了不同类型岩石的膨胀角的建议取值；Kaise[169]首先提出了膨胀系数的概念及其计算公式，并将其应用于围岩破裂区的计算。在国内，陈宗基[169-171]率先指出岩石的膨胀是岩石工程失稳的主要原因，并研究分析了岩石的扩容作用。许多学者提出了一些理论模型进行了岩体变形破坏机理的研究分析[157]，例如 Cook、Kemeny 等提出了裂纹滑移模型，DEY T. N 等提出了位错模型，Mactin 等提出了裂纹体积应变模型。本节将基于裂纹体积应变模型，深入探讨极弱胶结岩体扩容大变形破坏机理，这是构建极弱胶结岩体本构模型与围岩稳定性分析及支护设计的基础。

在单轴与三轴试验过程中，常通过量测岩样的轴向应变 $\varepsilon_1$ 与环向应变 $\varepsilon_3$，近似地求解体积应变，其公式为[154-156]：

$$\varepsilon_v = \varepsilon_1 + 2\varepsilon_3 \tag{4-1}$$

由式(4-1)所得到的体积应变为在整个试验过程中岩样产生的总体积应变 $\varepsilon_v$，该体积应变由两大部分组成[35,172]：一部分为岩样自身的弹性体积应变 $\varepsilon_v^e$，另一部分为在加载试验过程中岩样内部原始裂纹的扩展、连接、贯通及新裂纹的产生等所导致的岩样轴向与环向变形，即为裂纹体积应变 $\varepsilon_v^c$，即有：

$$\varepsilon_v = \varepsilon_v^e + \varepsilon_v^c \tag{4-2}$$

式中 $\varepsilon_v$——体积应变，mm/mm；

$\varepsilon_v^e$——弹性体积应变，mm/mm；

$\varepsilon_v^c$——裂纹体积应变，mm/mm。

由广义胡克定律[101-104]可得：

$$\begin{cases} \varepsilon_1^e = \dfrac{1}{E}[\sigma_1 - \mu(\sigma_2 + \sigma_3)] \\ \varepsilon_2^e = \dfrac{1}{E}[\sigma_2 - \mu(\sigma_1 + \sigma_3)] \\ \varepsilon_3^e = \dfrac{1}{E}[\sigma_3 - \mu(\sigma_1 + \sigma_2)] \end{cases} \tag{4-3}$$

则可由式(4-3)求得弹性体积应变 $\varepsilon_v^e$：

$$\varepsilon_v^e = \varepsilon_1^e + \varepsilon_2^e + \varepsilon_3^e = \frac{1-2\mu}{E}(\sigma_1 + 2\sigma_3) \tag{4-4}$$

式中　$E$——弹性模量，MPa；

$\mu$——泊松比。

故由总体积应变 $\varepsilon_v$ 去掉弹性体积应变 $\varepsilon_v^e$，就可得裂纹体积应变 $\varepsilon_v^c$：

$$\varepsilon_v^c = \varepsilon_v - \varepsilon_v^e = \varepsilon_v - \frac{1-2\mu}{E}(\sigma_1 + 2\sigma_3) \tag{4-5}$$

由式(4-5)可求出裂纹体积应变 $\varepsilon_v^c$ 后，可采用裂纹体积应变模型进行极弱胶结岩体扩容大变形破坏机理的分析研究，图 4-4 给出了在围压为 2 MPa 时的极弱胶结岩体典型全应力—应变曲线及轴向应变与体积应变对应关系曲线，且与极弱胶结岩体典型应力—应变全过程曲线(图 4-3)五个阶段相对应，将其体积应变曲线分为四个阶段：

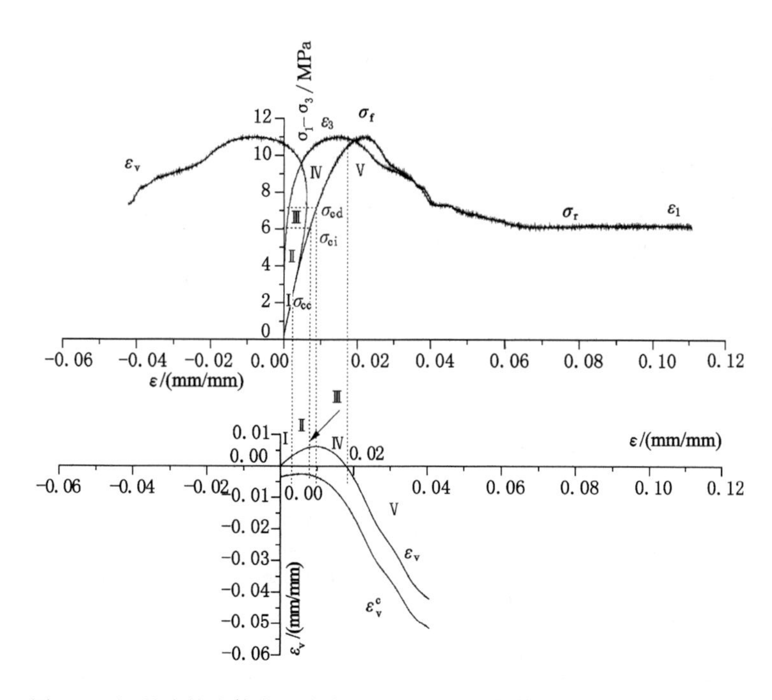


图 4-4　极弱胶结岩体典型全应力—应变曲线与体积应变对应关系曲线

第一阶段体积应变为“体积压缩变形阶段(Ⅰ区域)”：岩样的变形以轴向压缩变形为主，即轴向压缩变形大于环向变形，表现为体积压缩变形；由于岩样内的初始微裂纹或裂隙在压缩应力作用下不断闭合，引起体积应变随应力的增加呈现非线性变化，但裂纹体积应变 $\varepsilon_v^c$ 曲线斜率不断减小，且趋于直线变化段。

第二阶段体积应变为"体积弹性变形阶段(Ⅱ区域)"：体积应变随应力的增加基本呈线性增大的关系，岩样仍处于压缩状态，此阶段产生的体积应变为弹性可恢复的变形；因此，裂纹体积应变 $\varepsilon_v^c$ 曲线近似为直线。通常将该阶段的起始点应力称为岩样的裂纹闭合应力或裂纹压缩应力，记为 $\sigma_{cc}$。由于极弱胶结软岩体结构性较差，密实度较低、压缩变形量较大，在荷载作用下产生较大的压缩变形；且其原始孔隙具有一定的结构性，在低围压作用下难以完全闭合，造成岩样经过第一阶段后内部微裂隙或孔隙仍未完全闭合，故导致在该阶段仍存在裂纹体积应变，这与硬岩存在较大区别。

第三阶段体积应变为"峰前扩容变形阶段(Ⅲ、Ⅳ区域)"：随着应力的不断增加，岩样内部的微裂纹不断萌生、扩展、连接与贯通，且岩样的环向变形增加速率开始大于轴向变形，引起体积应变曲线开始偏离直线段，由压缩变形逐渐转变为膨胀，即产生了"扩容现象"。该阶段存在岩样的初始扩容应力 $\sigma_{ci}$、损伤扩容应力(或称为屈服应力)$\sigma_{cd}$ 等两个关键应力特征点[35,172]，区域Ⅲ阶段又被称为裂纹稳定扩展阶段，即在该阶段裂纹扩展所释放的能量完全被新产生的裂纹吸收，裂纹进一步扩展需增加应力对岩样做功而产生更多的机械能；在裂纹扩展达到稳定平衡的临界状态后，裂纹扩展加速进行，岩样变形由稳定扩展阶段快速进入非稳定扩展阶段(区域Ⅳ)。初始扩容应力 $\sigma_{ci}$ 为第三阶段Ⅲ区域的起点、Ⅱ区域的终点；损伤扩容应力 $\sigma_{cd}$ 为第三阶段Ⅳ区域的起点、Ⅲ区域的终点，是体积应变压缩变形量的最大点，该应力状态点的出现标志着岩石开始屈服，是体积应变曲线的拐点，也是由"压缩"转变为"膨胀"的分界点。当作用在岩样的应力不断增加而超过 $\sigma_{cd}$ 之后，岩样内的裂隙进一步扩展、连接与贯通，造成岩样裂隙滑移现象不断增加，并逐渐形成潜在的破裂面[35,172]。

第四阶段体积应变为"峰后扩容变形阶段(Ⅴ区域)"：随着应变的不断增加，岩样的强度逐渐降低，岩样的环向变形增加速率显著大于轴向变形增加速率，引起体积应变曲线基本呈线性快速增加。该阶段的起始点可定为峰值应力 $\sigma_f$，这也是峰前弹塑性变形与峰后扩容大变形阶段的分界点，并产生了宏观破裂面，岩样已经破裂，但在围压的作用下仍具有一定的承载力(残余强度 $\sigma_r$)。

将峰值处体积应变与峰后最大体积应变置于表 4-1 中，进行对比分析可知，峰后最大体积应变是峰值体积应变的几倍至几十倍，两者相差较大，即表明峰后扩容变形是造成岩样体积膨胀或巷道围岩大变形的根本原因。

**表 4-1　极弱胶结岩体完整与再生结构岩样峰值及峰后最大体积应变**

| 编号 | $w_{平均}$/% | 岩样状态 | 峰值体积应变/(mm/mm) | 峰后最大体积应变/(mm/mm) | 峰后与峰值体积应变的比值 |
|---|---|---|---|---|---|
| 0-1 | 12.84 | 完整岩样 | −0.003 3 | −0.010 47 | 3.17 |
| 0-2 | | | −0.002 2 | −0.048 36 | 21.98 |
| 0-3 | | | −0.002 8 | −0.048 56 | 17.34 |
| 0-4 | | | −0.002 1 | −0.023 98 | 11.42 |

**续表 4-1**

| 编号 | $w_{平均}$/% | 岩样状态 | 峰值体积应变/(mm/mm) | 峰后最大体积应变/(mm/mm) | 峰后与峰值体积应变的比值 |
|---|---|---|---|---|---|
| 1-1 | 1.91 | 再生结构岩样 | −0.012 59 | −0.080 11 | 6.36 |
| 1-2 | | | −0.009 88 | −0.041 45 | 4.20 |
| 1-3 | | | −0.009 14 | −0.026 93 | 2.95 |
| 1-4 | | | −0.007 62 | −0.042 17 | 5.53 |
| 1-5 | | | −0.006 86 | −0.015 58 | 2.27 |
| 1-6 | | | −0.005 38 | −0.013 80 | 2.57 |
| 2-1 | 2.91 | 再生结构岩样 | −0.010 39 | −0.077 01 | 7.41 |
| 2-2 | | | −0.005 37 | −0.033 33 | 6.21 |
| 2-3 | | | −0.004 32 | −0.036 50 | 8.45 |
| 2-4 | | | −0.002 81 | −0.036 26 | 12.90 |
| 2-5 | | | −0.002 45 | −0.033 90 | 13.84 |
| 2-6 | | | −0.001 93 | −0.015 65 | 8.11 |
| 3-1 | 5.43 | 再生结构岩样 | −0.003 14 | −0.090 52 | 28.83 |
| 3-2 | | | −0.000 52 | −0.033 50 | 64.42 |
| 3-3 | | | −0.001 01 | −0.018 07 | 17.89 |
| 3-4 | | | −0.000 6 | −0.035 45 | 59.08 |
| 3-5 | | | −0.001 05 | −0.028 26 | 26.91 |
| 3-6 | | | −0.000 57 | −0.012 79 | 22.44 |
| 4-1 | 9.56 | 再生结构岩样 | −0.008 58 | −0.149 90 | 17.47 |
| 4-2 | | | −0.009 66 | −0.010 28 | 1.06 |
| 4-3 | | | −0.007 64 | −0.024 70 | 3.23 |
| 4-4 | | | −0.007 84 | −0.039 01 | 4.98 |
| 4-5 | | | −0.006 76 | −0.026 05 | 3.85 |
| 4-6 | | | −0.005 83 | −0.026 74 | 4.59 |

## 4.2 极弱胶结岩体本构模型与参数辨识研究

### 4.2.1 岩石类材料本构模型的一般描述

岩石类材料在受力过程中一般经过弹性、塑性(应变硬化)、应变软化(应力跌落)、残余塑性流动等阶段[100]，其应力—应变曲线基本可分为峰前区与峰后区等两大部分，峰前区包括压密阶段、弹性阶段及塑性阶段(应变强度阶段)，一般情况下岩石的力学性质较为稳定，可采用经典的强度理论(弹塑性理论)来描述其力学行为。而在峰后区，其后继屈服面随塑性变形的累加而不断变化，具有应变软化特性，一般处于非稳定状态，其力学行为较为复杂而难以用经典的强度理论来描述[115,173]。

目前,在构建岩石类材料弹塑性本构模型时主要采用分段函数来描述岩石类介质应力—应变关系的全过程,国内外学者对此进行了大量的试验与理论研究,例如 E. Hoek、E. T. Brown[115,174]总结了岩石峰后力学行为曲线的 3 种模式,如图 4-5 所示。川本眺万[157]提出了岩石三线性软化本构模型(图 4-6),将岩石全应力—应变曲线简化为峰前弹性阶段、峰后应变软化阶段与残余阶段等 3 条直线来表示,该本构模型便于理论分析与数值实现,但是很难准确地反映岩石的变形破坏特性,一些学者对此进行了修正,如卢允德等[175]基于岩石常规三轴压缩全过程试验,提出了峰前双线性弹性—线性软化—残余理想塑性四线性本构模型;胡云华等[35]提出了峰前四线段非线性弹性—应变软化—残余理想塑性等组成的非线性弹—脆—塑性本构模型,并成功实现了数值软件的二次开发。

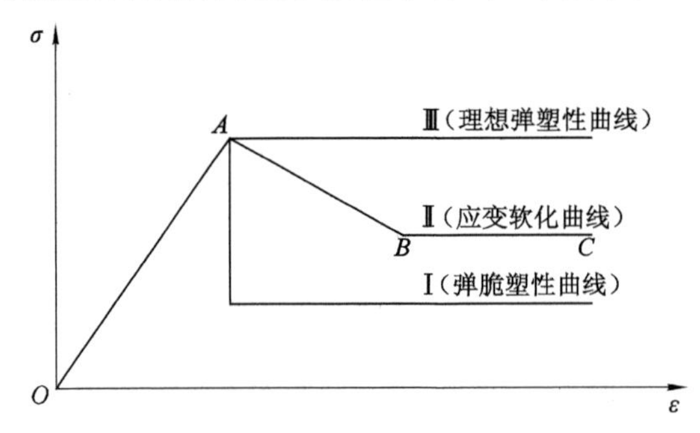


图 4-5 岩石类材料峰后曲线模式[115,174]

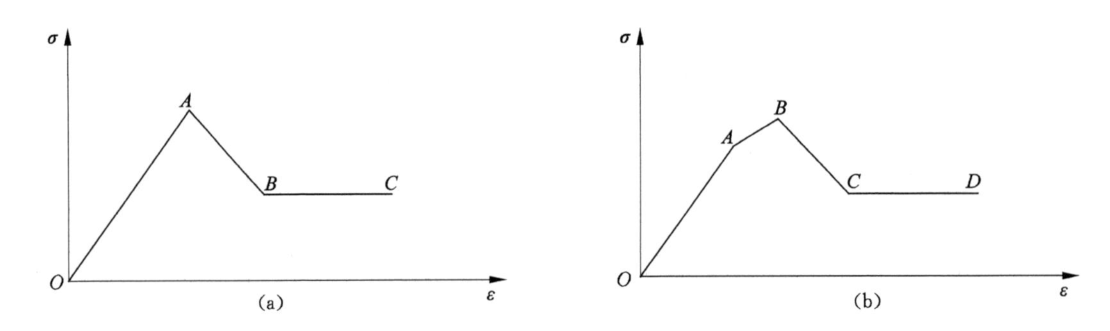


图 4-6 岩石类材料三线性与四线性软化本构模型

(a) 三线性软化本构模型[157];(b) 四线性软化本构模型[175]

巷道或隧硐等地下工程在开挖之前,在原岩应力作用下处于应力平衡稳定状态。开挖之后,受开挖扰动影响,原始的应力平衡状态被打破而引起应力重分布,并在巷道周边产生应力集中现象,若围岩中重分布后的应力状态未超过岩石的屈服强度,则巷道围岩处于弹性阶段;若围岩中某处重分布后的应力状态超过了岩石的屈服强度,则巷道围岩进入塑性破坏阶段,引起围岩应力不断降低,直至在围岩内部形成一个新的应力平衡状态为止,此时在围岩内形成破裂区(破裂扩容区),破裂区的外侧依次为塑性区(损伤扩容区)、弹性区与原岩应力区,且围岩开挖扰动区(弹性区、塑性区、破裂区)与岩样的全应力—应变曲线相对应[176]。

将极弱胶结岩体常规三轴试验所获得的典型应力—应变曲线,与巷道围岩开挖扰动区的弹性区、塑性区(损伤扩容区)、破裂区(破裂扩容区)对应起来,如图 4-7 所示。在峰前不再假设为线弹性段,以体积应变最大压缩点 $A$ 所对应的损伤扩容应力为分界点,分为两段:

$OA$ 段为弹性段，$AB$ 段为塑性段（应变硬化段或非线性硬化段）；峰后 $BCD$ 段为破裂区，由应变软化段（$BC$ 段）与残余段（$CD$ 段）组成。充分考虑极弱胶结岩体峰后应变软化与扩容变形特性，以弹塑性力学基本理论为基础，建立适应于极弱胶结岩体的本构模型；并研究该本构模型的数值算法，进行 FLAC3D 数值软件的二次开发与数值实现。

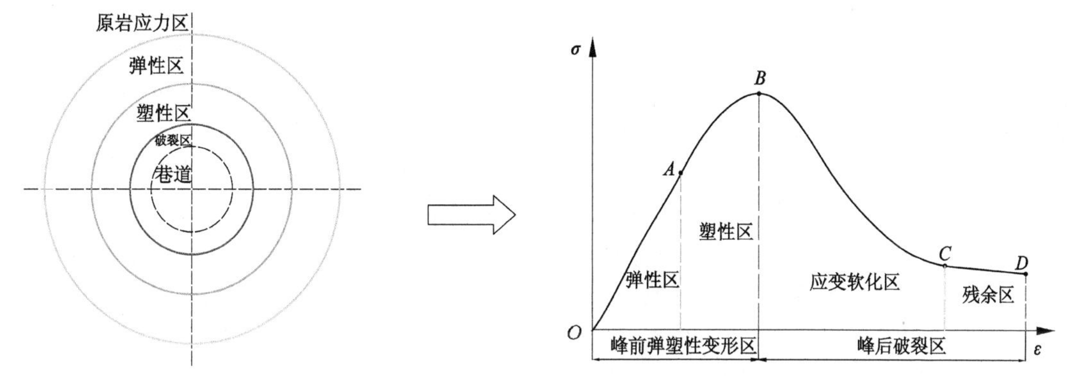


图 4-7　极弱胶结地层巷道开挖扰动区与岩样全应力—应变曲线的对应关系

所提出的极弱胶结岩体本构模型是建立在弹塑性理论基础上，总的应变增量 $d\varepsilon_{ij}$ 由弹性应变增量 $d\varepsilon_{ij}^{e}$ 与塑性应变增量 $d\varepsilon_{ij}^{p}$ 两部分组成[102-104]，即：

$$d\varepsilon_{ij} = d\varepsilon_{ij}^{e} + d\varepsilon_{ij}^{p} \tag{4-6}$$

式中　$d\varepsilon_{ij}$——总应变增量，mm/mm；

$d\varepsilon_{ij}^{e}$——弹性应变增量，mm/mm；

$d\varepsilon_{ij}^{p}$——塑性应变增量，mm/mm。

弹性应变增量 $d\varepsilon_{ij}^{e}$ 可由弹性增量理论求解，由广义胡克定律[101-104]可得：

$$d\varepsilon_{ij}^{e} = \frac{1}{2G} d\sigma_{ij} - \frac{3\mu}{E} \delta_{ij} d\sigma_{m} \tag{4-7}$$

式中　$\sigma_{ij}$——应力张量，MPa；

$E$——弹性模量，MPa；

$G$——剪切性模量，$G=E/2(1+\mu)$，MPa；

$\mu$——泊松比；

$\sigma_{m}$——平均应力，$\sigma_{m}=(\sigma_1+\sigma_2+\sigma_3)/3$，MPa；

$\delta_{ij}$——kronecker 算子，$i=j$ 时 $\delta_{ij}=1$，$i\neq j$ 时 $\delta_{ij}=0$。

将式(4-7)简化可得：

$$d\varepsilon_{ij}^{e} = C_{ijkl} d\sigma_{kl} \tag{4-8}$$

式中　$C_{ijkl}$——弹性柔度矩阵。

$$C_{ijkl} = \frac{1}{E}\begin{bmatrix} 1 & -\mu & -\mu & 0 & 0 & 0 \\ -\mu & 1 & -\mu & 0 & 0 & 0 \\ -\mu & -\mu & 1 & 0 & 0 & 0 \\ 0 & 0 & 0 & 1+\mu & 0 & 0 \\ 0 & 0 & 0 & 0 & 1+\mu & 0 \\ 0 & 0 & 0 & 0 & 0 & 1+\mu \end{bmatrix} \tag{4-9}$$

塑性应变增量 $d\varepsilon_{ij}^{p}$ 可由塑性增量理论求得，计算时需要确定屈服准则、建立塑性势函数、加卸载条件及硬化—软化定律等[102-104]。

## 4.2.2 本构模型的屈服准则

### 4.2.2.1 特征应力的确定

从极弱胶结岩体变形破坏机理分析可知，裂纹闭合应力(裂纹压缩应力)$\sigma_{cc}$、初始扩容应力 $\sigma_{ci}$、损伤扩容应力(屈服应力)$\sigma_{cd}$、峰值应力 $\sigma_{f}$、残余应力 $\sigma_{r}$ 对岩样内部裂纹扩展演化规律及极弱胶结岩体扩容大变形破坏机理分析具有重要的价值与意义。而在建立本构模型的屈服准则时最关键的特征应力为：损伤扩容应力(屈服应力)$\sigma_{cd}$ 是弹性阶段与塑性阶段的分界点，峰值应力 $\sigma_{f}$ 是峰前损伤扩容区与峰后损伤扩容区的分界点，残余应力 $\sigma_{r}$ 是应变软化阶段与残余阶段的分界点。对于 $\sigma_{cc}$、$\sigma_{ci}$ 不能直接从全应力—应变曲线上得出，可按照裂纹体积应变模型(图 4-4)的相关计算方法进行求解[35,172]；对于 $\sigma_{cd}$ 而言，其与最大体积应变压缩点相对应，可由轴向应变-体积应变曲线求得，$\sigma_{f}$、$\sigma_{r}$ 分别对应于轴向应力—应变曲线的峰值点与残余强度点，也易较为准确确定。通过以上分析，可将 $\sigma_{cd}$、$\sigma_{f}$、$\sigma_{r}$ 数值置于表 4-2 中。

**表 4-2　极弱胶结岩体完整与再生结构岩样的各特征应力**

| 编号 | $w_{平均}$/% | 岩样状态 | 加卸载方式 | 围压/MPa | $\sigma_{cd}$/MPa | $\sigma_{f}$/MPa | $\sigma_{r}$/MPa | $\sigma_{cd}/\sigma_{f}$ | $\sigma_{r}/\sigma_{f}$ |
|---|---|---|---|---|---|---|---|---|---|
| 0-1 | 12.84 | 完整岩样 | 单轴加载 | 0.0 | 0.12 | 0.42 | 0.00 | 0.29 | 0.00 |
| 0-2 | | | 三轴加载 | 1.0 | 1.46 | 2.55 | 1.37 | 0.57 | 0.54 |
| 0-3 | | | 三轴加载 | 2.0 | 3.38 | 5.38 | 2.63 | 0.63 | 0.49 |
| 0-4 | | | 三轴加载 | 4.0 | 4.58 | 9.28 | 5.34 | 0.49 | 0.58 |
| 1-1 | 1.91 | 再生结构岩样 | 单轴加载 | 0.0 | 3.64 | 5.76 | 0.00 | 0.63 | 0.00 |
| 1-2 | | | 三轴加载 | 1.0 | 6.22 | 9.57 | 5.67 | 0.65 | 0.59 |
| 1-3 | | | 三轴加载 | 1.5 | 8.31 | 11.12 | 7.37 | 0.75 | 0.66 |
| 1-4 | | | 三轴加载 | 2.0 | 9.69 | 13.03 | 8.13 | 0.74 | 0.62 |
| 1-5 | | | 三轴加载 | 2.5 | 12.99 | 14.43 | 9.30 | 0.90 | 0.65 |
| 1-6 | | | 三轴加载 | 3.0 | 11.45 | 16.25 | 10.32 | 0.71 | 0.64 |
| 2-1 | 2.91 | 再生结构岩样 | 单轴加载 | 0.0 | 3.06 | 5.11 | 0.00 | 0.60 | 0.00 |
| 2-2 | | | 三轴加载 | 1.0 | 6.32 | 9.22 | 5.36 | 0.69 | 0.58 |
| 2-3 | | | 三轴加载 | 1.5 | 8.31 | 10.54 | 6.69 | 0.79 | 0.63 |
| 2-4 | | | 三轴加载 | 2.0 | 9.90 | 12.33 | 7.76 | 0.80 | 0.63 |
| 2-5 | | | 三轴加载 | 2.5 | 11.32 | 13.5 | 9.03 | 0.84 | 0.67 |
| 2-6 | | | 三轴加载 | 3.0 | 12.35 | 14.8 | 10.12 | 0.83 | 0.68 |
| 3-1 | 5.43 | 再生结构岩样 | 单轴加载 | 0.0 | 3.22 | 4.3 | 0.00 | 0.75 | 0.00 |
| 3-2 | | | 三轴加载 | 1.0 | 7.95 | 8.25 | 4.69 | 0.96 | 0.57 |
| 3-3 | | | 三轴加载 | 1.5 | 7.44 | 8.95 | 5.66 | 0.83 | 0.63 |
| 3-4 | | | 三轴加载 | 2.0 | 8.73 | 10.24 | 6.35 | 0.85 | 0.62 |
| 3-5 | | | 三轴加载 | 2.5 | 9.13 | 10.86 | 7.47 | 0.84 | 0.69 |
| 3-6 | | | 三轴加载 | 3.0 | 10.36 | 11.85 | 8.52 | 0.87 | 0.72 |

**续表 4-2**

| 编号 | $w_{平均}$/% | 岩样状态 | 加卸载方式 | 围压/MPa | $\sigma_{cd}$/MPa | $\sigma_f$/MPa | $\sigma_r$/MPa | $\sigma_{cd}/\sigma_f$ | $\sigma_r/\sigma_f$ |
|---|---|---|---|---|---|---|---|---|---|
| 4-1 | 9.56 | 再生结构岩样 | 单轴加载 | 0.0 | 1.32 | 3.42 | 0.00 | 0.39 | 0.00 |
| 4-2 | | | 三轴加载 | 1.0 | 4.62 | 6.21 | 3.64 | 0.74 | 0.59 |
| 4-3 | | | 三轴加载 | 1.5 | 5.53 | 7.69 | 4.31 | 0.75 | 0.56 |
| 4-4 | | | 三轴加载 | 2.0 | 6.23 | 8.89 | 5.64 | 0.70 | 0.63 |
| 4-5 | | | 三轴加载 | 2.5 | 6.98 | 9.66 | 6.68 | 0.72 | 0.69 |
| 4-6 | | | 三轴加载 | 3.0 | 8.98 | 10.8 | 8.02 | 0.83 | 0.74 |
| 5-1 | 13.53 | 再生结构岩样 | 单轴加载 | 0.0 | 0.48 | 1.52 | 0.00 | 0.32 | 0.00 |
| 5-2 | | | 三轴加载 | 1.0 | 2.21 | 3.07 | 3.06 | 0.72 | 1.00 |
| 5-3 | | | 三轴加载 | 1.5 | 2.00 | 3.58 | 3.57 | 0.56 | 1.00 |
| 5-4 | | | 三轴加载 | 2.0 | 3.37 | 4.13 | 4.08 | 0.82 | 0.99 |
| 5-5 | | | 三轴加载 | 2.5 | 4.30 | 5.04 | 5.02 | 0.85 | 1.00 |
| 5-6 | | | 三轴加载 | 3.0 | 4.07 | 5.75 | 5.73 | 0.71 | 1.00 |
| 6-1 | 14.55 | 再生结构岩样 | 单轴加载 | 0.0 | 0.48 | 1.20 | 0.00 | 0.40 | 0.00 |
| 6-2 | | | 三轴加载 | 1.0 | 1.65 | 2.33 | 2.31 | 0.71 | 0.99 |
| 6-3 | | | 三轴加载 | 1.5 | 2.25 | 3.29 | 3.27 | 0.68 | 0.99 |
| 6-4 | | | 三轴加载 | 2.0 | 2.65 | 3.80 | 3.78 | 0.70 | 1.00 |
| 6-5 | | | 三轴加载 | 2.5 | 3.42 | 4.33 | 4.31 | 0.79 | 1.00 |
| 6-6 | | | 三轴加载 | 3.0 | 4.15 | 5.14 | 5.07 | 0.81 | 0.99 |
| 7-1 | 5.35 | 再生结构岩样 | 三轴卸载 | 1.0 | 6.00 | 6.11 | 0.00 | 0.98 | 0.00 |
| 7-2 | | | 三轴卸载 | 1.5 | 7.38 | 8.66 | 0.00 | 0.85 | 0.00 |
| 7-3 | | | 三轴卸载 | 2.0 | 7.97 | 9.5 | 0.00 | 0.84 | 0.00 |
| 7-4 | | | 三轴卸载 | 3.0 | 9.58 | 11.47 | 0.00 | 0.84 | 0.00 |
| 8-1 | 14.45 | 再生结构岩样 | 三轴卸载 | 1.0 | 2.17 | 2.21 | 0.00 | 0.98 | 0.00 |
| 8-2 | | | 三轴卸载 | 1.5 | 2.80 | 2.83 | 0.00 | 0.99 | 0.00 |
| 8-3 | | | 三轴卸载 | 2.0 | 3.24 | 3.31 | 0.00 | 0.98 | 0.00 |
| 8-4 | | | 三轴卸载 | 3.0 | 4.47 | 4.53 | 0.00 | 0.99 | 0.00 |

极弱胶结岩体完整与再生结构岩样的各特征应力随围压及含水率的变化规律如图 4-8 至图 4-10 所示。对于完整岩样的特征应力与围压的拟合关系曲线为：$\sigma_{cd}=1.125\ 1\sigma_3+0.416$，$R^2=0.939$；$\sigma_f=2.237\ 4\sigma_3+0.492$，$R^2=0.995$；$\sigma_r=1.330\ 9\sigma_3+0.006$，$R^2=1$。对于再生结构岩样的特征应力与围压、含水率的拟合关系曲线为：$\sigma_{cd}=-0.520\ 29w+2.173\ 7\sigma_3+6.503\ 3$，$R^2=0.956$；$\sigma_f=-0.639\ 91w+2.343\ 9\sigma_3+8.976\ 3$，$R^2=0.967$；$\sigma_r=-0.273\ 59w+2.526\ 7\sigma_3+2.997\ 9$，$R^2=0.953$。

由图 4-9、图 4-10 可知，各特征应力与围压及含水率呈线性关系，即随着围压的增加各特征应力不断增大，随着含水率的增加各特征应力不断减小。损伤扩容应力 $\sigma_{cd}$ 还具有特殊的意义，其反映了围压对岩石体积扩容变形的抑制作用，即随着围压的提高，岩石峰后体积应变曲线逐渐变缓，或者说岩石峰后体积膨胀特性逐渐减弱；随着围压的提高，岩样扩容变形出现得越迟，即由压缩转变为扩容的转折点出现得越迟，岩样扩容之前的压缩变形量越大。将三轴加卸载试验结果进行对比分析可知，卸载试验获得的特征应力数值（除离散点

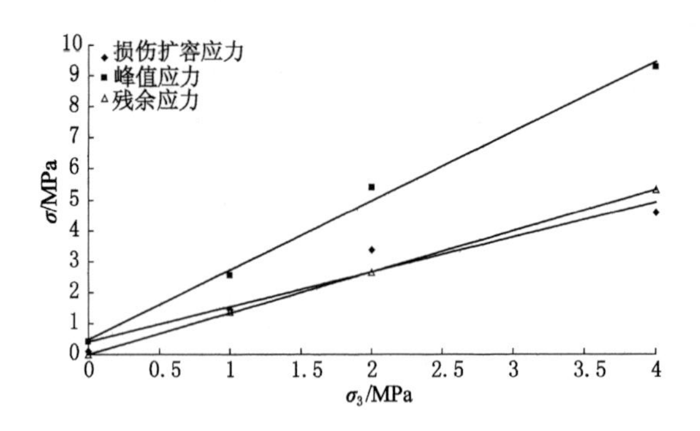


图 4-8 完整岩样的特征应力与围压的关系曲线

外)要比加载试验大一些,主要原因为在卸载试验过程中随着围压的不断卸除,造成围压对体积扩容变形的抑制作用逐渐减弱,进而导致了特征应力数值的相应增加。

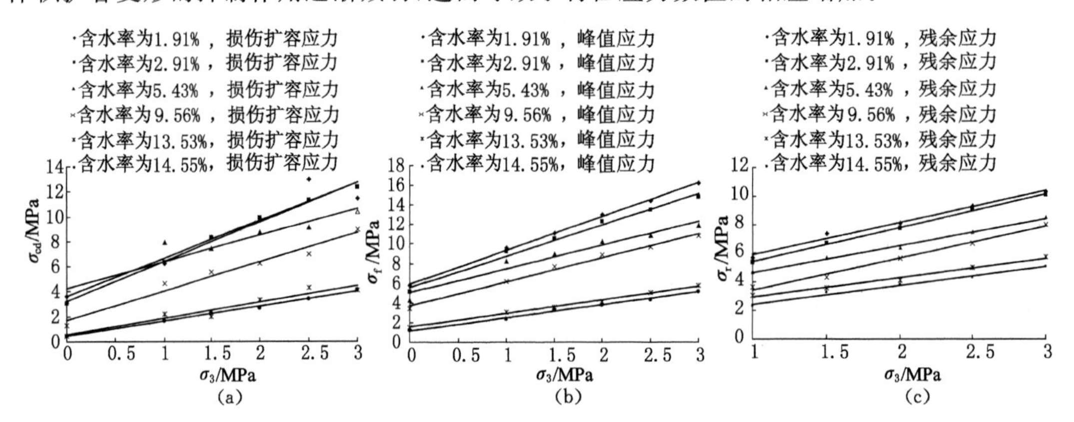


图 4-9 再生结构岩样的特征应力与围压的关系曲线

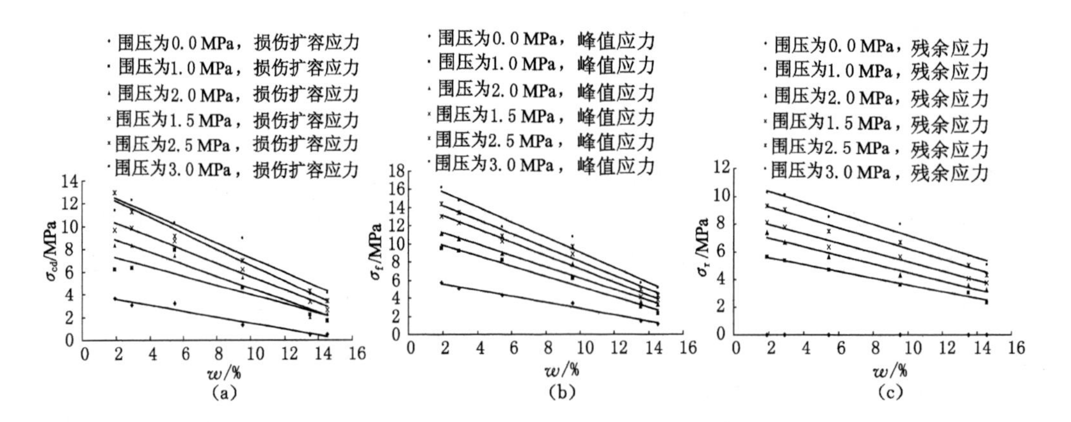


图 4-10 再生结构岩样的特征应力与含水率的关系曲线

4.2.2.2 屈服准则的建立

屈服函数是应力 $\sigma_{ij}$、应变 $\varepsilon_{ij}$ 及内变量 $k$ 的函数,其表达式为[102-104]:

$$f(\sigma_{ij},\varepsilon_{ij},k)=0 \tag{4-10}$$

式中 $f(\sigma_{ij},\varepsilon_{ij},k)$——屈服函数;

$k$——硬化—软化参数，一般用于描述屈服面的硬化—软化定律。

对于式(4-10)满足 Mohr-Coulomb 强度准则，则可写为[102-104]：

$$f(\sigma_{ij},k,w)=\sigma_1-K_p(k,w)\sigma_3-2c(k,w)\sqrt{K_p(k,w)}=0 \tag{4-11}$$

$$K_p(k,w)=\frac{1+\sin\varphi(k,w)}{1-\sin\varphi(k,w)} \tag{4-12}$$

式中 $c(k,w)$——考虑内变量 $k$、含水率 $w$ 影响的内聚力，MPa；

$\varphi(k,w)$——考虑内变量 $k$、含水率 $w$ 影响的内摩擦角，(°)。

由以上分析可知，极弱胶结岩体完整及再生结构岩样的损伤扩容应力 $\sigma_{cd}$、峰值应力 $\sigma_f$ 是围压与含水率的线性函数，两者均可写成 Mohr-Coulomb 强度准则的形式，故可建立极弱胶结岩体扩容大变形本构模型的峰前损伤扩容与峰后破裂扩容屈服准则。

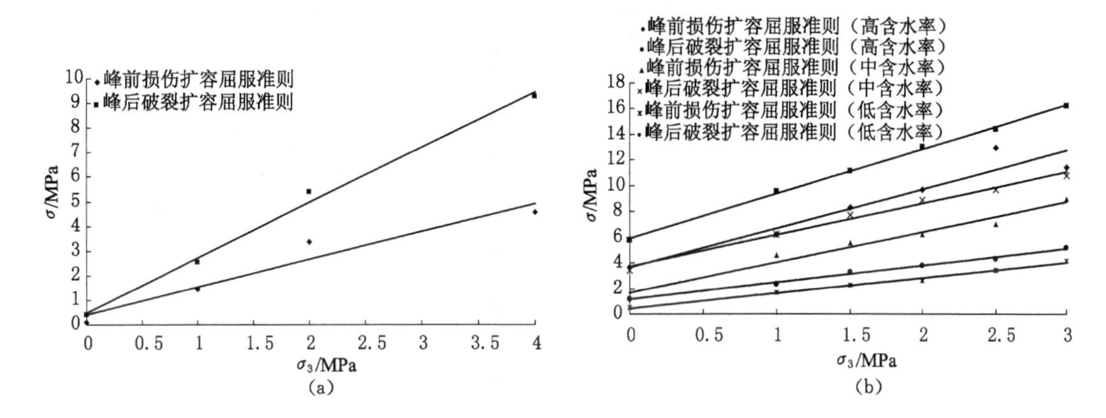


图 4-11 峰前损伤扩容与峰后破裂扩容屈服准则

(a) 完整岩样；(b) 再生结构岩样

对极弱胶结岩体完整岩样而言，则有：

$$\begin{cases}\sigma_{1cd}=1.125\ 1\sigma_3+0.416\\ \sigma_{1f}=2.237\ 4\sigma_3+0.492\end{cases} \tag{4-13}$$

对极弱胶结岩体再生结构岩样而言，则有：

$$\begin{cases}\sigma_{2cd}=-0.520\ 29w+2.173\ 7\sigma_3+6.503\ 3\\ \sigma_{2cd}=-0.639\ 91w+2.343\ 9\sigma_3+8.976\ 3\end{cases} \tag{4-14}$$

极弱胶结岩体完整与再生结构岩样的残余强度为：

$$\begin{cases}\sigma_{1r}=1.330\ 9\sigma_3+0.006\\ \sigma_{2r}=-0.273\ 59w+2.526\ 7\sigma_3+2.997\ 9\end{cases} \tag{4-15}$$

从完整与再生结构岩样的全应力—应变曲线来看，极弱胶结岩体体积扩容变形显著，这是造成巷道围岩大变形与破坏的主要原因。因此，为在极弱胶结岩体本构模型中体现扩容大变形特征，需建立与扩容变形相关的屈服准则，同时结合岩样的全应力—应变曲线与上述特征应力的分析，确定了峰前损伤扩容与峰后破裂扩容屈服准则，即某点的应力状态达到或超过损伤扩容应力时，岩样内部的微裂纹产生扩展、连接与贯通或部分新裂纹的产生等，并且在压缩应力作用下岩样的压缩变形量达到最大，随后岩样的压缩变形会逐渐减小，岩样开始产生损伤扩容，此阶段尚未形成宏观破裂面；某点的应力状态达到或超过破裂扩容应力时，岩样内部的微裂纹相互连接与贯通，形成大小不一、数量不等的宏观破裂面，造成岩样的体积膨胀现象显著。

### 4.2.3 本构模型的塑性势函数

采用相关联的塑性流动法则时，塑性应变增量方向与塑性势面正交[102-104]，则有：

$$d\varepsilon_{ij}^{p} = d\lambda \frac{\partial g(\sigma_{ij}, k, w)}{\partial \sigma_{ij}} \tag{4-16}$$

式中　$g(\sigma_{ij}, k, w)$——塑性势函数；

$d\lambda$——塑性因子，$d\lambda \geqslant 0$，可根据塑性一致性条件求出。

采用非关联的塑性流动法则时，选取塑性势函数为[157]：

$$g(\sigma_{ij}, k, w) = \sigma_1 - K_{\psi}(k, w)\sigma_3 \tag{4-17}$$

式中　$K\psi$——描述扩容碎胀的参数，为膨胀角 $\psi$ 的函数，而膨胀角与 $k$、$w$ 有关，故其表达式为 $K\psi=[1+\sin\psi(k,w))/(1-\sin\psi(k,w)]$。

### 4.2.4 本构模型的加卸载条件

对弹性与塑性状态的定义[102-104]：

$$\begin{cases} f < 0 \text{ 时，弹性状态} \\ f = 0 \text{ 时，塑性状态} \end{cases} \tag{4-18}$$

加卸载准则的数学表达式[102-104]：

当 $f=0$、$\frac{\partial f}{\partial \sigma_{ij}} d\sigma_{ij} \leqslant 0$ 时，为卸载或中性变载过程，则有：

$$d\varepsilon_{ij} = C_{ijkl} d\sigma_{kl} \tag{4-19}$$

当 $f=0$、$\frac{\partial f}{\partial \sigma_{ij}} d\sigma_{ij} > 0$ 时，为加载过程，则有：

$$d\varepsilon_{ij} = C_{ijkl} d\sigma_{kl} + d\lambda \frac{\partial g}{\partial \sigma_{ij}} \tag{4-20}$$

由塑性一致性条件可知[102-104]：

$$\frac{\partial f}{\partial \sigma_{ij}} d\sigma_{ij} + \frac{\partial f}{\partial \lambda} d\lambda = 0 \tag{4-21}$$

由弹塑性力学可知：

$$d\sigma_{ij} = D_{ijkl}\varepsilon_{kl}^{e} = D_{ijkl}(\varepsilon_{kl} - \varepsilon_{kl}^{p}) \tag{4-22}$$

式中　$D_{ijkl}$——弹性刚度矩阵，$D_{ijkl} = C_{ijkl}{}^{-1}$。

联立式(4-21)、式(4-22)，可求得塑性因子 $d\lambda$ 为：

$$d\lambda = \frac{\frac{\partial f}{\partial \sigma_{ij}} d\sigma_{ij}}{-\frac{\partial f}{\partial k}\frac{\partial k}{\partial \varepsilon_{ij}^{p}}\frac{\partial g}{\partial \sigma_{ij}} + \frac{\partial f}{\partial \sigma_{ij}} C_{ijkl}\frac{\partial g}{\partial \sigma_{kl}}} \tag{4-23}$$

### 4.2.5 本构模型的硬化-软化定律

硬化定律是确定塑性应变大小及屈服面变化的准则，常采用内变量 $k$ 的函数。目前，国内外学者对内变量 $k$ 的取值通常采用两种方法[173]：

第一种方法，将内变量 $k$ 看作塑性应变的函数，常用塑性剪切应变 $\gamma^{p}$，其表达式为：

$$k = \gamma^{p} = \varepsilon_1^{p} - \varepsilon_3^{p} \tag{4-24}$$

式中　$\gamma^p$——塑性剪切应变，mm/mm；

$\varepsilon_i{}^p$——主方向上的塑性应变，$i=1\sim3$，mm/mm。

第二种方法，将内变量 $k$ 看作塑性应变增量的函数，常用等效塑性应变 $\bar{\varepsilon}^p$，其表达式为：

$$\bar{\varepsilon}^p=\sqrt{\frac{2}{3}(d\varepsilon_1^p d\varepsilon_1^p+d\varepsilon_2^p d\varepsilon_2^p+d\varepsilon_3^p d\varepsilon_3^p)} \tag{4-25}$$

式中　$\bar{\varepsilon}^p$——等效塑性应变，mm/mm；

$d\varepsilon_i^p$——主方向上的塑性应变增量，$i=1\sim3$，mm/mm。

对于 FLAC\FLAC3D、UDEC 等数值软件中规定了等效塑性应变 $\varepsilon^{ps}$ 的表达式为：

$$\varepsilon^{ps}=\frac{1}{\sqrt{2}}\sqrt{(\Delta\varepsilon_1^{ps}-\Delta\varepsilon_m^{ps})^2+(\Delta\varepsilon_m^{ps})^2+(\Delta\varepsilon_3^{ps}-\Delta\varepsilon_m^{ps})^2} \tag{4-26}$$

式中　$\Delta\varepsilon_i{}^{ps}$——主方向上的塑性应变增量，$i=1\sim3$，mm/mm；

$\Delta\varepsilon_m{}^{ps}$——主方向上的塑性应变增量均值，mm/mm，$\Delta\varepsilon_m{}^{ps}=(\Delta\varepsilon_1{}^{ps}+\Delta\varepsilon_3{}^{ps})/3$。

#### 4.2.5.1　不同等效塑性应变时的屈服面确定

岩石循环加卸载试验研究表明，对于岩石等多孔结构材料加卸载试验的应力—应变曲线中存在“塑性滞环”，如图 4-12 中 $GEG'E'F$ 所示，用于表征加卸载试验过程中的裂纹扩展与裂隙面闭合的耗散能[154-156]。另外，研究发现加卸载过程对岩样的变形特征影响不大，尤其是卸载后再加载的曲线基本沿着原应力—应变曲线的轨迹(趋势)发展。因此，在求解塑性应变时，可将加卸载过程理想化，假定整个卸载过程是弹性的，即如图 4-12 中卸载斜率 $GG'$ 与原应力—应变曲线中的弹性段 $OA$ 平行，即有 $GG'$ 段的斜率与 $OA$ 的弹性模量 $E$ 相等。因此，在 $\sigma_1$—$\sigma_3$ 与 $\varepsilon_1/\varepsilon_3$ 曲线中，通过上述方法进行卸载，卸载线 $GG'$ 与横坐标轴的交点 $G'$ 即为该应力状态下对应的塑性应变 $\varepsilon_1^p/\varepsilon_3^p$；用该方法可得到不同围压与含水率条件下的不同应力状态时所对应的塑性应变 $\varepsilon_1^p/\varepsilon_3^p$，进而可得到不同围压与含水率条件下的 $\sigma_1$—$\sigma_3$ 与 $\varepsilon_1^p/\varepsilon_3^p$ 曲线，也可求得等效塑性应变 $\varepsilon^{ps}$；并将不同围压与含水率条件下的同一等效塑性应变 $\varepsilon^{ps}$ 所对应的应力值列于表格，并采用最小二乘法进行回归分析，最终可求得不同等效塑性应变 $\varepsilon^{ps}$ 时的各类屈服面。

不同围压与含水率条件下的等效塑性应变 $\varepsilon^{ps}$ 所对应的应力—等效塑性应变曲线如图 4-13和图 4-14 所示。不同等效塑性应变 $\varepsilon^{ps}$ 时的各类屈服面函数 $f(\sigma_1,\sigma_3,\varepsilon^{ps},w)$ 详见表 4-3 和表 4-4，拟合后的屈服函数服从 Mohr-Coulomb 强度准则，则可求得不同等效塑性应变 $\varepsilon^{ps}$ 时的内聚力 $c$ 与内摩擦角 $\varphi$。

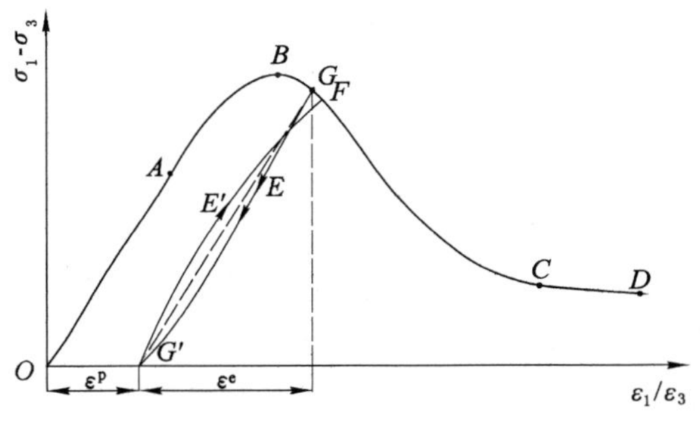

图 4-12　塑性应变求解示意图

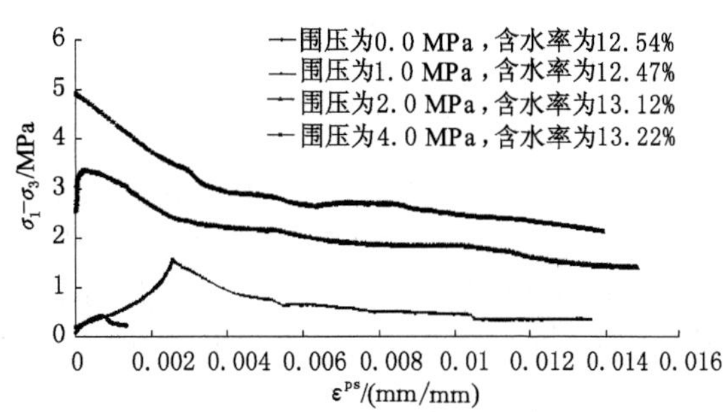

图 4-13　完整岩样应力—等效塑性应变曲线

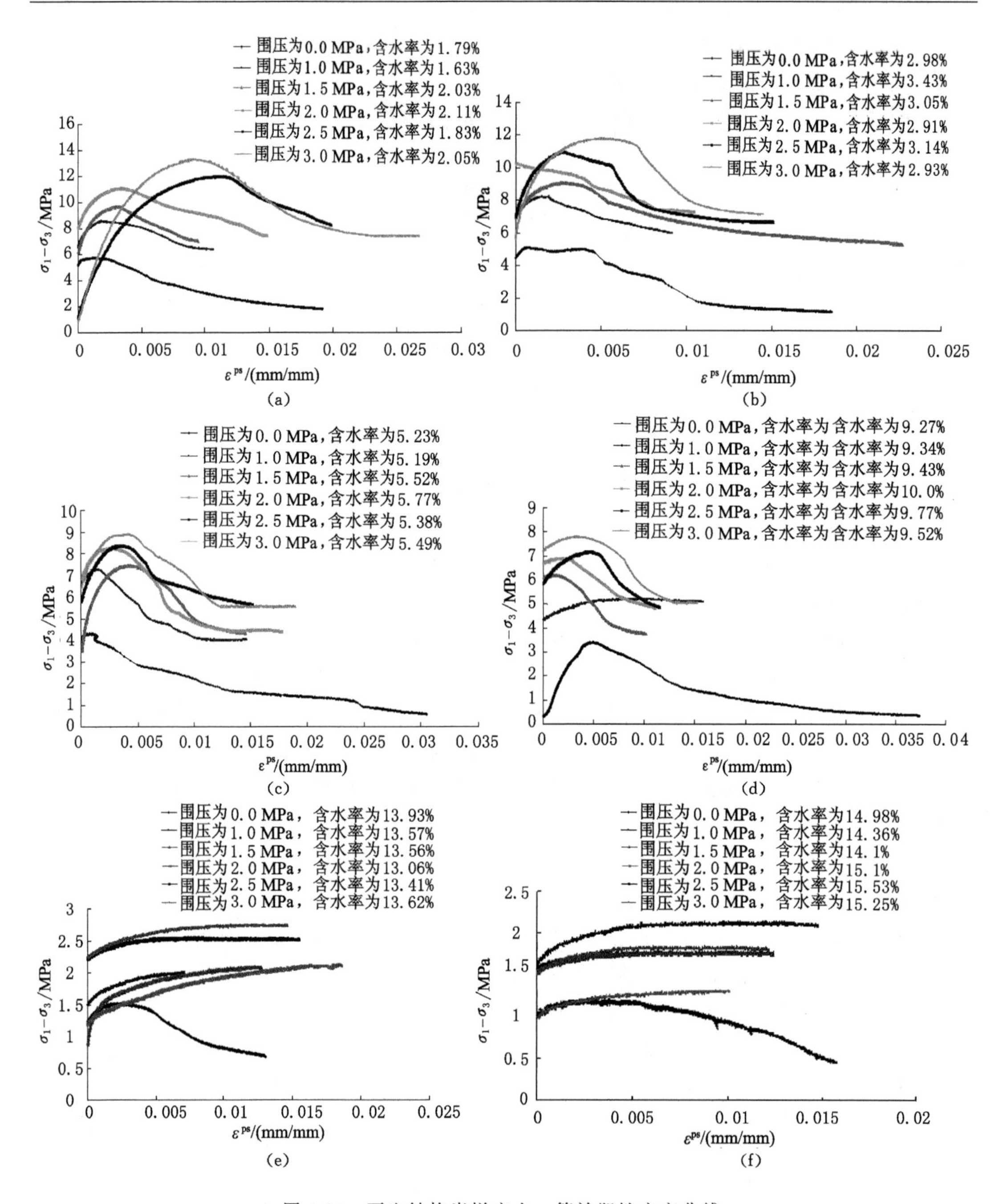


图 4-14　再生结构岩样应力—等效塑性应变曲线

(a) 含水率 $w=1.91\%$;(b) 含水率 $w=2.91\%$;(c) 含水率 $w=5.43\%$;

(d) 含水率 $w=9.56\%$;(e) 含水率 $w=13.53\%$;(f) 含水率 $w=14.55\%$

由图 4-13、图 4-14 可知,无论是极弱胶结岩体完整岩样还是再生结构岩样在应力达到峰值应力之前,在岩样内已经产生了塑性变形;由于围压能抑制岩样的环向变形,故随着围压的提高,岩样产生塑性变形所需的应力水平随之增大,且推迟了最大等效塑性应变出现的时间,并使得应力—等效塑性应变在峰后阶段较为平滑,有明显的应力残余阶段。当含水率 $w<13.53\%$时,等效塑性应变随着岩样含水率的增加呈降低趋势;当含水率 $w\geqslant 13.53\%$

时，由于岩样含水率较高，其内部孔隙率较大，岩样在轴压与围压作用下主要产生较大的压缩变形（一般认为是可恢复的弹性变形）且持续时间长，故塑性应变相对较小。

**表 4-3　不同等效塑性应变完整岩样各屈服面函数与强度参数**

| $\varepsilon^{ps}$/(mm/mm) | $w_{平均}$/% | $f$ | $c$/MPa | $\varphi$/(°) |
|---|---|---|---|---|
| 0.000 0 | 12.84 | $\sigma_1 = 2.185\sigma_3 + 0.365, R^2 = 0.979$ | 0.12 | 21.84 |
| 0.000 1 | | $\sigma_1 = 2.1471\sigma_3 + 0.46, R^2 = 0.0.975$ | 0.16 | 21.38 |
| 0.000 2 | | $\sigma_1 = 2.12\sigma_3 + 0.52, R^2 = 0.974$ | 0.18 | 21.04 |
| 0.000 3 | | $\sigma_1 = 2.0914\sigma_3 + 0.57, R^2 = 0.974$ | 0.20 | 20.67 |
| 0.000 4 | | $\sigma_1 = 2.0614\sigma_3 + 0.62, R^2 = 0.974$ | 0.25 | 11.36 |
| 0.000 5 | | $\sigma_1 = 2.0407\sigma_3 + 0.655, R^2 = 0.975$ | 0.23 | 20.01 |
| 0.000 6 | | $\sigma_1 = 2.015\sigma_3 + 0.695, R^2 = 0.975$ | 0.25 | 19.67 |
| 0.000 7 | | $\sigma_1 = 1.9879\sigma_3 + 0.735, R^2 = 0.977$ | 0.26 | 19.31 |
| 0.000 8 | | $\sigma_1 = 1.9571\sigma_3 + 0.78, R^2 = 0.978$ | 0.28 | 18.89 |
| 0.000 9 | | $\sigma_1 = 1.9407\sigma_3 + 0.795, R^2 = 0.981$ | 0.29 | 18.66 |
| 0.001 0 | | $\sigma_1 = 1.9436\sigma_3 + 0.605, R^2 = 0.998$ | 0.22 | 18.70 |
| 0.002 0 | | $\sigma_1 = 1.6207\sigma_3 + 1.205, R^2 = 0.998$ | 0.47 | 13.70 |
| 0.003 0 | | $\sigma_1 = 1.3693\sigma_3 + 1.755, R^2 = 0.985$ | 0.75 | 8.97 |
| 0.004 0 | | $\sigma_1 = 1.3521\sigma_3 + 1.495, R^2 = 1.000$ | 0.64 | 8.61 |
| 0.005 0 | | $\sigma_1 = 1.3729\sigma_3 + 1.33, R^2 = 1.000$ | 0.57 | 9.04 |
| 0.006 0 | | $\sigma_1 = 1.3486\sigma_3 + 1.25, R^2 = 1.000$ | 0.54 | 8.54 |
| 0.007 0 | | $\sigma_1 = 1.3843\sigma_3 + 1.14, R^2 = 1.000$ | 0.49 | 9.28 |
| 0.008 0 | | $\sigma_1 = 1.3979\sigma_3 + 1.065, R^2 = 1.000$ | 0.45 | 9.55 |
| 0.009 0 | | $\sigma_1 = 1.3679\sigma_3 + 1.095, R^2 = 1.000$ | 0.47 | 8.81 |
| 0.010 0 | | $\sigma_1 = 1.3464\sigma_3 + 1.075, R^2 = 1.000$ | 0.54 | 8.49 |
| 0.011 0 | | $\sigma_1 = 1.3707\sigma_3 + 0.905, R^2 = 0.999$ | 0.39 | 9.00 |
| 0.012 0 | | $\sigma_1 = 1.3464\sigma_3 + 0.905, R^2 = 0.998$ | 0.39 | 8.49 |
| 0.013 0 | | $\sigma_1 = 1.315\sigma_3 + 0.925, R^2 = 0.997$ | 0.40 | 7.82 |
| 0.014 0 | | $\sigma_1 = 1.2814\sigma_3 + 0.96, R^2 = 0.996$ | 0.42 | 7.09 |

**表 4-4　不同等效塑性应变再生结构岩样各屈服面函数与强度参数**

| $\varepsilon^{ps}$/(mm/mm) | $w_{平均}$/% | $f$ | $c$/MPa | $\varphi$/(°) |
|---|---|---|---|---|
| 0.000 0 | 1.91 | $\sigma_1 = 2.346\,9\sigma_3 + 5.032\,3, R^2 = 0.907$ | 1.64 | 23.73 |
| 0.000 1 | | $\sigma_1 = 2.358\,9\sigma_3 + 5.276\,3, R^2 = 0.924$ | 1.72 | 23.86 |
| 0.000 2 | | $\sigma_1 = 2.416\,6\sigma_3 + 5.448\,9, R^2 = 0.932$ | 1.75 | 24.50 |
| 0.000 3 | | $\sigma_1 = 2.541\,7\sigma_3 + 5.510\,6, R^2 = 0.953$ | 1.73 | 25.80 |
| 0.000 4 | | $\sigma_1 = 2.621\,1\sigma_3 + 5.573\,7, R^2 = 0.965$ | 1.72 | 26.60 |

**续表 4-4**

| $\varepsilon^{ps}$/(mm/mm) | $w_{平均}$/% | $f$ | $c$/MPa | $\varphi$/(°) |
|---|---|---|---|---|
| 0.000 5 | 1.91 | $\sigma_1 = 2.696\sigma_3 + 5.612, R^2 = 0.970$ | 1.71 | 27.31 |
| 0.000 6 | | $\sigma_1 = 2.762\,3\sigma_3 + 5.677\,4, R^2 = 0.977$ | 1.71 | 27.93 |
| 0.000 7 | | $\sigma_1 = 2.879\,4\sigma_3 + 5.673\,1, R^2 = 0.980$ | 1.67 | 28.98 |
| 0.000 8 | | $\sigma_1 = 2.904\,6\sigma_3 + 5.734\,9, R^2 = 0.981$ | 1.68 | 29.20 |
| 0.000 9 | | $\sigma_1 = 2.973\,1\sigma_3 + 5.767\,7, R^2 = 0.984$ | 1.67 | 29.78 |
| 0.001 0 | | $\sigma_1 = 3.292\,6\sigma_3 + 5.650\,9, R^2 = 0.976$ | 1.56 | 32.28 |
| 0.002 0 | | $\sigma_1 = 3.573\,1\sigma_3 + 5.707\,7, R^2 = 0.995$ | 1.51 | 34.24 |
| 0.003 0 | | $\sigma_1 = 3.754\,3\sigma_3 + 5.431\,4, R^2 = 0.998$ | 1.40 | 35.40 |
| 0.004 0 | | $\sigma_1 = 3.758\,9\sigma_3 + 5.076\,3, R^2 = 0.995$ | 1.31 | 35.43 |
| 0.005 0 | | $\sigma_1 = 3.081\,7\sigma_3 + 5.177\,1, R^2 = 0.987$ | 1.22 | 35.27 |
| 0.006 0 | | $\sigma_1 = 3.548\sigma_3 + 4.38, R^2 = 0.990$ | 1.16 | 34.07 |
| 0.007 0 | | $\sigma_1 = 3.868\sigma_3 + 3.785, R^2 = 0.995$ | 0.96 | 36.10 |
| 0.008 0 | | $\sigma_1 = 4.128\sigma_3 + 3.26, R^2 = 0.992$ | 0.80 | 37.59 |
| 0.009 0 | | $\sigma_1 = 4.335\,1\sigma_3 + 2.841\,4, R^2 = 0.987$ | 0.68 | 38.69 |
| 0.010 0 | | $\sigma_1 = 4.410\,9\sigma_3 + 2.628\,6, R^2 = 0.984$ | 0.63 | 39.08 |
| 0.000 0 | 2.91 | $\sigma_1 = 3.592\,6\sigma_3 + 4.250\,9, R^2 = 0.927$ | 1.12 | 34.37 |
| 0.000 1 | | $\sigma_1 = 3.550\,3\sigma_3 + 4.413\,4, R^2 = 0.939$ | 1.17 | 34.09 |
| 0.000 2 | | $\sigma_1 = 3.471\,4\sigma_3 + 4.607\,1, R^2 = 0.952$ | 1.24 | 33.53 |
| 0.000 3 | | $\sigma_1 = 3.429\,1\sigma_3 + 4.759\,7, R^2 = 0.957$ | 1.29 | 33.26 |
| 0.000 4 | | $\sigma_1 = 3.369\,7\sigma_3 + 4.896\,6, R^2 = 0.965$ | 1.34 | 32.84 |
| 0.000 5 | | $\sigma_1 = 3.330\,3\sigma_3 + 5.013\,4, R^2 = 0.971$ | 1.37 | 32.56 |
| 0.000 6 | | $\sigma_1 = 3.324\,6\sigma_3 + 5.084\,9, R^2 = 0.975$ | 1.39 | 32.52 |
| 0.000 7 | | $\sigma_1 = 3.322\,9\sigma_3 + 5.124\,3, R^2 = 0.980$ | 1.41 | 32.50 |
| 0.000 8 | | $\sigma_1 = 3.333\,1\sigma_3 + 5.177\,7, R^2 = 0.983$ | 1.42 | 32.58 |
| 0.000 9 | | $\sigma_1 = 3.36\sigma_3 + 5.17, R^2 = 0.985$ | 1.41 | 32.77 |
| 0.001 0 | | $\sigma_1 = 2.928\,1\sigma_3 + 5.498\,6, R^2 = 0.958$ | 1.41 | 29.40 |
| 0.002 0 | | $\sigma_1 = 2.906\,3\sigma_3 + 5.607\,9, R^2 = 0.962$ | 1.65 | 29.21 |
| 0.003 0 | | $\sigma_1 = 3.133\,1\sigma_3 + 5.326\,4, R^2 = 0.988$ | 1.50 | 31.07 |
| 0.004 0 | | $\sigma_1 = 3.174\,9\sigma_3 + 5.123\,6, R^2 = 0.995$ | 1.44 | 31.40 |
| 0.005 0 | | $\sigma_1 = 3.43\sigma_3 + 4.27, R^2 = 0.995$ | 1.16 | 33.27 |
| 0.006 0 | | $\sigma_1 = 3.401\,4\sigma_3 + 3.924\,3, R^2 = 0.987$ | 1.06 | 33.07 |
| 0.007 0 | | $\sigma_1 = 3.257\,7\sigma_3 + 3.687\,1, R^2 = 0.956$ | 1.02 | 32.02 |
| 0.008 0 | | $\sigma_1 = 2.949\,4\sigma_3 + 3.684\,3, R^2 = 0.959$ | 1.08 | 29.58 |
| 0.009 0 | | $\sigma_1 = 2.871\,4\sigma_3 + 3.379\,3, R^2 = 0.959$ | 1.00 | 28.91 |
| 0.010 0 | | $\sigma_1 = 2.799\,1\sigma_3 + 3.181\,4, R^2 = 0.927$ | 0.95 | 28.27 |

**续表 4-4**

| $\varepsilon^{ps}$/(mm/mm) | $w_{平均}$/% | $f$ | $c$/MPa | $\varphi$/(°) |
|---|---|---|---|---|
| 0.000 0 | 5.43 | $\sigma_1 = 1.822\,9\sigma_3 + 3.505, R^2 = 0.894$ | 1.30 | 16.95 |
| 0.000 1 | | $\sigma_1 = 1.924\,3\sigma_3 + 3.933\,1, R^2 = 0.846$ | 1.42 | 18.43 |
| 0.000 2 | | $\sigma_1 = 1.970\,7\sigma_3 + 4.002\,7, R^2 = 0.866$ | 1.43 | 19.07 |
| 0.000 3 | | $\sigma_1 = 2.013\,3\sigma_3 + 4.083\,3, R^2 = 0.890$ | 1.44 | 19.65 |
| 0.000 4 | | $\sigma_1 = 2.071\,5\sigma_3 + 4.133\,9, R^2 = 0.912$ | 1.44 | 20.42 |
| 0.000 5 | | $\sigma_1 = 2.107\,7\sigma_3 + 4.184\,9, R^2 = 0.921$ | 1.44 | 20.88 |
| 0.000 6 | | $\sigma_1 = 2.136\sigma_3 + 4.264, R^2 = 0.929$ | 1.46 | 21.24 |
| 0.000 7 | | $\sigma_1 = 2.175\,7\sigma_3 + 4.296\,9, R^2 = 0.938$ | 1.46 | 21.73 |
| 0.000 8 | | $\sigma_1 = 2.197\,6\sigma_3 + 4.326\,4, R^2 = 0.946$ | 1.46 | 22.00 |
| 0.000 9 | | $\sigma_1 = 2.235\,2\sigma_3 + 4.352\,8, R^2 = 0.948$ | 1.46 | 22.45 |
| 0.001 0 | | $\sigma_1 = 2.190\,7\sigma_3 + 4.452\,7, R^2 = 0.946$ | 1.50 | 21.91 |
| 0.002 0 | | $\sigma_1 = 2.457\,1\sigma_3 + 4.621\,4, R^2 = 0.937$ | 1.47 | 24.93 |
| 0.003 0 | | $\sigma_1 = 2.707\,7\sigma_3 + 4.247\,1, R^2 = 0.960$ | 1.29 | 27.43 |
| 0.004 0 | | $\sigma_1 = 2.886\,9\sigma_3 + 3.783\,6, R^2 = 0.962$ | 1.11 | 29.04 |
| 0.005 0 | | $\sigma_1 = 2.857\,7\sigma_3 + 3.522\,1, R^2 = 0.960$ | 1.04 | 28.79 |
| 0.006 0 | | $\sigma_1 = 2.727\,1\sigma_3 + 3.251\,4, R^2 = 0.956$ | 0.97 | 27.61 |
| 0.007 0 | | $\sigma_1 = 2.592\,6\sigma_3 + 3.115\,7, R^2 = 0.960$ | 0.97 | 26.32 |
| 0.008 0 | | $\sigma_1 = 2.541\,7\sigma_3 + 2.832\,1, R^2 = 0.963$ | 0.89 | 25.80 |
| 0.009 0 | | $\sigma_1 = 2.499\,7\sigma_3 + 2.627\,1, R^2 = 0.978$ | 0.83 | 25.37 |
| 0.010 0 | | $\sigma_1 = 2.435\,1\sigma_3 + 2.411\,4, R^2 = 0.984$ | 0.77 | 24.69 |
| 0.000 0 | 9.56 | $\sigma_1 = 3.090\,9\sigma_3 + 1.598\,6, R^2 = 0.904$ | 0.46 | 30.74 |
| 0.000 1 | | $\sigma_1 = 3.102\,9\sigma_3 + 1.588\,6, R^2 = 0.905$ | 0.79 | 30.83 |
| 0.000 2 | | $\sigma_1 = 3.104\,9\sigma_3 + 1.623\,6, R^2 = 0.905$ | 0.46 | 30.85 |
| 0.000 3 | | $\sigma_1 = 3.121\,1\sigma_3 + 1.611\,4, R^2 = 0.910$ | 0.46 | 30.98 |
| 0.000 4 | | $\sigma_1 = 3.120\,3\sigma_3 + 1.657\,7, R^2 = 0.914$ | 0.47 | 30.97 |
| 0.000 5 | | $\sigma_1 = 3.097\,7\sigma_3 + 1.712\,1, R^2 = 0.914$ | 0.49 | 30.81 |
| 0.000 6 | | $\sigma_1 = 3.096\,3\sigma_3 + 1.762\,9, R^2 = 0.917$ | 0.50 | 30.78 |
| 0.000 7 | | $\sigma_1 = 3.077\,1\sigma_3 + 1.836\,4, R^2 = 0.921$ | 0.52 | 30.63 |
| 0.000 8 | | $\sigma_1 = 3.048\,3\sigma_3 + 1.932\,9, R^2 = 0.925$ | 0.97 | 30.40 |
| 0.000 9 | | $\sigma_1 = 3.026\sigma_3 + 1.99, R^2 = 0.989$ | 0.57 | 30.21 |
| 0.001 0 | | $\sigma_1 = 2.998\,9\sigma_3 + 2.083\,6, R^2 = 0.932$ | 0.60 | 29.99 |
| 0.002 0 | | $\sigma_1 = 2.796\sigma_3 + 2.7, R^2 = 0.964$ | 0.81 | 28.24 |
| 0.003 0 | | $\sigma_1 = 2.592\,3\sigma_3 + 3.102\,9, R^2 = 0.983$ | 0.97 | 26.31 |
| 0.004 0 | | $\sigma_1 = 2.489\,4\sigma_3 + 3.349\,3, R^2 = 0.998$ | 1.06 | 25.27 |
| 0.005 0 | | $\sigma_1 = 2.415\,7\sigma_3 + 3.357\,1, R^2 = 0.987$ | 1.09 | 24.49 |
| 0.006 0 | | $\sigma_1 = 2.373\,4\sigma_3 + 3.174\,3, R^2 = 0.969$ | 1.03 | 24.02 |
| 0.007 0 | | $\sigma_1 = 2.263\,7\sigma_3 + 3.062\,1, R^2 = 0.948$ | 1.02 | 22.78 |
| 0.008 0 | | $\sigma_1 = 2.147\,4\sigma_3 + 3.029\,3, R^2 = 0.933$ | 1.03 | 21.38 |
| 0.009 0 | | $\sigma_1 = 2.009\,7\sigma_3 + 3.022\,1, R^2 = 0.922$ | 1.07 | 19.60 |
| 0.010 0 | | $\sigma_1 = 1.926\sigma_3 + 2.965, R^2 = 0.901$ | 1.07 | 18.45 |

**续表 4-4**

| $\varepsilon^{ps}$/(mm/mm) | $w_{平均}$/% | $f$ | $c$/MPa | $\varphi$/(°) |
|---|---|---|---|---|
| 0.000 0 | 13.53 | $\sigma_1 = 1.344\ 3\sigma_3 + 0.972\ 9, R^2 = 0.921$ | 0.42 | 8.45 |
| 0.000 1 | | $\sigma_1 = 1.341\ 4\sigma_3 + 1.009\ 3, R^2 = 0.932$ | 0.44 | 8.38 |
| 0.000 2 | | $\sigma_1 = 1.334\ 3\sigma_3 + 1.062\ 9, R^2 = 0.943$ | 0.53 | 8.23 |
| 0.000 3 | | $\sigma_1 = 1.324\ 3\sigma_3 + 1.107\ 9, R^2 = 0.943$ | 0.48 | 8.02 |
| 0.000 4 | | $\sigma_1 = 1.315\ 4\sigma_3 + 1.149\ 3, R^2 = 0.949$ | 0.50 | 7.83 |
| 0.000 5 | | $\sigma_1 = 1.314\ 3\sigma_3 + 1.172\ 9, R^2 = 0.951$ | 0.51 | 7.81 |
| 0.000 6 | | $\sigma_1 = 1.308\ 3\sigma_3 + 1.202\ 9, R^2 = 0.950$ | 0.53 | 7.68 |
| 0.000 7 | | $\sigma_1 = 1.308\sigma_3 + 1.225, R^2 = 0.951$ | 0.54 | 7.67 |
| 0.000 8 | | $\sigma_1 = 1.300\ 3\sigma_3 + 1.252\ 9, R^2 = 0.950$ | 0.55 | 7.50 |
| 0.000 9 | | $\sigma_1 = 1.308\sigma_3 + 1.26, R^2 = 0.953$ | 0.55 | 7.67 |
| 0.001 0 | | $\sigma_1 = 1.3\sigma_3 + 1.28, R^2 = 0.953$ | 0.56 | 7.50 |
| 0.002 0 | | $\sigma_1 = 1.307\ 7\sigma_3 + 1.367\ 1, R^2 = 0.950$ | 0.60 | 7.66 |
| 0.003 0 | | $\sigma_1 = 1.328\ 3\sigma_3 + 1.387\ 9, R^2 = 0.963$ | 0.60 | 8.11 |
| 0.004 0 | | $\sigma_1 = 1.345\ 4\sigma_3 + 1.394\ 3, R^2 = 0.966$ | 0.60 | 8.47 |
| 0.005 0 | | $\sigma_1 = 1.392\ 3\sigma_3 + 1.337\ 9, R^2 = 0.973$ | 0.57 | 9.44 |
| 0.006 0 | | $\sigma_1 = 1.447\ 4\sigma_3 + 1.249\ 3, R^2 = 0.979$ | 0.52 | 10.53 |
| 0.007 0 | | $\sigma_1 = 1.487\ 4\sigma_3 + 1.194\ 3, R^2 = 0.980$ | 0.49 | 11.30 |
| 0.008 0 | | $\sigma_1 = 1.581\ 7\sigma_3 + 0.950\ 9, R^2 = 0.992$ | 0.38 | 13.02 |
| 0.009 0 | | $\sigma_1 = 1.1.610\ 9\sigma_3 + 0.898\ 3, R^2 = 0.992$ | 0.35 | 13.53 |
| 0.010 0 | | $\sigma_1 = 1.631\ 3\sigma_3 + 0.859\ 6, R^2 = 0.993$ | 0.34 | 13.88 |
| 0.000 0 | 14.55 | $\sigma_1 = 1.118\ 6\sigma_3 + 1.195\ 7, R^2 = 0.953$ | 0.57 | 3.21 |
| 0.000 1 | | $\sigma_1 = 1.116\ 9\sigma_3 + 1.198\ 6, R^2 = 0.957$ | 0.57 | 3.17 |
| 0.000 2 | | $\sigma_1 = 1.124\sigma_3 + 1.205, R^2 = 0.955$ | 0.57 | 3.35 |
| 0.000 3 | | $\sigma_1 = 1.129\ 4\sigma_3 + 1.214\ 3, R^2 = 0.955$ | 0.57 | 3.48 |
| 0.000 4 | | $\sigma_1 = 1.129\ 4\sigma_3 + 1.214\ 3, R^2 = 0.955$ | 0.57 | 3.48 |
| 0.000 5 | | $\sigma_1 = 1.140\ 3\sigma_3 + 1.217\ 9, R^2 = 0.954$ | 0.57 | 3.76 |
| 0.000 6 | | $\sigma_1 = 1.130\ 3\sigma_3 + 1.252\ 9, R^2 = 0.956$ | 0.59 | 3.51 |
| 0.000 7 | | $\sigma_1 = 1.131\ 4\sigma_3 + 1.259\ 3, R^2 = 0.957$ | 0.59 | 3.54 |
| 0.000 8 | | $\sigma_1 = 1.132\ 9\sigma_3 + 1.258\ 6, R^2 = 0.958$ | 0.59 | 3.57 |
| 0.000 9 | | $\sigma_1 = 1.143\ 4\sigma_3 + 1.249\ 3, R^2 = 0.958$ | 0.59 | 3.84 |
| 0.001 0 | | $\sigma_1 = 1.141\ 1\sigma_3 + 1.261\ 4, R^2 = 0.958$ | 0.59 | 3.78 |
| 0.002 0 | | $\sigma_1 = 1.154\ 9\sigma_3 + 1.298\ 6, R^2 = 0.958$ | 0.60 | 4.12 |
| 0.003 0 | | $\sigma_1 = 1.172\sigma_3 + 1.305, R^2 = 0.959$ | 0.60 | 4.54 |
| 0.004 0 | | $\sigma_1 = 1.184\ 3\sigma_3 + 1.312\ 9, R^2 = 0.957$ | 0.60 | 4.84 |
| 0.005 0 | | $\sigma_1 = 1.200\ 3\sigma_3 + 1.302\ 9, R^2 = 0.958$ | 0.60 | 5.22 |
| 0.006 0 | | $\sigma_1 = 1.21\sigma_3 + 1.28, R^2 = 0.956$ | 0.58 | 5.45 |
| 0.007 0 | | $\sigma_1 = 1.223\ 1\sigma_3 + 1.256\ 4, R^2 = 0.954$ | 0.57 | 5.76 |
| 0.008 0 | | $\sigma_1 = 1.279\ 2\sigma_3 + 1.097\ 4, R^2 = 0.968$ | 0.49 | 7.04 |
| 0.009 0 | | $\sigma_1 = 1.295\ 5\sigma_3 + 1.064\ 2, R^2 = 0.967$ | 0.47 | 7.40 |
| 0.010 0 | | $\sigma_1 = 1.324\ 5\sigma_3 + 0.995\ 8, R^2 = 0.966$ | 0.43 | 8.03 |

### 4.2.5.2 不同等效塑性应变时的强度参数演化规律

不同等效塑性应变 $\varepsilon^{ps}$ 时的内聚力 $c$ 与内摩擦角 $\varphi$ 演化规律如图 4-15 和图 4-16 所示。

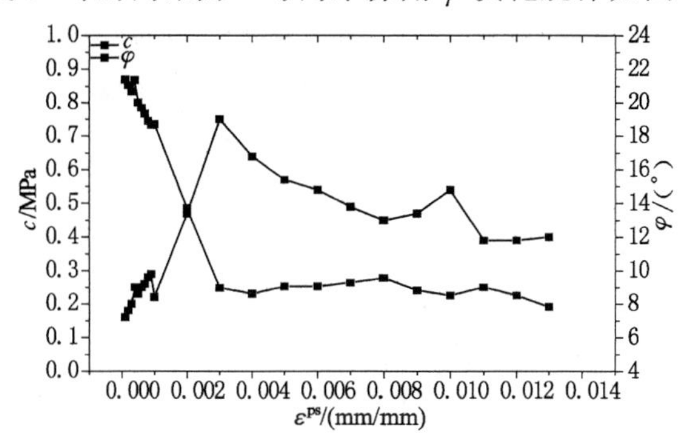


图 4-15 完整岩样强度参数-等效塑性应变曲线

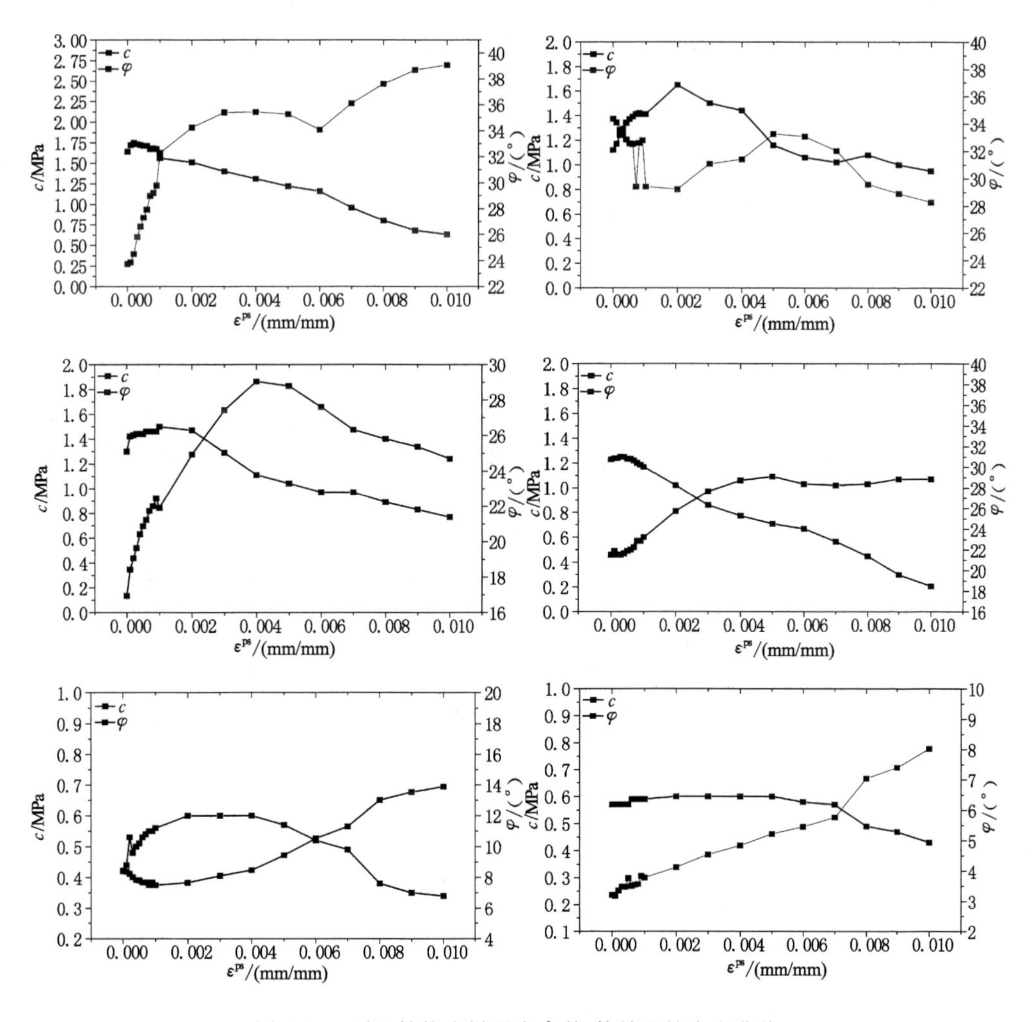


图 4-16 再生结构岩样强度参数-等效塑性应变曲线

(a) 含水率 $w$=1.91%；(b) 含水率 $w$=2.91%；(c) 含水率 $w$=5.43%；

(d) 含水率 $w$=9.56%；(e) 含水率 $w$=13.53%；(f) 含水率 $w$=14.55%

由图 4-15 可知，对于极弱胶结岩体完整岩样而言，由于该类软岩成岩时间较晚且为泥质弱胶结，胶结性较差，造成岩样在轴压与围压作用下因其孔隙率大而产生较大的压缩变形，进而引起完整岩样内部结构的排列与重组，内部结构的变化会引起强度参数的相应改变。因此，完整岩样在压缩应力作用的初期，由于其胶结性较差，主要产生压缩变形，此阶段主要由微孔隙或裂隙面之间的摩擦力承担荷载，即在初期阶段岩体的强度主要由 $\varphi$ 提供，故造成在初期阶段 $\varphi$ 值较大、$c$ 值较小；随着荷载的增大，岩样内部的微孔隙或裂隙逐渐闭合，使得极弱胶结岩体的胶结程度提高，$c$ 值将会大幅度提高，此阶段岩体强度主要由 $c$ 提供，并成为承受荷载的主体；随着等效塑性应变 $\varepsilon^{ps}$ 的增加，岩样内部微裂纹数量不断增加、连接与贯通，造成内部微颗粒之间的束缚力逐渐减小甚至消失，引起岩样内部颗粒之间的内聚力 $c$ 不断减低，而此时裂隙面之间的摩擦力逐渐增大，最终 $c$、$\varphi$ 值各自趋于某一稳定数值。因此，对于极弱胶结岩体完整岩样而言，随着等效塑性应变 $\varepsilon^{ps}$ 的增加，$c$ 值先增加后减小，$\varphi$ 值逐渐减小，最终二者趋于稳定。总的来说，极弱胶结岩体完整岩样的内聚力 $c$ 与内摩擦角 $\varphi$ 与等效塑性应变 $\varepsilon^{ps}$ 的演化规律符合“$\varphi$ 弱化-$c$ 强化”本构模型(FWCS 本构模型，Frictional Weakening and Cohesion Strengthening)。

由图 4-16 可知，对于极弱胶结岩体再生结构岩样而言，基本服从“随着等效塑性应变 $\varepsilon^{ps}$ 的增加，$c$ 值逐渐减小，$\varphi$ 值逐渐增加，最终二者趋于稳定”的规律。在再生结构岩样形成过程中，由于岩粉颗粒均匀、环境因素变异不大及试验操作较为规范等原因，使得结构重组后的极弱胶结岩体再生结构岩样的胶结性等相对较好，故在岩样变形破坏的初期，再生结构的强度主要由 $c$ 提供。随着岩样内部微裂纹的扩展、连接与贯通，引起裂隙面之间的摩擦力逐渐增大，最终 $c$、$\varphi$ 值各自趋于某一稳定数值。总的来说，极弱胶结岩体再生结构岩样的内聚力 $c$ 与内摩擦角 $\varphi$ 与等效塑性应变 $\varepsilon^{ps}$ 的演化规律符合“$c$ 弱化 —$\varphi$ 强化”本构模型(CWFS 本构模型)[177]。并且极弱胶结岩体完整岩样的“$\varphi$ 弱化 —$c$ 强化”现象与再生结构岩样的“$c$ 弱化 —$\varphi$ 强化”现象在岩样受力达到峰值之前已经产生，故建立极弱胶结岩体的本构模型时要充分考虑这一特性。

#### 4.2.5.3 不同等效塑性应变时的扩容参数演化规律

体积扩容(膨胀现象)是软岩变形的主要特征，国内外学者对此进行了一定的研究，并得出了若干有益的结论。剪胀角是描述体积扩容的主要参数，Vermeer P A、de Borst 等[165]率先给出了计算公式，并指出剪胀角的取值范围为 $0 \leqslant \psi \leqslant \varphi$；若 $\psi = 0$ 时，则不考虑体积的扩容效应；若 $\psi = \varphi$ 时，则最大程度上考虑体积的扩容效应。

$$\psi = \arcsin \frac{\dot{\varepsilon}_v^p}{\dot{\gamma}^p} \tag{4-27}$$

式中 $\psi$ ——剪胀角，(°)；

$\dot{\varepsilon}_v^p$ ——塑性体积应变率；

$\dot{\gamma}^p$ ——塑性剪切应变率。

将式(4-27)采用主应变率表示，则有：

$$\psi = \arcsin \frac{\dot{\varepsilon}_v^p}{-2\dot{\varepsilon}_1^p + \dot{\varepsilon}_v^p} = \arcsin \frac{\dot{\varepsilon}_1^p + 2\dot{\varepsilon}_3^p}{-\dot{\varepsilon}_1^p + 2\dot{\varepsilon}_3^p} \tag{4-28}$$

式中　$\dot{\varepsilon}_i^{\mathrm{p}}$——主方向上的塑性应变率，$i=1\sim3$。

但是往往用式(4-27)求解得到的剪胀角较大，$\psi$ 的数值甚至可达到 80°～90°，比摩擦角 $\varphi$ 还要大，这与理论分析及实际不符，该公式的局限性较大。因此，L. R. Alejano 等[178]在大量岩石力学试验的基础上对其进行了修改，得出了剪胀角 $\psi$ 与内摩擦角 $\varphi$、最小主应力 $\sigma_3$、抗压强度 $\sigma_{\mathrm{c}}$ 及塑性剪切应变 $\gamma^{\mathrm{p}}$ 的关系：

$$\begin{cases}\psi' = \dfrac{\varphi}{1+\log_{10}\sigma_{\mathrm{c}}}\log_{10}\left(\dfrac{\sigma_{\mathrm{c}}}{\sigma_3+0.1}\right)\\ K_\psi = 1+\left(\dfrac{2\sin\psi'}{1-\sin\psi'}\right)\mathrm{e}^{-\frac{\gamma^{\mathrm{p}}}{\gamma^{\mathrm{p}*}}}\\ \psi = \arcsin\left(\dfrac{K_\psi-1}{K_\psi+1}\right)\end{cases} \tag{4-29}$$

式中　$\sigma_{\mathrm{c}}$——岩样的单轴抗压强度，MPa；

$\sigma_3$——最小主应力，MPa；

$\gamma^{\mathrm{p}}$——塑性剪切应变，$\gamma^{p}=\varepsilon_1^{p}-\varepsilon_3^{p}$，mm/mm；

$\gamma^{\mathrm{p}*}$——不同岩性岩石的剪胀性拟合系数，一般取值 3～4。

由式(4-29)可知，岩体的体积扩容变形演变特性与其塑性变形历史及应力状态密切相关，变化规律较复杂。目前对剪胀角 $\psi$ 随塑性应变及应力状态的演化规律存在两种对立的观点，一种观点[178]为“剪胀角先逐渐减小然后再趋于稳定”，另外一种观点[179-180]为“剪胀角先逐渐增加然后再趋于稳定”；其实两者并不矛盾，关键在于岩石类材料的强度由 $c$ 或 $\varphi$ 那个最先提供，即剪胀角 $\psi$ 取决于 $\varphi$ 的变化规律。采用式(4-29)计算了不同等效塑性应变 $\varepsilon^{\mathrm{ps}}$ 时的剪胀角 $\psi$ 的演化规律如图 4-17 和图 4-18 所示，以揭示极弱胶结岩体的扩容变形特征。

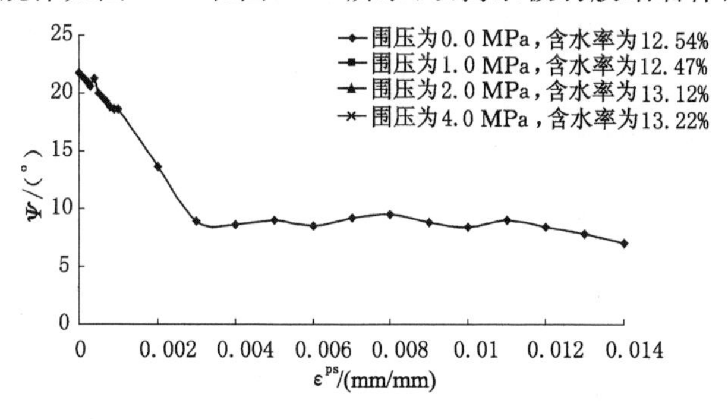


图 4-17　完整岩样剪胀角—等效塑性应变曲线

由不同等效塑性应变时强度参数演化规律分析可知，对极弱胶结岩体完整岩样而言，岩体的强度由 $\varphi$ 最先提供，符合“$\varphi$ 弱化—$c$ 强化”本构模型，故剪胀角 $\psi$ 随等效塑性应变 $\varepsilon^{\mathrm{ps}}$ 变化时呈现出“先逐渐减小然后再趋于稳定”的规律。对极弱胶结岩体再生结构岩样而言，再生结构的强度由 $c$ 最先提供，符合“$c$ 弱化—$\varphi$ 强化”本构模型，故剪胀角 $\psi$ 随等效塑性应变 $\varepsilon^{\mathrm{ps}}$ 变化时呈现出“先逐渐增加然后再趋于稳定”的规律。随着含水率的增加，再生结构岩样的力学性质由岩体逐渐向土体性质转化，其剪胀角逐渐减小，且随着围压的提高，剪胀现象逐渐减弱，直至消失。剪胀角随含水率的变化规律，反映了再生结构岩样的结构与力学特性，同时反映出再生结构为过渡性特殊岩土介质，其物理与力学性质易变化。

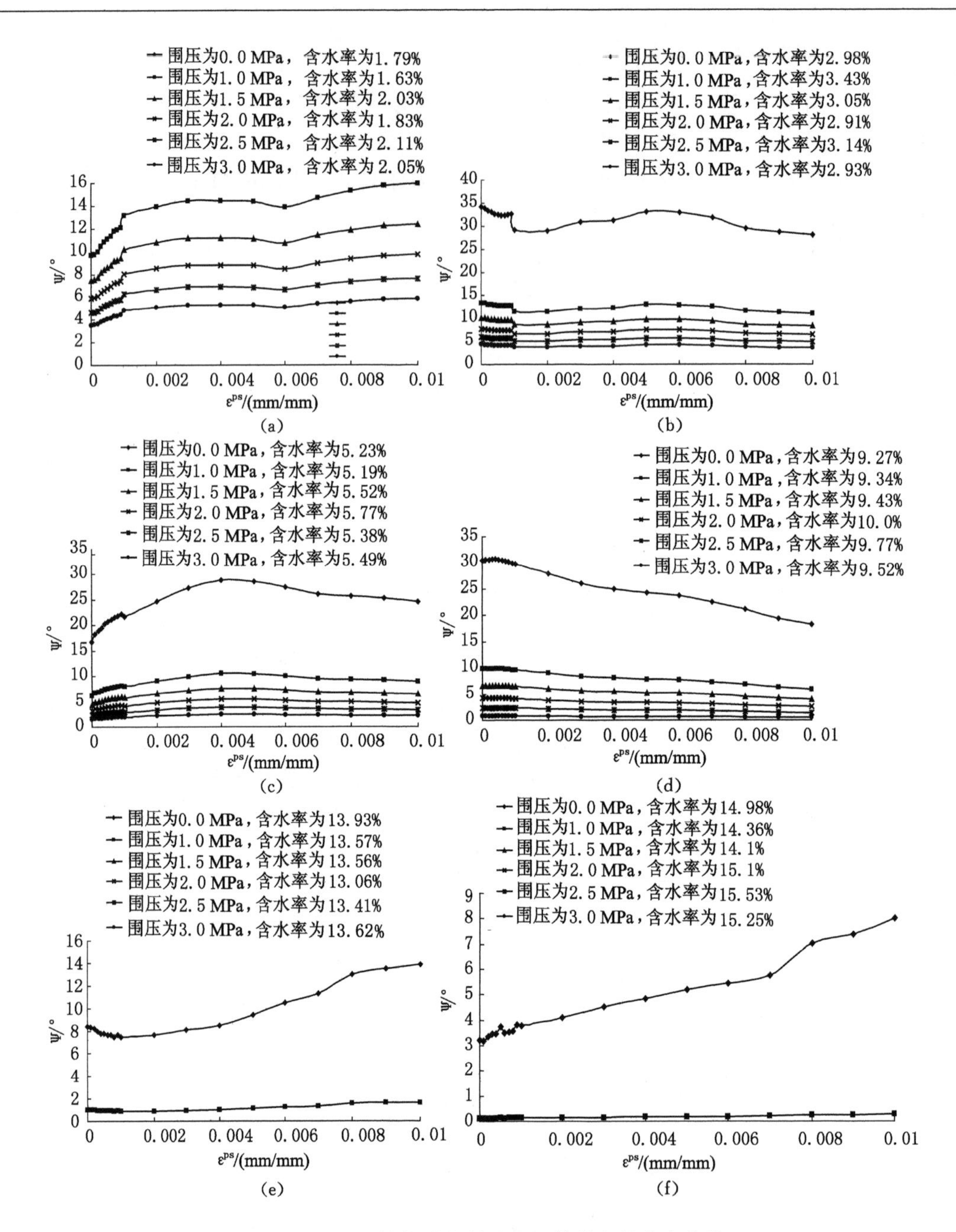


图 4-18　再生结构岩样剪胀角—等效塑性应变曲线

(a) 含水率 $w=1.91\%$；(b) 含水率 $w=2.91\%$；(c) 含水率 $w=5.43\%$；

(d) 含水率 $w=9.56\%$；(e) 含水率 $w=13.53\%$；(f) 含水率 $w=14.55\%$

## 4.3　极弱胶结岩体本构模型的数值实现

FLAC\FLAC3D 是由国际著名学者 Peter Cundall 院士研制的拉格朗日差分法，其内部嵌入多个本构模型，包含有 1 个开挖模型(空模型)、3 个弹性模型及 6 个塑性模型。在其求解过程中不需要形成刚度矩阵，仅需通过本构关系，由应变就可以直接计算应力，计算过程较为简单、快捷，适合于求解非线性的大变形问题，在岩土工程、交通工程、采矿工程、地质工程及水电工程等领域取得广泛性应用，已成为世界范围内应用最为广泛的通用性岩土工程数值模拟软件之一[181-183]。FLAC3D 允许用户将自定义的本构模型嵌入到其内部，且不需要改变内部结构的求解运算规则。所构建的极弱胶结岩体本构模型可通过 FISH 或 C++语言进行编译，完成自定义本构模型的二次开发与数值实现。

### 4.3.1 FLAC3D 计算过程及二次开发环境

#### 4.3.1.1 计算步骤及二次开发环境

在 FLAC3D 显式差分求解运算过程中，矢量参数（位移、速度、力等）储存于模型网格节点上，而标量及张量参数（材料特性、应力等）储存于单元的中心位置[184-187]。由外力或应力通过运动方程（平衡方程或动量方程）可以求出各节点的位移及速度，然后由空间导数（高斯定律）求出各单元的应变率；最后基于岩土体的本构关系，由单元应变率获得新的单元应力，显示拉格朗日计算循环过程流程图如图 4-19 所示。

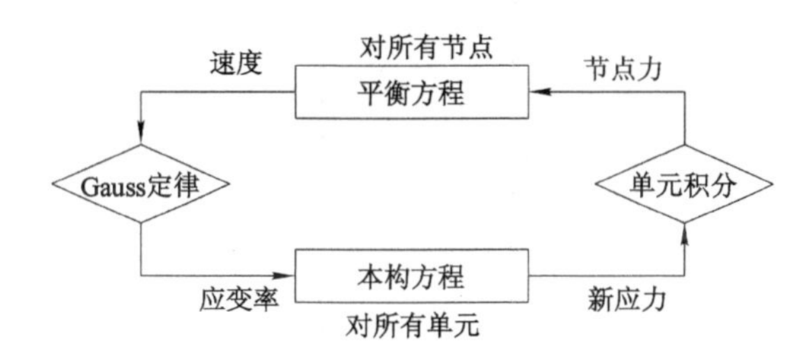


图 4-19 FLAC3D 的计算循环过程流程图[184]

在 FLAC3D 内部自定义本构模型有两种做法[184-187]：一是使用其内置的 FISH 语言进行编程；二是采用 C++语言编译成动态链接库文件(.dll 文件)，可在数值计算需要时进行载入，主程序可自动调用自定义本构模型的.dll 文件。自定义本构模型的主要功能是通过本构方程由应变增量获得新应力，另外还包括模型名称、版本信息及完成读写操作等辅助功能。通常本构模型文件的编写由基类的描述、成员函数的描述、模型注册、模型与数值软件之间的信息交换、模型状态指示器的描述等五大部分组成，各部分的功能及参数说明可参考有关文献。

#### 4.3.1.2 数值计算时不同等效塑性应变时的强度参数及剪胀角演化规律

在 FLAC\FLAC3D 等数值计算分析软件中，以等效塑性应变 $\varepsilon^{ps}$ 为硬化—软化参数，并在本构模型中可考虑强度参数 $c$、$\varphi$ 及剪胀角 $\psi$ 与 $\varepsilon^{ps}$ 的演化规律，为方便计算可将强度参数及剪胀角随等效塑性应变的演化规律进行线性简化，如图 4-20 和图 4-21 所示，即采用强度参数 $c$、$\varphi$ 及剪胀角 $\psi$ 与 $\varepsilon^{ps}$ 之间的分段线性函数形式。图 4-20 和图 4-21 中，$c_0$、$\varphi_0$、$\psi_0$ 为损伤扩容应力所对应的内聚力、内摩擦角及剪胀角，$c_p$、$\varphi_p$、$\psi_p$ 为峰值应力所对应的内聚力、内摩擦角及剪胀角，$c_r$、$\varphi_r$、$\psi_r$ 为残余应力所对应的内聚力、内摩擦角及剪胀角，$\varepsilon_{co}^{ps}$、$\varepsilon_{cp}^{ps}$、$\varepsilon_{cr}^{ps}$、$\varepsilon_{\varphi o}^{ps}$、$\varepsilon_{\varphi p}^{ps}$、$\varepsilon_{\varphi r}^{ps}$、$\varepsilon_{\psi o}^{ps}$、$\varepsilon_{\psi p}^{ps}$、$\varepsilon_{\psi r}^{ps}$ 为相对应的临界塑性应变参数，具体数值详见 4.2.5 节。

对极弱胶结岩体完整岩样而言：

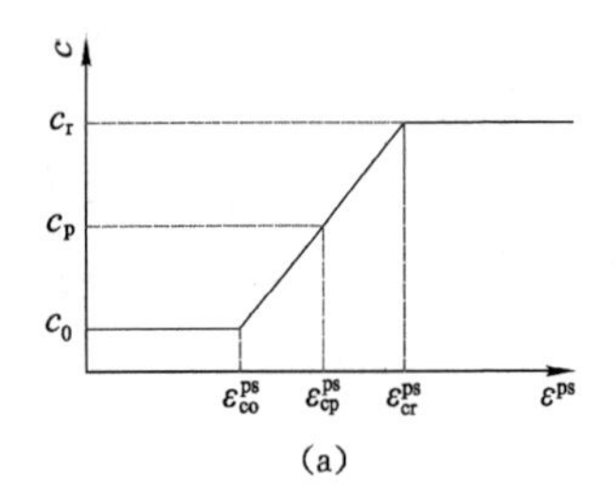


(a)

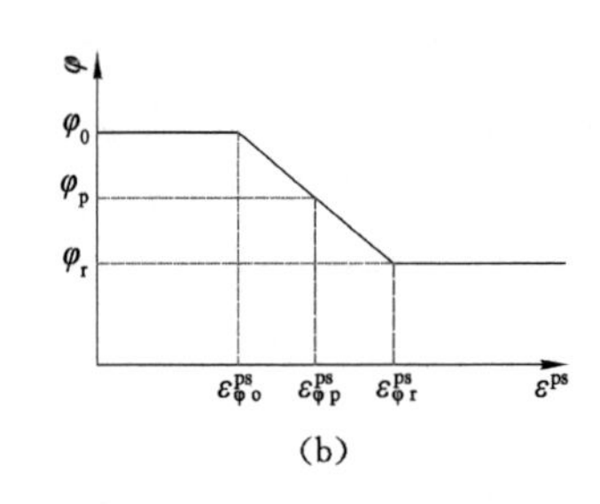


(b)

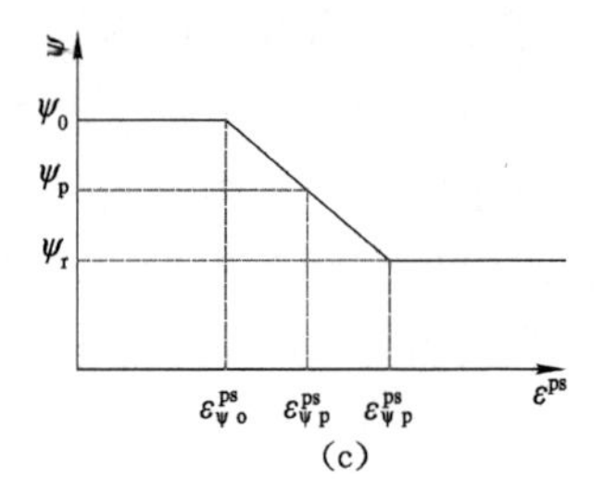


(c)

图 4-20　完整岩样强度参数及剪胀角与等效塑性应变的演化规律

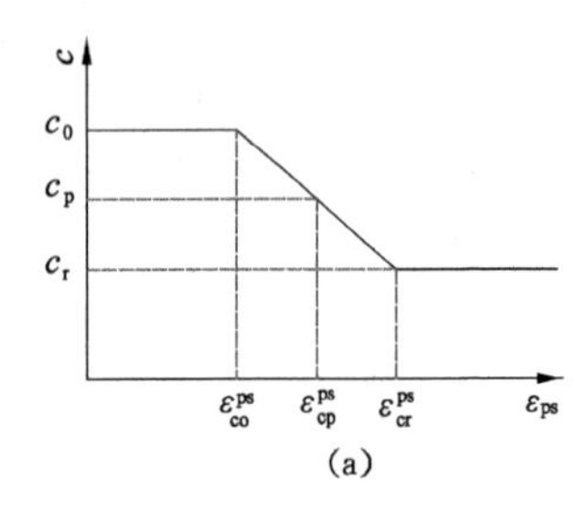


(a)

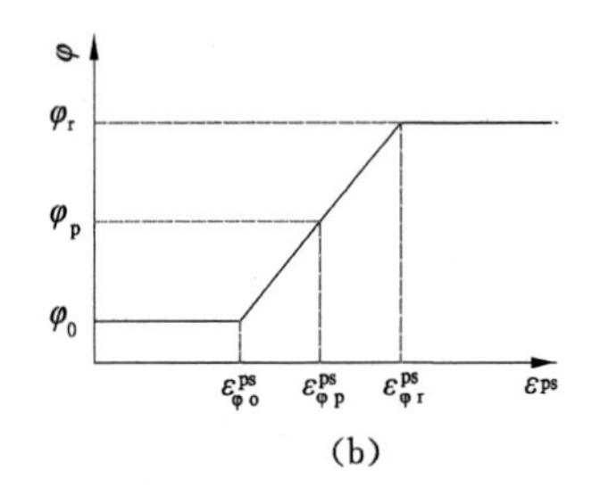


(b)

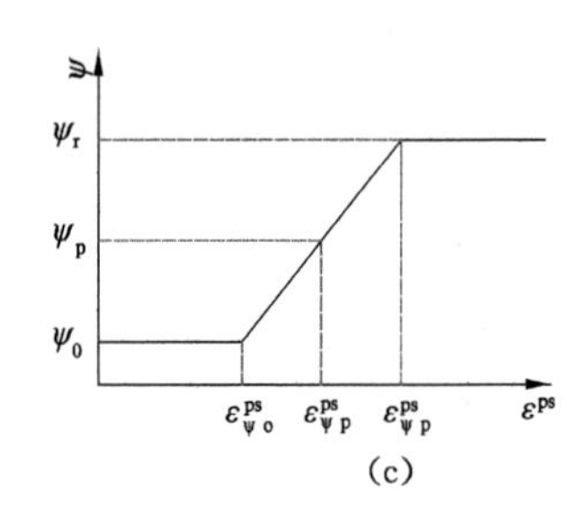


(c)

图 4-21　再生结构岩样强度参数及剪胀角与等效塑性应变的演化规律

$$c=\begin{cases} c_0 & (\varepsilon^{ps}\leqslant\varepsilon_{co}^{ps}) \\ c_0+\dfrac{c_r-c_0}{\varepsilon_{cr}^{ps}}\varepsilon^{ps} & (\varepsilon_{co}^{ps}<\varepsilon^{ps}<\varepsilon_{cr}^{ps}) \\ c_r & (\varepsilon^{ps}\geqslant\varepsilon_{cr}^{ps}) \end{cases} \tag{4-30}$$

$$\varphi=\begin{cases} \varphi_0 & (\varepsilon^{ps}\leqslant\varepsilon_{\varphi o}^{ps}) \\ \varphi_0-\dfrac{\varphi_0-\varphi_r}{\varepsilon_{\varphi r}^{ps}}\varepsilon^{ps} & (\varepsilon_{\varphi o}^{ps}<\varepsilon^{ps}<\varepsilon_{\varphi r}^{ps}) \\ \varphi_r & (\varepsilon^{ps}\geqslant\varepsilon_{\varphi r}^{ps}) \end{cases} \tag{4-31}$$

$$\psi=\begin{cases} \psi_0 & (\varepsilon^{ps}\leqslant\varepsilon_{\psi o}^{ps}) \\ \psi_0-\dfrac{\psi_0-\psi_r}{\varepsilon_{\psi r}^{ps}}\varepsilon^{ps} & (\varepsilon_{\psi o}^{ps}<\varepsilon^{ps}<\varepsilon_{\psi r}^{ps}) \\ \psi_r & (\varepsilon^{ps}\geqslant\varepsilon_{\psi r}^{ps}) \end{cases} \tag{4-32}$$

对极弱胶结岩体再生结构岩样而言：

$$c=\begin{cases} c_0 & (\varepsilon^{ps}\leqslant\varepsilon_{co}^{ps}) \\ c_0-\dfrac{c_0-c_r}{\varepsilon_{cr}^{ps}}\varepsilon^{ps} & (\varepsilon_{co}^{ps}<\varepsilon^{ps}<\varepsilon_{cr}^{ps}) \\ c_r & (\varepsilon^{ps}\geqslant\varepsilon_{cr}^{ps}) \end{cases} \tag{4-33}$$

$$\varphi=\begin{cases} \varphi_0 & (\varepsilon^{ps}\leqslant\varepsilon_{\varphi o}^{ps}) \\ \varphi_0+\dfrac{\varphi_r-\varphi_0}{\varepsilon_{\varphi r}^{ps}}\varepsilon^{ps} & (\varepsilon_{\varphi o}^{ps}<\varepsilon^{ps}<\varepsilon_{\varphi r}^{ps}) \\ \varphi_r & (\varepsilon^{ps}\geqslant\varepsilon_{\varphi r}^{ps}) \end{cases} \tag{4-34}$$

$$\psi=\begin{cases}\psi_0 & (\varepsilon^{ps}\leqslant\varepsilon^{ps}_{\psi o})\\ \psi_0+\dfrac{\psi_r-\psi_0}{\varepsilon^{ps}_{\psi r}}\varepsilon^{ps} & (\varepsilon^{ps}_{\psi o}<\varepsilon^{ps}<\varepsilon^{ps}_{\psi r})\\ \psi_r & (\varepsilon^{ps}\geqslant\varepsilon^{ps}_{\psi r})\end{cases}\tag{4-35}$$

### 4.3.2　塑性理论的一般增量算法

在 FLAC3D 数值软件中，其内置本构模型均遵循着相同的算法[184-187]，即在给定 $t$ 时刻的应力状态与 $\Delta t$ 时间步的应变增量，基于广义胡克定律去求解 $t+\Delta t$ 时刻的应力状态及应力增量，此时的应力称为弹性试应力 $\sigma_i^I$；若此过程仅产生弹性变形，则 $\sigma_i^I$ 为 $t+\Delta t$ 时刻的应力；若此过程产生了部分或全部塑性变形，则必须对 $\sigma_i^I$ 进行修正，可得到新应力。

(1) 屈服准则用于确定各类屈服面

$$f(\sigma_n)=0\tag{4-36}$$

(2) 岩石类材料发生屈服后，应变增量 $\Delta\varepsilon_i$ 由弹性应变增量 $\Delta\varepsilon_i^e$ 与塑性应变增量 $\Delta\varepsilon_i^p$ 两部分组成。

$$\Delta\varepsilon_i=\Delta\varepsilon_i^e+\Delta\varepsilon_i^p\tag{4-37}$$

(3) 流动法则用于确定塑性应变增量的大小及方向

$$\Delta\varepsilon_i^p=\lambda\frac{\partial g}{\partial\sigma_i}\tag{4-38}$$

(4) 弹性应力增量与应变增量满足广义 Hoek 定律

$$\Delta\sigma_i=S_i(\Delta\varepsilon_i)\tag{4-39}$$

式中　$S_i$——弹性应力增量的线性函数；

$\Delta\sigma_i$——主应力分量增量，MPa；

$\Delta\varepsilon_i$——主应变分量增量，$i=1\sim3$，mm/mm。

(5) 新应力增量需满足屈服函数

$$f(\sigma_n+\Delta\sigma_n)=0\tag{4-40}$$

联立式(4-36)、式(4-39)、式(4-40)可得：

$$\Delta\sigma_n=S_i(\Delta\varepsilon_n-\Delta\varepsilon_n^p)\tag{4-41}$$

又因为 $S_i$ 为弹性应力增量的线性函数，故可将式(4-41)展开可得：

$$\Delta\sigma_n=S_i(\Delta\varepsilon_n)-S_i(\Delta\varepsilon_n^p)\tag{4-42}$$

联立式(4-38)、式(4-42)可得：

$$\Delta\sigma_i=S_i(\Delta\varepsilon_n)-\lambda S_i(\frac{\partial g}{\partial\sigma_n})\tag{4-43}$$

若屈服函数 $f(\sigma_n)$ 为应力状态 $\sigma_i$ 的线性函数，则有：

$$\begin{cases}f(\sigma_n)+f^*(\Delta\sigma_n)=0\\ f^*(\cdot)=f(\cdot)-f(0_n)\end{cases}\tag{4-44}$$

式中　$f^*$——屈服函数去掉其常数项的函数；

$f(0_n)$——屈服函数的常数项。

若某点的应力状态位于屈服面上，则有 $f(\sigma_n)=0$，则式(4-44)可化简为：

$$f^*(\Delta\sigma_n)=0\tag{4-45}$$

联立式(4-43)、式(4-45)，则有：

$$f^*[S_n(\Delta\varepsilon_n)] - \lambda f^*[S_n(\frac{\partial g}{\partial \sigma_n})] = 0 \tag{4-46}$$

FLAC3D 规定了弹性试应力 $\sigma_i^I$ 表达式为：

$$\begin{cases} \sigma_i^I = \sigma_i + S_i(\Delta\varepsilon_n) \\ f(\sigma_i^I) = f^*[S_i(\Delta\varepsilon_n)] \end{cases} \tag{4-47}$$

联立式(4-46)、式(4-47)可得：

$$\lambda = \frac{f(\sigma_n^I)}{f[S_n(\partial g/\partial \sigma_n)] - f(0_n)} \tag{4-48}$$

FLAC3D 规定了 $t+\Delta t$ 时刻的应力状态，即计算返回的新应力表达式为：

$$\sigma_i^N = \sigma_i + \Delta\sigma_i \tag{4-49}$$

联立式(4-43)、式(4-49)可得：

$$\sigma_i^N = \sigma_i^I - \lambda S_i(\frac{\partial g}{\partial \sigma_n}) \tag{4-50}$$

### 4.3.3　极弱胶结岩体本构模型增量迭代格式

所构建的极弱胶结岩体本构模型充分考虑峰后应变软化与扩容变形特性，并分段构建其本构方程(图 4-7)。*OA* 段为弹性段，应力与应变为线性关系，满足广义胡克定律；*ABC* 段为损伤与破裂扩容段(应变硬化—软化段)，主要包括塑性段或应变硬化段(*AB* 段)、应变软化段(*BC* 段)，在此阶段本构模型的强度与扩容参数随含水率、应力状态及等效塑性应变的变化而变化；*CD* 段为残余段，按理想塑性来处理。而岩石类材料的破坏可分为压剪破坏与拉伸破坏两大类，通常岩石的抗拉强度远小于抗压强度，故在构建本构模型要引入抗拉屈服准则。总的来说，所构建的极弱胶结岩体本构模型是在 FLAC3D 内置 Mohr-Coulomb 应变软化本构模型的基础上进行二次开发，并通过 C++语言进行编译，完成自定义本构模型的二次开发与数值实现。

#### 4.3.3.1　Mohr-Coulomb 应变软化本构模型研究

FLAC3D[188] 规定了应力以压应力为负、拉应力为正，且 $\sigma_1 \leqslant \sigma_2 \leqslant \sigma_3$。Mohr-Coulomb 屈服准则在$(\sigma_1,\sigma_3)$平面内的示意图如图 4-22 所示。

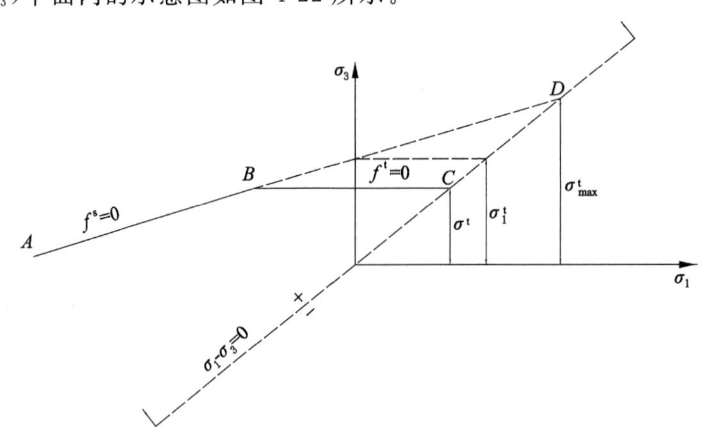


图 4-22　$(\sigma_1,\sigma_3)$平面内 Mohr-Coulomb 屈服准则[188]

当应力状态满足 $f^s \geqslant 0$ 时，岩石处于弹性状态；当应力状态满足 $f^s < 0$、$f^t \geqslant 0$ 时，岩石

处于剪切破坏状态；当应力状态满足 $f^s<0$、$f^t<0$ 时，岩石处于剪切破坏或拉伸破坏状态，或剪切与拉伸破坏共存状态。为了较好地区分岩石剪切破坏与拉伸破坏状态，引入内函数 $h(\sigma_1,\sigma_3)=0$，将该函数定义为$(\sigma_1,\sigma_3)$平面内 $f^s=0$ 与 $f^t=0$ 两直线夹角的角平分线，其表达式为[188]：

$$h(\sigma_1,\sigma_3)=\sigma_3-\sigma^t+\alpha^p(\sigma_1-\sigma^p) \tag{4-51}$$

式中　$\sigma^t$——岩石的抗拉强度，MPa；

$h(\sigma_1,\sigma_3)$——区分剪切破坏与拉伸破坏区域的内函数；

$\sigma^p$、$\alpha^p$——常数项，其表达式定义如下。

$$\begin{cases}\alpha^t=\sqrt{1+K_p^2}+K_p\\ \sigma^p=\sigma^t K_p-2c\sqrt{K_p}\end{cases} \tag{4-52}$$

式中　$K_p$——M-C 强度准则的强度系数，表达式为 $K_p=(1+\sin\varphi)/(1-\sin\varphi)$。

通过 $h(\sigma_1,\sigma_3)=0$ 划分的$(\sigma_1,\sigma_3)$平面内 Mohr-Coulomb 屈服准则区域如图 4-23 所示。以 $h(\sigma_1,\sigma_3)=0$ 为界，将原来剪切破坏与拉伸破坏的叠加区域一分为二，即当应力状态满足 $f^s<0$、$h<0$ 时，岩石发生剪切破坏，即位于一区(domain 1)；当应力状态满足 $f^t<0$、$h\geqslant 0$ 时，岩石发生拉伸破坏，即位于二区(domain 2)。

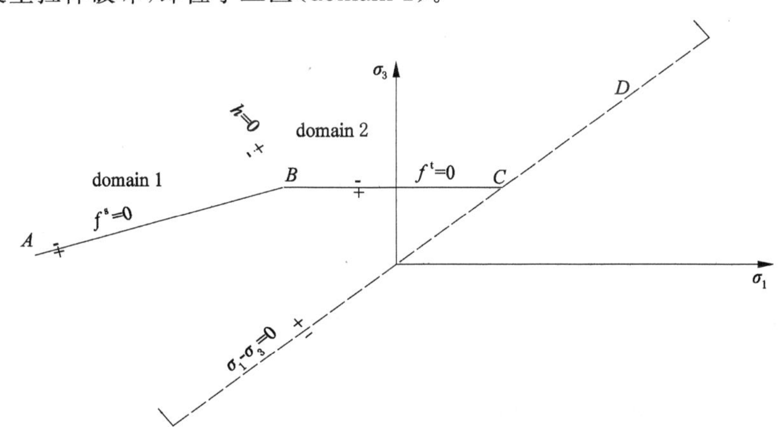


图 4-23　基于塑性流动法则的 Mohr-Coulomb 屈服准则区域划分[188]

对于内置应变软化本构模型，FLAC3D 规定了岩体强度参数 $c$、$\varphi$ 随等效塑性应变 $\varepsilon^{ps}$ 线性变化规律[188]，如图 4-24 所示。并且基于传统对岩体强度衰减规律的认识，规定了强度参数 $c$、$\varphi$ 随等效塑性应变 $\varepsilon^{ps}$ 同时逐渐减低最终趋于稳定，很显然这一基本假设对极弱胶结岩体不适用，必须进行适当的修正，可按文中图 4-20、图 4-21 进行修正。

4.3.3.2　基于 Mohr-Coulomb 应变软化本构模型的极弱胶结岩体本构模型的构建

所构建的极弱胶结岩体本构模型是在 FLAC3D 内置 Mohr-Coulomb 应变软化本构模型的基础上建立的，由于该模型无法将极弱胶结岩体的峰前损伤扩容变形与峰后破裂扩容变形区分开来，难以反映岩体强度与扩容参数随等效塑性应变及含水率变化的演化规律，需要在$(\sigma_1,\sigma_3)$平面对 Mohr-Coulomb 屈服准则进行修正，如图 4-25 所示。

(1) $EF$ 段表示峰前损伤扩容屈服函数，其表达式为：

$$f^d(\sigma_{ij},k,w)=\sigma_1-K_p(k,w)\sigma_3+2c(k)\sqrt{K_p(k,w)}=0 \tag{4-53}$$

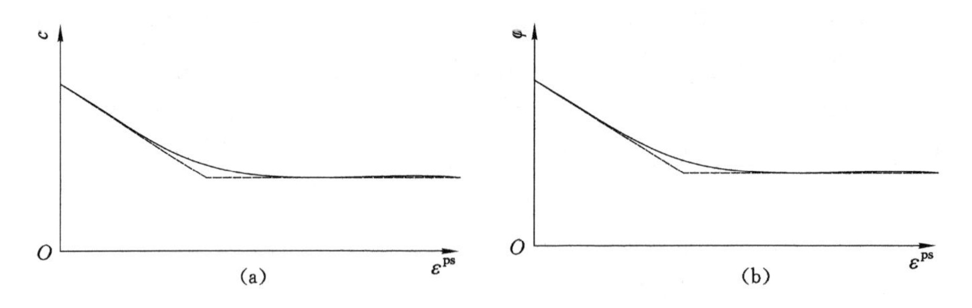


图 4-24　Mohr-Coulomb 应变软化本构模型中的强度参数软化规律[188]

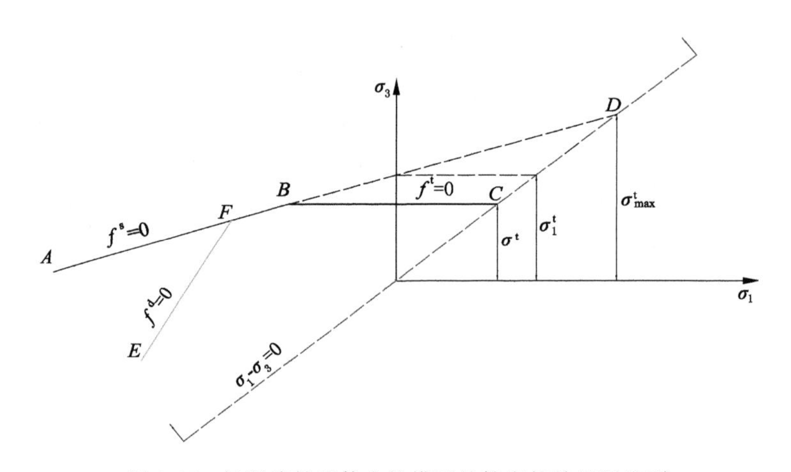


图 4-25　极弱胶结岩体本构模型的扩容相关屈服准则

$$K_p(k,w)=\frac{1+\sin\varphi(k,w)}{1-\sin\varphi(k,w)} \tag{4-54}$$

式中　$c(k,w)$——峰前损伤扩容屈服函数所对应的且考虑内变量 $k$、含水率 $w$ 影响的内聚力，MPa；

$\varphi(k,w)$——峰前损伤扩容屈服函数所对应的且考虑内变量 $k$、含水率 $w$ 影响的内摩擦角，(°)。

(2) $AB$ 段表示峰后破裂扩容屈服函数，其表达式为：

$$f^s(\sigma_{ij},k,w)=\sigma_1-K'_p(k,w)\sigma_3+2c'(k)\sqrt{K'_p(k,w)}=0 \tag{4-55}$$

$$K'_p(k,w)=\frac{1+\sin\varphi'(k,w)}{1-\sin\varphi'(k,w)} \tag{4-56}$$

式中　$c'(k,w)$——峰后破裂扩容屈服函数所对应的且考虑内变量 $k$、含水率 $w$ 影响的内聚力，MPa；

$\varphi'(k,w)$——峰后破裂扩容屈服函数所对应的且考虑内变量 $k$、含水率 $w$ 影响的内摩擦角，(°)。

(3) $BC$ 段表示为抗拉强度屈服函数，其表达式为：

$$f^t(\sigma_{ij},w)=\sigma^t-\sigma_3 \tag{4-57}$$

式中　$\sigma^t$——岩石的抗拉强度，MPa。

联立式(4-55)、式(4-57)，以及 $f^s=0$、$\sigma_1=\sigma_3$，可求得抗拉强度为：

$$\begin{cases} \sigma_1^{\mathrm{t}} = \dfrac{c}{\sqrt{K'_{\mathrm{p}}}} \\ \sigma_{\max}^{\mathrm{t}} = \dfrac{c}{\tan\varphi'} \end{cases} \tag{4-58}$$

同理，为了较好地区分岩石剪切破坏与拉伸破坏状态，引入内函数 $h(\sigma_1,\sigma_3)=0$，将该函数定义为$(\sigma_1,\sigma_3)$平面内 $f^{\mathrm{s}}=0$ 与 $f^{\mathrm{t}}=0$ 两直线夹角的角平分线，其表达式为[188]：

$$h(\sigma_1,\sigma_3)=\sigma_3-\sigma^{\mathrm{t}}+\alpha^{\mathrm{p}}(\sigma_1-\sigma^{\mathrm{p}}) \tag{4-59}$$

$$\begin{cases} \alpha^{\mathrm{t}} = \sqrt{1+K'^2_{\mathrm{p}}}+K'_{\mathrm{p}} \\ \sigma^{\mathrm{p}} = \sigma^{\mathrm{t}}K'_{\mathrm{p}}-2c'\sqrt{K'_{\mathrm{p}}} \end{cases} \tag{4-60}$$

式中　$K'_{\mathrm{p}}$——M-C 强度准则的强度系数，表达式为 $K'_{\mathrm{p}}=(1+\sin\varphi')/(1-\sin\varphi')$。

通过 $h(\sigma_1,\sigma_3)=0$ 划分的$(\sigma_1,\sigma_3)$平面内修正的 Mohr-Coulomb 屈服准则区域如图 4-26所示，当应力状态满足 $f^{\mathrm{d}}\geqslant 0$ 时，岩石处于弹性状态，即处于Ⅴ区；当应力状态满足 $f^{\mathrm{d}}<0$、$f^{\mathrm{s}}\geqslant 0$ 时，岩石产生剪切破坏状态，但处于峰前损伤扩容阶段，即处于Ⅰ区；当应力状态满足 $f^{\mathrm{d}}<0$、$f^{\mathrm{s}}<0$ 时，处于峰后破裂损伤扩容阶段，以 $h(\sigma_1,\sigma_3)=0$ 为界，即当应力状态满足 $f^{\mathrm{s}}<0$、$h<0$ 时，岩石发生剪切破坏，为了便于二次开发，又以 $f^{\mathrm{t}}=0$ 为分界线，将剪切破坏区分为Ⅱ区与Ⅲ区；当应力状态满足 $f^{\mathrm{t}}<0$、$h\geqslant 0$ 时，岩石发生拉伸破坏，即处于Ⅳ区；以上就完成了在$(\sigma_1,\sigma_3)$平面对岩石破坏模式的划分，为合理的本构模型的构建奠定了基础。

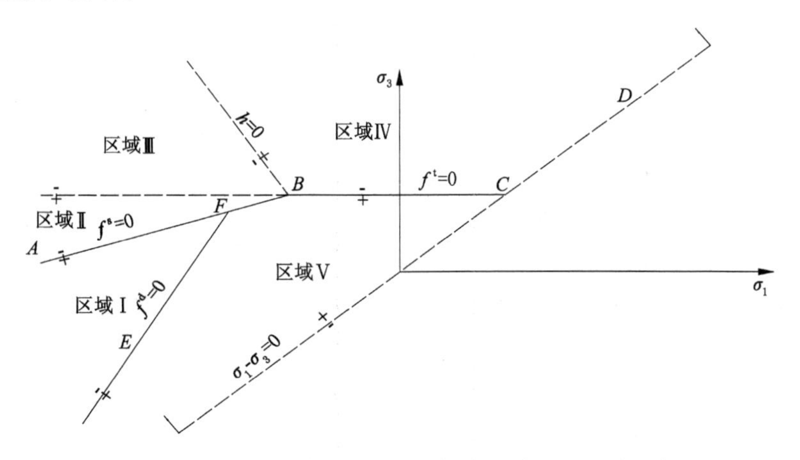


图 4-26　极弱胶结岩体本构模型的扩容相关屈服准则区域划分

根据 FLAC3D 中塑性理论的一般增量算法，并结合图 4-7 推导极弱胶结岩体扩容大变形本构模型的弹塑性增量迭代格式。

(1) *OA* 段——弹性段

弹性应变增量 $\Delta\varepsilon_i$ 与应力增量 $\Delta\sigma_i$ 的关系满足广义 Hoek 定律[102-104]，弹性应力与应变增量方程为[188]：

$$\begin{cases} \Delta\sigma_1 = S_1(\Delta\varepsilon_i^{\mathrm{e}}) = \alpha_1\Delta\varepsilon_1^{\mathrm{e}}+\alpha_2(\Delta\varepsilon_2^{\mathrm{e}}+\Delta\varepsilon_3^{\mathrm{e}}) \\ \Delta\sigma_2 = S_2(\Delta\varepsilon_i^{\mathrm{e}}) = \alpha_1\Delta\varepsilon_2^{\mathrm{e}}+\alpha_2(\Delta\varepsilon_1^{\mathrm{e}}+\Delta\varepsilon_3^{\mathrm{e}}) \\ \Delta\sigma_3 = S_3(\Delta\varepsilon_i^{\mathrm{e}}) = \alpha_1\Delta\varepsilon_3^{\mathrm{e}}+\alpha_2(\Delta\varepsilon_1^{\mathrm{e}}+\Delta\varepsilon_2^{\mathrm{e}}) \end{cases} \tag{4-61}$$

式中　$\Delta\sigma_i$——主应力分量的增量，MPa；

$\Delta\varepsilon_i^e$——主应变分量的增量，mm/mm；

$S_i(\Delta\varepsilon_i^e)$——弹性应力—应变关系的增量函数；

$\alpha_1$、$\alpha_2$——系数，$\alpha_1 = K + 4G/3$，$\alpha_2 = K - 2G/3$，其中 $K$、$G$ 为岩石的体积模量与剪切模量，且两者均为围压 $\sigma_3$、含水率 $w$ 的函数，其表达式如下。

$$\begin{cases} K = \dfrac{E(\sigma_3, w)}{2[1 + \mu(\sigma_3, w)]} \\ G = \dfrac{E(\sigma_3, w)}{3[1 - 2\mu(\sigma_3, w)]} \end{cases} \tag{4-62}$$

(2) $ABC$ 段——峰前损伤扩容与峰后破裂扩容段(或称之为应变硬化—软化段)

从全应力—应变曲线来看，曲线中存在明显的峰前应变硬化与峰后软化现象，即表明岩样随着变形量的增加强度逐渐降低，而屈服面所表示的应力状态也由强到弱不断演化直至残余屈服面后开始产生塑性流动。由塑性力学可知[102-104]，峰后破裂扩容屈服面或残余屈服面，与某一后继损伤屈服面重合，故可用峰前损伤扩容(初始损伤扩容)屈服函数来表征峰后破裂扩容屈服面与残余屈服面。

$$f^d(\sigma_{ij}, \varepsilon^{ps}, w) = \sigma_1 - K_p(\varepsilon^{ps}, w)\sigma_3 + 2c(k)\sqrt{K_p(\varepsilon^{ps}, w)} = 0 \tag{4-63}$$

$$K_p(\varepsilon^{ps}, w) = \frac{1 + \sin\varphi(\varepsilon^{ps}, w)}{1 - \sin\varphi(\varepsilon^{ps}, w)} \tag{4-64}$$

对于产生剪切塑性破坏时可采用非关联流动法则，相对应的剪切塑性势函数为：

$$g^{ds}(\sigma_{ij}, \varepsilon^{ps}, w) = \sigma_1 - K_\psi(\varepsilon^{ps}, w)\sigma_3 \tag{4-65}$$

$$K_\psi(\varepsilon^{ps}, w) = \frac{1 + \sin\psi(\varepsilon^{ps}, w)}{1 - \sin\psi(\varepsilon^{ps}, w)} \tag{4-66}$$

式中　$g^{ds}$——剪切塑性势函数；

$K_\psi(k, w)$——峰前损伤扩容屈服函数所对应的且考虑内变量 $k$、含水率 $w$ 影响的剪胀角，(°)。

对于产生拉伸塑性破坏时可采用相关联流动法则，相对应的拉伸塑性势函数为：

$$g^t = -\sigma_3 \tag{4-67}$$

式中　$g^t$——拉伸塑性势函数。

① 若产生剪切破坏时，对式(4-65)求偏导数可得：

$$\begin{cases} \dfrac{\partial g^{ds}}{\partial \sigma_1} = 1 \\ \dfrac{\partial g^{ds}}{\partial \sigma_2} = 0 \\ \dfrac{\partial g^{ds}}{\partial \sigma_3} = -K_\psi \end{cases} \tag{4-68}$$

当某点的应力状态达到损伤扩容屈服面所表达的应力状态时，满足的流动法则为：

$$\Delta\varepsilon_i^p = \lambda^{ds} \frac{\partial g^{ds}(\sigma_{ij}, k, w)}{\partial \sigma_i} \tag{4-69}$$

式中　$\lambda^{ds}$——塑性因子。

联立式(4-68)、式(4-69)，可求得：

$$\begin{cases} \Delta\varepsilon_1^p = \lambda^{ds}\dfrac{\partial g^{ds}}{\partial\sigma_1} = \lambda^{ds} \\ \Delta\varepsilon_2^p = \lambda^{ds}\dfrac{\partial g^{ds}}{\partial\sigma_2} = 0 \\ \Delta\varepsilon_3^p = \lambda^{ds}\dfrac{\partial g^{ds}}{\partial\sigma_3} = -\lambda^{ds}K_\psi \end{cases} \tag{4-70}$$

由以上分析可知，$\Delta\varepsilon_{ij}^e = \Delta\varepsilon_{ij} - \Delta\varepsilon_{ij}^p$，故联立式(4-61)、式(4-69)可得：

$$\begin{cases} \Delta\sigma_1 = S_1(\Delta\varepsilon_i^e) = \alpha_1(\Delta\varepsilon_1 - \Delta\varepsilon_1^p) + \alpha_2[(\Delta\varepsilon_2 - \Delta\varepsilon_2^p) + (\Delta\varepsilon_3 - \Delta\varepsilon_3^p)] \\ \Delta\sigma_2 = S_2(\Delta\varepsilon_i^e) = \alpha_1(\Delta\varepsilon_2 - \Delta\varepsilon_2^p) + \alpha_2[(\Delta\varepsilon_1 - \Delta\varepsilon_1^p) + (\Delta\varepsilon_3 - \Delta\varepsilon_3^p)] \\ \Delta\sigma_3 = S_3(\Delta\varepsilon_i^e) = \alpha_1(\Delta\varepsilon_3 - \Delta\varepsilon_3^p) + \alpha_2[(\Delta\varepsilon_1 - \Delta\varepsilon_1^p) + (\Delta\varepsilon_2 - \Delta\varepsilon_2^p)] \end{cases} \tag{4-71}$$

将式(4-71)进一步整理可得：

$$\begin{cases} \Delta\sigma_1 = S_1(\Delta\varepsilon_i^e) = \alpha_1\Delta\varepsilon_1 + \alpha_2(\Delta\varepsilon_2 + \Delta\varepsilon_3) - \lambda^{ds}(\alpha_1 - \alpha_2K_\psi) \\ \Delta\sigma_2 = S_2(\Delta\varepsilon_i^e) = \alpha_1\Delta\varepsilon_2 + \alpha_2(\Delta\varepsilon_1 + \Delta\varepsilon_3) - \lambda^{ds}\alpha_2(1 - K_\psi) \\ \Delta\sigma_3 = S_3(\Delta\varepsilon_i^e) = \alpha_1\Delta\varepsilon_3 + \alpha_2(\Delta\varepsilon_1 + \Delta\varepsilon_2) - \lambda^{ds}(\alpha_2 - \alpha_1K_\psi) \end{cases} \tag{4-72}$$

为了较好地区分某点的新旧应力状态，采用 O(Old)表示旧应力状态，N(New)表示新应力状态，按照弹性法则可知：

$$\sigma_i^N = \sigma_i^O + \Delta\sigma_i \tag{4-73}$$

令弹性试应力 $\sigma_i^I$ 的表达式如下：

$$\begin{cases} \sigma_1^I = \sigma_1^O + \alpha_1\Delta\varepsilon_1^e + \alpha_2(\Delta\varepsilon_2^e + \Delta\varepsilon_3^e) \\ \sigma_2^I = \sigma_2^O + \alpha_1\Delta\varepsilon_2^e + \alpha_2(\Delta\varepsilon_1^e + \Delta\varepsilon_3^e) \\ \sigma_3^I = \sigma_3^O + \alpha_1\Delta\varepsilon_3^e + \alpha_2(\Delta\varepsilon_1^e + \Delta\varepsilon_2^e) \end{cases} \tag{4-74}$$

若在计算过程中产生了塑性变形，需对弹性试应力进行塑性修正，则修正后的某点的应力状态为：

$$\begin{cases} \sigma_1^N = \sigma_1^I - \lambda^{ds}(\alpha_1 - \alpha_2K_\psi) \\ \sigma_2^N = \sigma_2^I - \lambda^{ds}\alpha_2(1 - K_\psi) \\ \sigma_3^N = \sigma_3^I - \lambda^{ds}(\alpha_2 - \alpha_1K_\psi) \end{cases} \tag{4-75}$$

联立式(4-63)、式(4-75)可得塑性因子的表达式为：

$$\lambda^{ds} = \frac{f^{ds}(\sigma_1^I, \sigma_3^I)}{(\alpha_1 - \alpha_2K_\psi) - (\alpha_2 - \alpha_1K_\psi)K_\psi} \tag{4-76}$$

② 若产生拉伸破坏时，对式(4-67)求偏导数可得：

$$\begin{cases} \dfrac{\partial g^t}{\partial\sigma_1} = 0 \\ \dfrac{\partial g^t}{\partial\sigma_2} = 0 \\ \dfrac{\partial g^t}{\partial\sigma_3} = -1 \end{cases} \tag{4-77}$$

当某点的应力状态达到损伤扩容屈服面所表达的应力状态时，满足的流动法则为：

$$\Delta\varepsilon_i^p = \lambda^t\frac{\partial g^t(\sigma_{ij}, k, w)}{\partial\sigma_i} \tag{4-78}$$

式中　$\lambda^t$——塑性因子。

联立式(4-77)、式(4-78),可求得:

$$\begin{cases}\Delta\varepsilon_1^{\mathrm{p}} = \lambda^{\mathrm{t}} \dfrac{\partial g^{\mathrm{t}}}{\partial \sigma_1} = 0 \\ \Delta\varepsilon_2^{\mathrm{p}} = \lambda^{\mathrm{t}} \dfrac{\partial g^{\mathrm{t}}}{\partial \sigma_2} = 0 \\ \Delta\varepsilon_3^{\mathrm{p}} = \lambda^{\mathrm{t}} \dfrac{\partial g^{\mathrm{t}}}{\partial \sigma_3} = -\lambda^{\mathrm{ds}} \end{cases} \tag{4-79}$$

由以上分析可知,$\Delta\varepsilon_{ij}^{\mathrm{e}} = \Delta\varepsilon_{ij} - \Delta\varepsilon_{ij}^{\mathrm{p}}$,故联立式(4-61)、式(4-78)可得:

$$\begin{cases}\Delta\sigma_1 = S_1(\Delta\varepsilon_i^{\mathrm{e}}) = \alpha_1(\Delta\varepsilon_1 - \Delta\varepsilon_1^{\mathrm{p}}) + \alpha_2[(\Delta\varepsilon_2 - \Delta\varepsilon_2^{\mathrm{p}}) + (\Delta\varepsilon_3 - \Delta\varepsilon_3^{\mathrm{p}})] \\ \Delta\sigma_2 = S_2(\Delta\varepsilon_i^{\mathrm{e}}) = \alpha_1(\Delta\varepsilon_2 - \Delta\varepsilon_2^{\mathrm{p}}) + \alpha_2[(\Delta\varepsilon_1 - \Delta\varepsilon_1^{\mathrm{p}}) + (\Delta\varepsilon_3 - \Delta\varepsilon_3^{\mathrm{p}})] \\ \Delta\sigma_3 = S_3(\Delta\varepsilon_i^{\mathrm{e}}) = \alpha_1(\Delta\varepsilon_3 - \Delta\varepsilon_3^{\mathrm{p}}) + \alpha_2[(\Delta\varepsilon_1 - \Delta\varepsilon_1^{\mathrm{p}}) + (\Delta\varepsilon_2 - \Delta\varepsilon_2^{\mathrm{p}})] \end{cases} \tag{4-80}$$

将式(4-80)进一步整理可得:

$$\begin{cases}\Delta\sigma_1 = S_1(\Delta\varepsilon_i^{\mathrm{e}}) = \alpha_1\Delta\varepsilon_1 + \alpha_2(\Delta\varepsilon_2 + \Delta\varepsilon_3) + \alpha_2\lambda^{\mathrm{t}} \\ \Delta\sigma_2 = S_2(\Delta\varepsilon_i^{\mathrm{e}}) = \alpha_1\Delta\varepsilon_2 + \alpha_2(\Delta\varepsilon_1 + \Delta\varepsilon_3) + \alpha_2\lambda^{\mathrm{t}} \\ \Delta\sigma_3 = S_3(\Delta\varepsilon_i^{\mathrm{e}}) = \alpha_1\Delta\varepsilon_3 + \alpha_2(\Delta\varepsilon_1 + \Delta\varepsilon_2) + \alpha_1\lambda^{\mathrm{t}} \end{cases} \tag{4-81}$$

按照弹性法则可知:

$$\sigma_i^{\mathrm{N}} = \sigma_i^{\mathrm{O}} + \Delta\sigma_i \tag{4-82}$$

令弹性试应力 $\sigma_i^{\mathrm{I}}$ 的表达式如下:

$$\begin{cases}\sigma_1^{\mathrm{I}} = \sigma_1^{\mathrm{O}} + \alpha_1\Delta\varepsilon_1^{\mathrm{e}} + \alpha_2(\Delta\varepsilon_2^{\mathrm{e}} + \Delta\varepsilon_3^{\mathrm{e}}) \\ \sigma_2^{\mathrm{I}} = \sigma_2^{\mathrm{O}} + \alpha_1\Delta\varepsilon_2^{\mathrm{e}} + \alpha_2(\Delta\varepsilon_1^{\mathrm{e}} + \Delta\varepsilon_3^{\mathrm{e}}) \\ \sigma_3^{\mathrm{I}} = \sigma_3^{\mathrm{O}} + \alpha_1\Delta\varepsilon_3^{\mathrm{e}} + \alpha_2(\Delta\varepsilon_1^{\mathrm{e}} + \Delta\varepsilon_2^{\mathrm{e}}) \end{cases} \tag{4-83}$$

若在计算过程中产生了塑性变形,需对弹性试应力进行塑性修正,则修正后的某点的应力状态为:

$$\begin{cases}\sigma_1^{\mathrm{N}} = \sigma_1^{\mathrm{I}} + \alpha_2\lambda^{\mathrm{t}} \\ \sigma_2^{\mathrm{N}} = \sigma_2^{\mathrm{I}} + \alpha_2\lambda^{\mathrm{t}} \\ \sigma_3^{\mathrm{N}} = \sigma_3^{\mathrm{I}} + \alpha_1\lambda^{\mathrm{t}} \end{cases} \tag{4-84}$$

联立式(4-67)、式(4-84)可得塑性因子的表达式为:

$$\lambda^{\mathrm{t}} = \frac{f^{\mathrm{t}}(\sigma_3^{\mathrm{I}})}{\alpha_1} = \frac{\sigma^{\mathrm{t}} - \sigma_3^{\mathrm{I}}}{\alpha_1} \tag{4-85}$$

同时,在该阶段岩体强度参数与剪胀角随等效塑性应变及含水率不断变化,其变化规律如图 4-20、图 4-21 所示,在编程时应充分考虑。

(3) *CD* 段——残余段(或称为塑性流动段)

此阶段可按理性塑性来处理,即在该阶段屈服面保持残余屈服面 $f_{\mathrm{r}}(\sigma_{ij}, k, w)$ 不变。

### 4.3.4 极弱胶结岩体本构模型的数值验证

所构建的极弱胶结岩体本构模型是在 FLAC3D 内置 Mohr-Coulomb 应变软化本构模型的基础上建立的,需对 Mohr-Coulomb 准则、强度及扩容参数的软化规律等进行修正,即加入了峰前损伤扩容与峰后破裂扩容屈服准则,并给出了岩体强度与扩容参数随等效塑性应变及含水率变化的演化规律。因在数值模拟时采用新建本构模型,需采用 C++语言进行编程,将新建本构模型嵌入 FLAC3D 计算软件中,进行二次开发。为完成新建本构模型的二次开发与数值实现，在采用弹塑性理论基础上，利用拉格朗日差分动态循环求解的单步循环计算特点，依据给出的岩体强度与变形及扩容参数函数不断地动态更新岩体参数，本构模型程序二次开发基本流程图如图 4-27 所示。

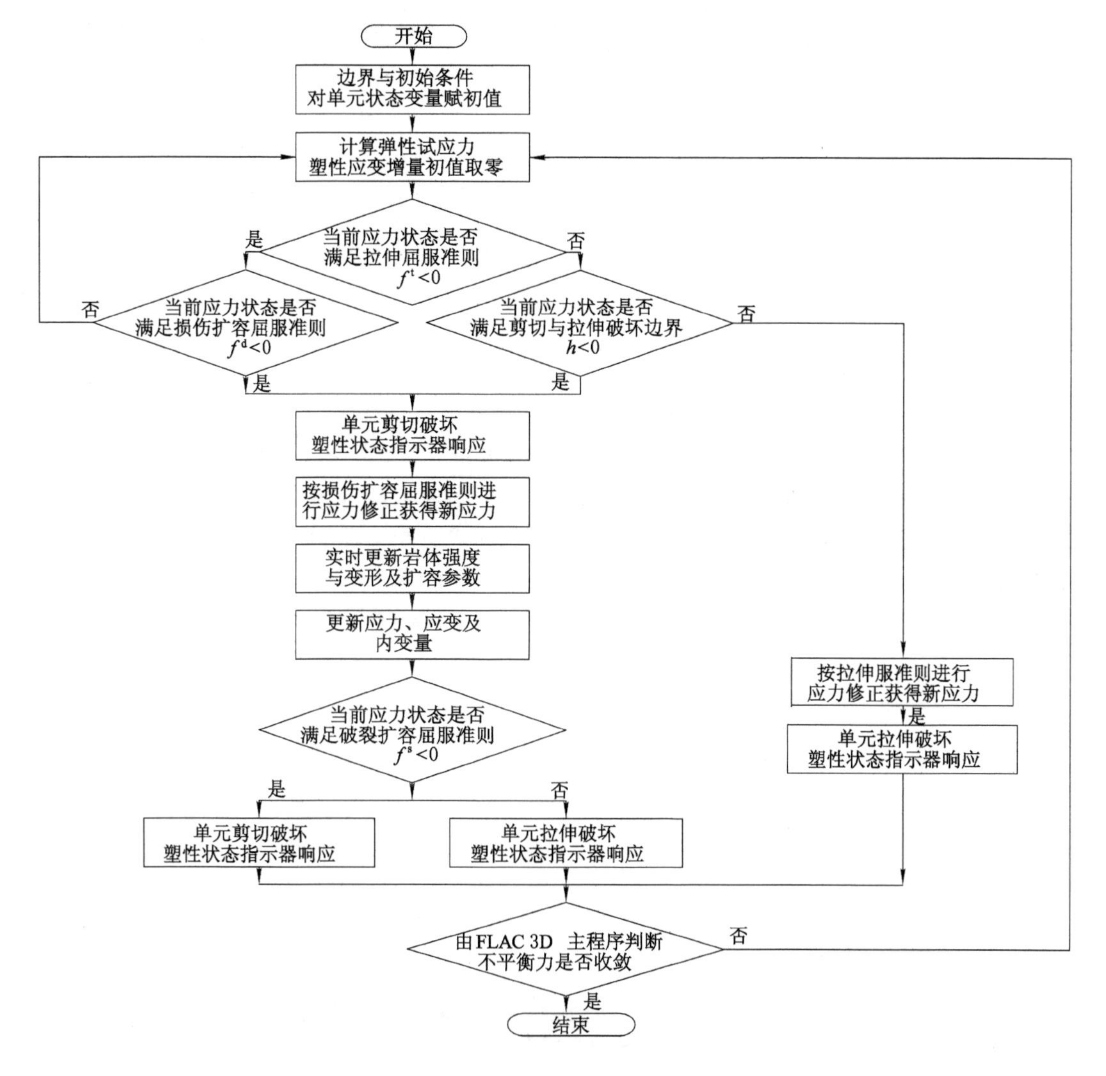


图 4-27 本构模型程序 FLAC3D 二次开发基本流程图

#### 4.3.4.1 极弱胶结岩体本构模型的数值实现

本构模型的二次开发是岩石力学基本研究的一项重要工作，但其数值实现过程较为复杂烦琐。新建本构模型的二次开发是在 FLAC3D 中实现的，采用 Visual Studio 2005 平台构建及 C++语言进行编程，本构模型二次开发的主要工作是修改头文件与源程序文件(表 4-5)，在头文中主要进行新建本构模型的名称与版本信息、模型参数及中间变量的声明与修改等；在源程序文件中主要进行编程与修改，实现新建本构模型代码的调试与运行，具体过程可参考有关文献[182-184]。

表 4-5　　FLAC3D 中自定义本构模型的头文件与源文件[182-184]

| 文件名 | 主要功能 |
| --- | --- |
| AXES. H | 坐标系头文件 |
| CONMODEL. H | 包含与本构模型通讯的结构体，用于声明本构模型的基类与数据类型等 |
| STENSOR. H | 张量头文件，用于储存应力或应变张量 |
| USERMOHR. H/USERSSOFT. H | 自定义本构模型派生类的声明 |
| USERMOHR. CPP/USERSSOFT. CPP | 自定义本构模型的编程与修改，实现新建本构模型代码的调试与运行等 |
| USERMOHR. DLL/USERSSOFT. DLL | 自定义本构模型的动态连接 |
| UDM. SLN | 自定义本构模型的解决方案文件 |
| UDM. VCPROJ | 自定义本构模型的工程文件 |
| VCMODELS. LIB | 自定义本构模型的库文件 |

基于 Visual Studio 2005 构建平台，采用 C++语言进行编程，对头文件 USERSSOFT. H 进行了修改，对源程序文件 USERSSOFT. CPP 进行了编程、修改、调试与运行，完成了新建本构的成功嵌入，同步实现了岩体强度与变形及扩容参数随等效塑性应变、含水率的变化而实时更新。若新建本构模型的新增参数声明、编程代码与语法无错误时，在 Visual Studio 输出信息中会出现“生成已成功”的提示，如图 4-28 所示。

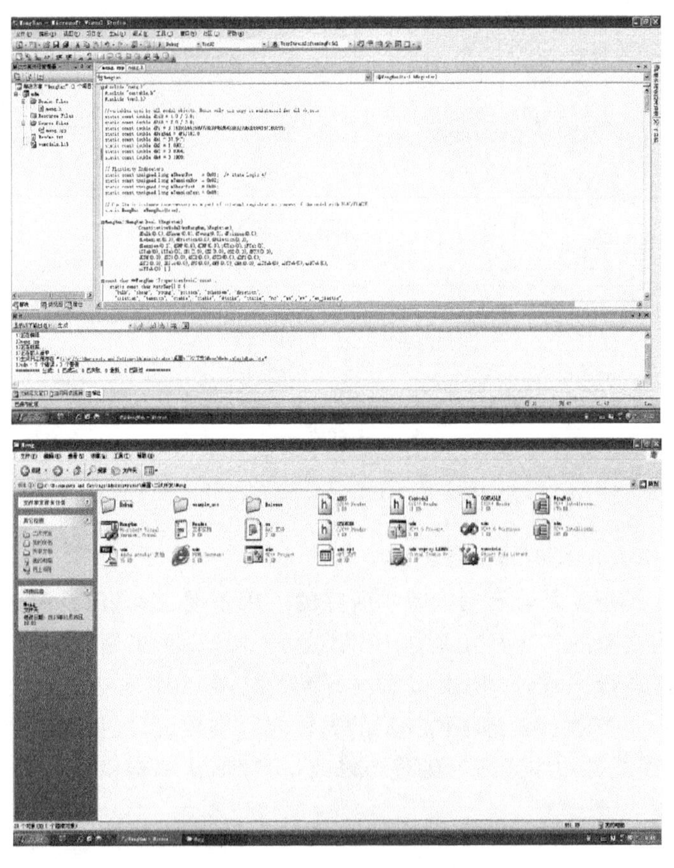

图 4-28　本构模型二次开发 C++程序的调试与运行

与此同时生成了 Debug 文件夹，文件中包含了动态链接文件 meng. dll 等，如图 4-29 所示；然后将动态链接文件 meng. dll 复制到 FLAC3D 安装目录中，至此基本完成了新建本构模型的编译与调试工作。

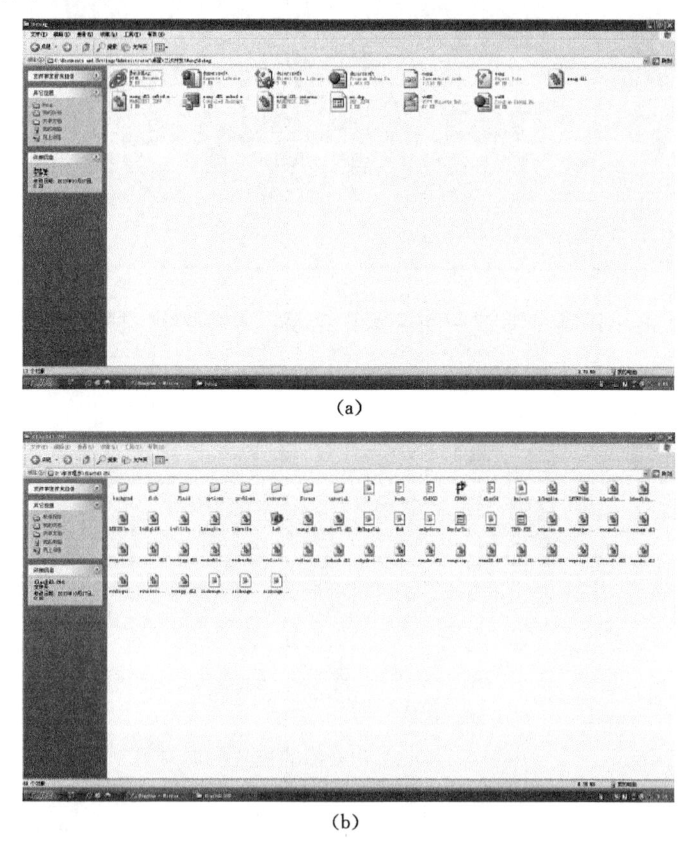

(a)

(b)

图 4-29　本构模型二次开发动态链接库文件的生成

在调用新建本构模型时，需要进行自定义本构模型的相关配置，使 FLAC3D 能接收动态链接库文件，然后通过动态链接库文件(meng. dll)加载到 FLAC3D 中；若新建本构模型二次开发程序正确无误，则 FLAC3D 可以识别新建本构模型的名称和属性，如图 4-30 所示。

#### 4.3.4.2　*极弱胶结岩体本构模型的数值验证*

采用 FLAC3D 中新建极弱胶结岩体扩容大变形本构模型进行了极弱胶结岩体三轴数值模拟试验，以验证新建本构模型的合理性。数值计算时选用圆柱体模型，其几何尺寸为 50 mm×100 mm，如图 4-31 所示。在圆柱体模型底部设置为位移约束边界，以限制底部移动，用于模拟三轴试验时底部压头对岩样的约束作用；四周环向设置为应力边界，且 $\sigma_x=\sigma_y$，用于模拟三轴试验时的围压；试验采用轴向位移加载控制模式，以模拟上部压头对岩样施加的荷载，可在圆柱体模型上部施加恒定的位移变形速度 $u_z$来实现，以与三轴试验按轴向位移控制加载模式相对应。

采用极弱胶结岩体完整与再生结构岩样的三轴试验参数，利用编制的 UDM 二次开发接口程序，进行了三轴压缩试验模拟计算。极弱胶结岩体完整与再生结构岩样全应力—应

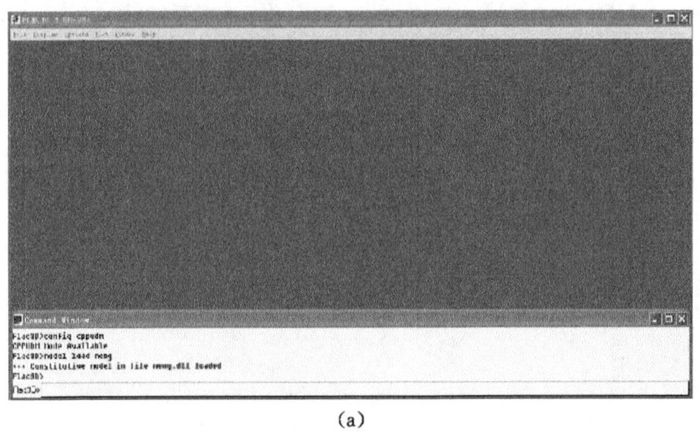

(a)

(b)

图 4-30 新建本构模型的配置与加载

图 4-31 极弱胶结岩体三轴数值模拟试验的模型图

变数值模拟曲线如图 4-32 所示，同时将全应力—应变的数值模拟结果与三轴试验结果进行对比分析。总的来说，新建极弱胶结岩体扩容大变形本构模型能较好地反映极弱胶结岩体峰后应变软化与扩容大变形特性，再现了三轴压缩试验岩样应力—应变的全过程，揭示了再生结构岩样应力—应变曲线随含水率变化的演化规律，即随着岩样含水率的增加，应力—应

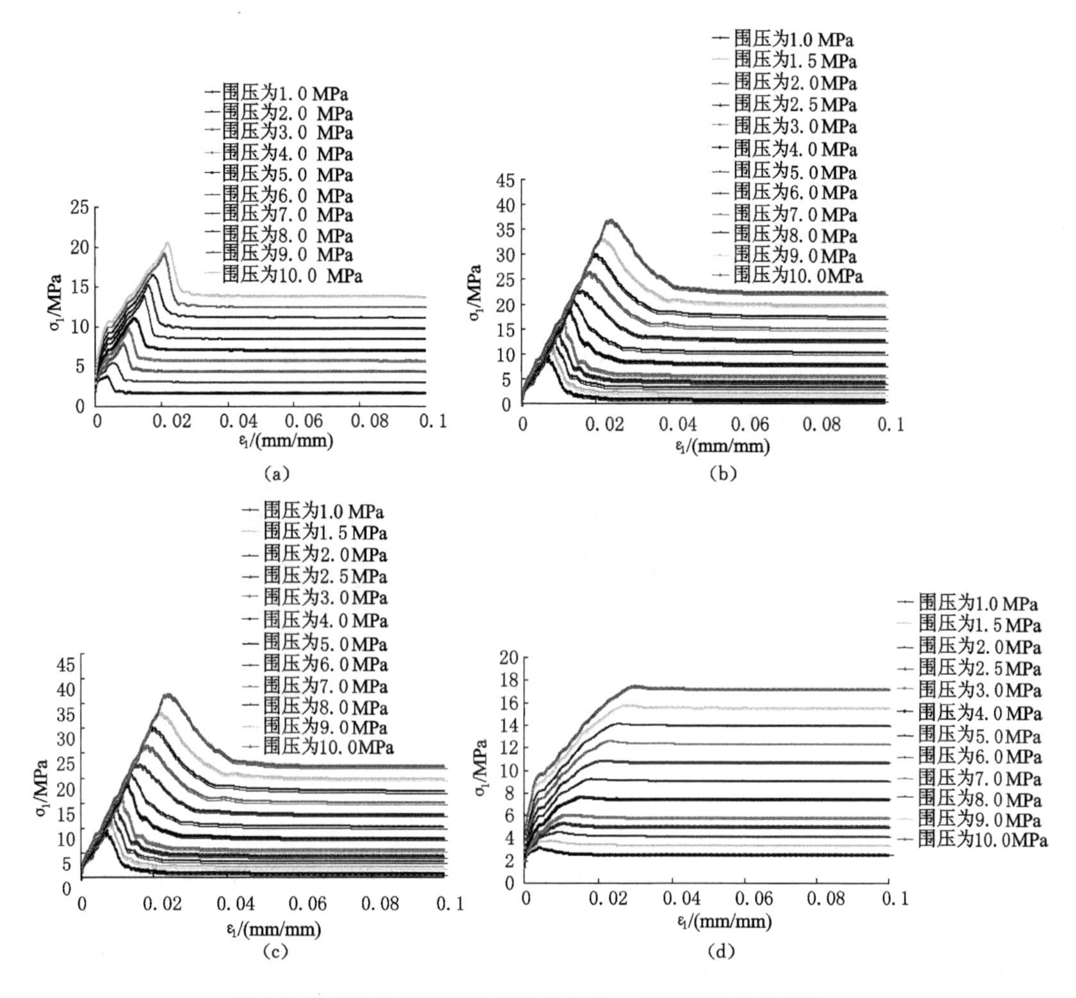


图 4-32 完整与再生结构岩样全应力—应变数值模拟曲线

(a) 完整岩样；(b) 再生结构岩样 $w$=1.91%；

(c) 再生结构岩样 $w$=5.43%；(d) 再生结构岩样 $w$=13.53%

变由全过程曲线逐渐向理想弹塑性曲线转变，其物理与力学性质也发生改变。数值计算结果表明，再生结构岩样的强度与扩容参数随等效塑性应变及含水率变化而劣化，是引起极弱胶结岩体结构与力学性质转化的内因；有效合理地控制岩样的含水率，是发挥再生结构自承能力与控制围岩变形的关键。

同时，为说明新建本构模型的适用性，选取 FLAC3D 内置的莫尔—库仑本构模型(Mohr-Coulomb Model)、应变软化本构模型(Strain-Softening Model)与新建的极弱胶结岩体扩容大变形本构模型进行极弱胶结地层巷道围岩变形破坏特性的数值模拟研究，并将数值模拟结果进行对比分析。巷道布置在极弱胶结岩体中，断面形状为直墙半圆拱形，断面尺寸为 5.6 m×4 m；建立数值模拟尺寸长×宽×高＝60 m×50 m×50 m，极弱胶结岩体参数取值详见文 2.3；模型底部为位移边界，顶板及四周为应力边界条件，取巷道埋深 $h$＝300 m，侧压力系数 $\lambda$＝0.8。不同本构模型时的巷道围岩位移变化曲线如图 4-33 所示，不同本构模型时的巷道围岩塑性区与应力分布如图 4-34 所示。

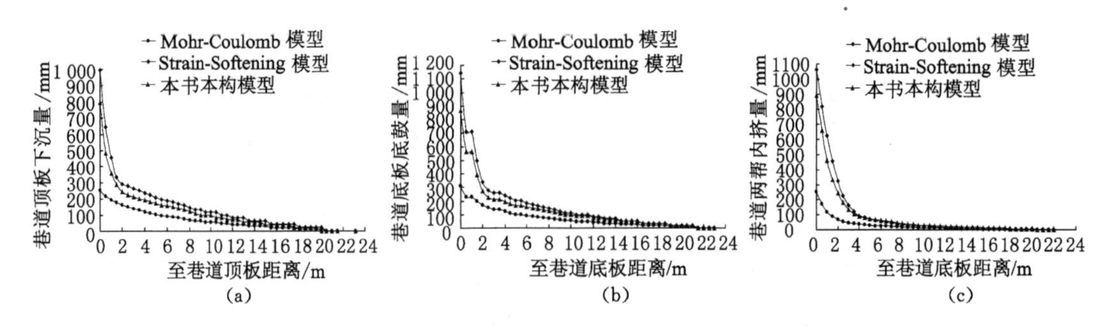


图 4-33　不同本构模型时的巷道围岩位移变化曲线

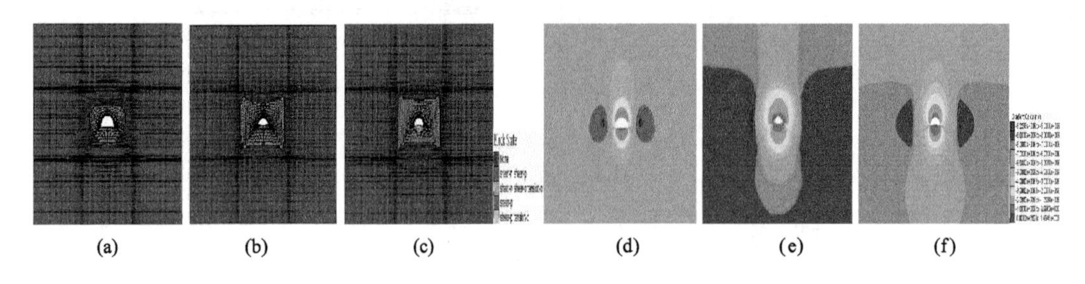


图 4-34　不同本构模型时的巷道围岩塑性区与应力分布

(a) Mohr-Coulomb 塑性区分布;(b) Strain-Softening 塑性区分布;(c) 新建本构塑性区分布;

(d) Mohr-Coulomb 应力云图;(e) Strain-Softening 应力云图;(f) 新建本构应力云图

由图 4-33 可知,采用莫尔—库仑本构模型数值计算所得围岩最大位移:顶板下沉量为 253.4 mm,底板底鼓量为 311.5 mm,帮部内挤量为 253.7 mm;采用应变软化本构模型数值计算所得围岩最大位移:顶板下沉量为 997.78 mm,底板底鼓量为 1 144.36 mm,帮部内挤量为 1 062.18 mm;采用极弱胶结岩体扩容大变形本构模型数值计算所得围岩最大位移:顶板下沉量为 794.5 mm,底板底鼓量为 867.4 mm,帮部内挤量为 889.6 mm。由此可知,莫尔—库仑本构模型数值计算结果偏小,与实际极弱胶结地层巷道围岩大变形不符;应变软化本构模型数值计算结果偏大,在计算过程中因单元变形过大而出现变形不协调,造成计算过程中途终止,无法进行极弱胶结地层巷道因开挖引起围岩变形破坏全过程的数值计算;极弱胶结岩体扩容大变形本构模型数值计算结果介于两者之间,能够反映极弱胶结地层巷道因开挖卸荷引起围岩变形破坏的全过程。

由图 4-34 可知,采用莫尔—库仑本构模型数值计算所得围岩塑性区最大深度:顶板为 2.08 m,底板为 2.6 m,帮部为 3.12 m;采用应变软岩本构模型数值计算所得围岩塑性区最大深度:顶板为 4.16 m,底板为 3.64 m,帮部为 4.68 m,尤其在巷道顶角与底角处塑性区范围较大,并且巷道已经产生形状的改变,即巷道向临空面挤压变形严重;采用极弱胶结岩体扩容大变形本构模型数值计算所得围岩塑性区最大深度:顶板为 3.64 m,底板为 3.12 m,帮部为 4.16 m,且塑性区分布较为均匀。因极弱胶结地层巷道开挖影响,会引起巷道周围一定范围内围岩应力的卸载,采用莫尔—库仑本构模型数值计算时巷道围岩低应力区范围较小,故围岩破坏范围相对较小;采用应变软化本构模型数值计算时巷道围岩低应力区范围较大,造成围岩破坏范围相对较大。极弱胶结岩体扩容大变形本构模型数值计算结果介于两者之间,反映了极弱胶结地层巷道围岩塑性区大且周边相对均匀的分布特征。

## 4.4　本章小结

本章分析了极弱胶结岩体扩容大变形破坏机理，进行了极弱胶结岩体本构模型与参数辨识研究，完成了极弱胶结岩体本构模型的二次开发与数值实现。主要研究结论如下：

(1) 基于极弱胶结岩体全应力—应变曲线特性分析，揭示了其峰后应变软化与扩容变形特性；采用裂纹体积应变模型，分析了极弱胶结岩体扩容大变形破坏机理。建立了峰前损伤扩容与峰后破裂扩容屈服准则，反映了岩体强度与扩容参数随等效塑性应变及含水率变化的演化规律。

(2) 针对极弱胶结岩体峰后应变软化与扩容变形特性，构建了极弱胶结岩体扩容大变形本构模型；并在($\sigma_1$,$\sigma_3$)平面内修正了 Mohr-Coulomb 准则剪切与拉伸破坏区域的划分条件，建立了极弱胶结岩体本构模型增量迭代格式。

(3) 采用 C＋＋语言进行编程，成功实现了极弱胶结岩体扩容大变形本构模型的二次开发；进行了本构模型的数值模拟试验，再现了三轴压缩试验岩体应力—应变的全过程，验证了极弱胶结岩体扩容大变形本构模型的合理性与可行性。

# 5　极弱胶结地层巷道围岩演化规律研究

以蒙东五间房矿区西一矿极弱胶结地层巷道为研究对象，采用新建极弱胶结岩体本构模型，基于 FLAC3D 二次开发与数值实现，揭示不同埋深（应力水平）、侧压力系数（应力状态）及剪胀角（扩容特性）等条件下巷道围岩位移、塑性区与应力分布的演化规律；同时为反映采用不同本构模型对极弱胶结地层巷道围岩演化规律的影响，将巷道布置在极弱胶结岩体中，采用经典的莫尔—库仑与极弱胶结岩体扩容大变形本构模型进行计算分析。并将数值计算结果与考虑岩体应变软化—扩容特性的围岩塑性区半径及位移理论解答进行对比分析，以揭示极弱胶结地层巷道围岩变形与破坏特征，为巷道优化布置与支护设计提供依据。

## 5.1　极弱胶结地层巷道围岩演化规律数值模拟研究

### 5.1.1　不同埋深条件下极弱胶结地层巷道围岩演化规律研究

#### 5.1.1.1　不同埋深条件下极弱胶结地层巷道围岩位移演化规律分析

为了较好地反映不同埋深条件下极弱胶结地层巷道围岩位移、塑性区及应力分布的演化规律，选取巷道埋深 $h=100\sim350$ m、侧压力系数 $\lambda=0.8$，采用上述两个计算模型进行对比分析；在巷道围岩顶底板及帮部布设测线[153]，不同埋深条件下极弱胶结地层巷道围岩位移演化规律曲线如图 5-1 所示，不同埋深条件下极弱胶结地层巷道围岩位移变形量详见表 5-1。

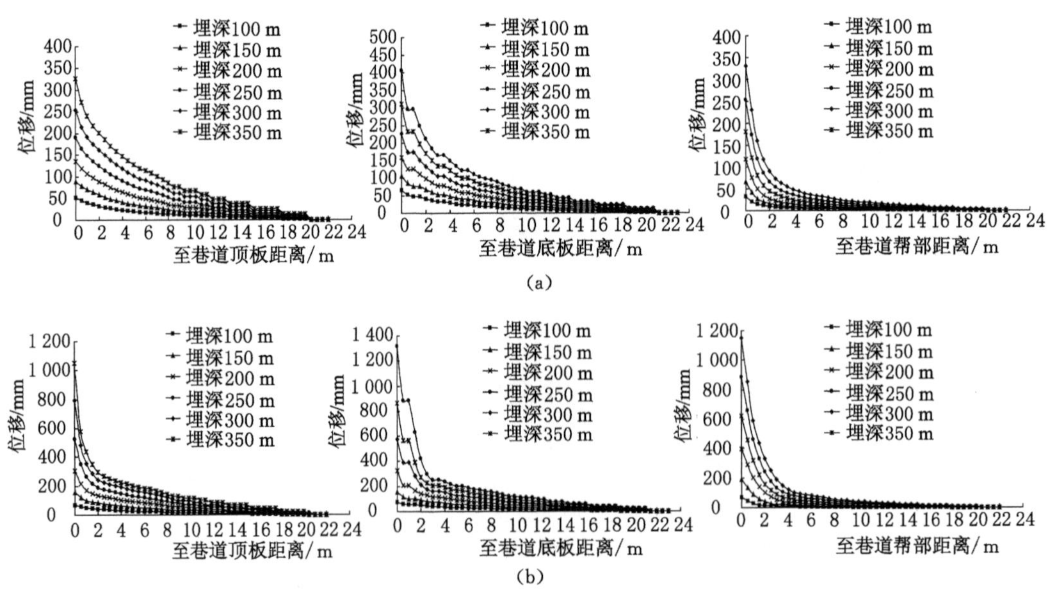


图 5-1　不同埋深条件下极弱胶结地层巷道围岩位移演化规律曲线

(a) 计算模型一；(b) 计算模型二

**表 5-1　　不同埋深条件下极弱胶结地层巷道围岩位移变形量**

| 本构模型 | 埋深/m | 顶板下沉量与增量/mm | | | 底板底鼓量与增量/mm | | | 帮部内挤量与增量/mm | | |
|---|---|---|---|---|---|---|---|---|---|---|
| | | 下沉量 | 增加量 | 增加幅度/% | 底鼓量 | 增加量 | 增加幅度/% | 内挤量 | 增加量 | 增加幅度/% |
| 莫尔—库仑本构模型 | 100 | 50.73 | 0 | 0 | 65.64 | 0 | 0 | 31.93 | 0 | 0 |
| | 150 | 89.13 | 38.58 | 76.05 | 105.4 | 39.76 | 60.57 | 66.88 | 34.95 | 109.46 |
| | 200 | 135.9 | 46.77 | 52.47 | 157.6 | 52.2 | 49.53 | 116.9 | 50.02 | 74.79 |
| | 250 | 191.5 | 55.6 | 40.91 | 227.4 | 69.8 | 44.29 | 181.1 | 64.2 | 54.92 |
| | 300 | 253.4 | 61.9 | 32.32 | 311.5 | 84.1 | 36.98 | 253.7 | 72.6 | 40.09 |
| | 350 | 325.6 | 72.2 | 28.49 | 404.9 | 93.4 | 29.98 | 331.3 | 77.6 | 23.42 |
| 极弱胶结岩体扩容大变形本构模型 | 100 | 69.12 | 0 | 0 | 78.57 | 0 | 0 | 69.15 | 0 | 0 |
| | 150 | 157.2 | 88.08 | 127.43 | 156.7 | 78.13 | 99.44 | 192.2 | 123.05 | 177.95 |
| | 200 | 308.8 | 151.6 | 96.44 | 324.4 | 167.7 | 107.02 | 396.9 | 204.7 | 106.5 |
| | 250 | 521.9 | 213.1 | 69.01 | 577.5 | 253.1 | 78.02 | 624 | 227.1 | 57.22 |
| | 300 | 794.5 | 272.6 | 52.23 | 867.4 | 289.9 | 50.2 | 889.6 | 265.6 | 42.56 |
| | 350 | 1049 | 254.5 | 32.03 | 1319 | 451.6 | 52.06 | 1150 | 260.4 | 29.27 |

由图 5-1、表 5-1 可知，采用莫尔—库仑或极弱胶结岩体扩容大变形本构模型时，随着巷道埋深的增加(应力水平的提高)，极弱胶结地层巷道围岩顶板下沉量、底板底鼓量及帮部内挤量随之增大；在围岩深部受巷道开挖影响作用逐渐减弱，其位移逐渐减小且趋于零。以上数据表明，随着巷道埋深的增加，巷道围岩位移增加量基本呈增加趋势，而围岩位移增加幅度基本呈减小趋势；在相同埋深条件下，采用极弱胶结岩体扩容大变形本构模型计算得到的巷道围岩位移量要比采用莫尔—库仑本构模型时计算的结果略大。

巷道围岩顶板、底板与帮部最大位移随埋深的增加呈线性增大，当采用莫尔—库仑本构模型时，$V_{顶板}=1.0987h-72.835$，$R^2=0.988$；$V_{底板}=1.3625h-94.492$，$R^2=0.978$；$V_{帮部}=1.2123h-109.13$，$R^2=0.983$。当采用极弱胶结岩体扩容大变形本构模型时，$V_{顶板}=4.0139h-419.72$，$R^2=0.97$；$V_{底板}=4.9071h-550.16$，$R^2=0.94$；$V_{帮部}=4.4135h-439.39$，$R^2=0.987$。采用不同本构模型所呈现的围岩变形规律不同，采用莫尔—库仑本构模型时，呈现“底板底鼓量大于顶板下沉量大于帮部内挤量”的演化规律。采用极弱胶结岩体扩容大变形本构模型时，呈现“底板底鼓量大于帮部内挤量大于顶板下沉量”的演化规律。底板是巷道支护的薄弱位置，也是围岩内赋存弹性变形能释放的突出点，往往造成底鼓剧烈，应采取可行的支护与加固措施有效地控制底板底鼓，保证巷道围岩的整体稳定及安全。

#### 5.1.1.2　不同埋深条件下极弱胶结地层巷道围岩塑性区演化规律分析

不同埋深条件下极弱胶结地层巷道围岩塑性区分布如图 5-2 所示，将不同埋深条件下极弱胶结地层巷道围岩塑性区最大深度数值置于表 5-2 中。

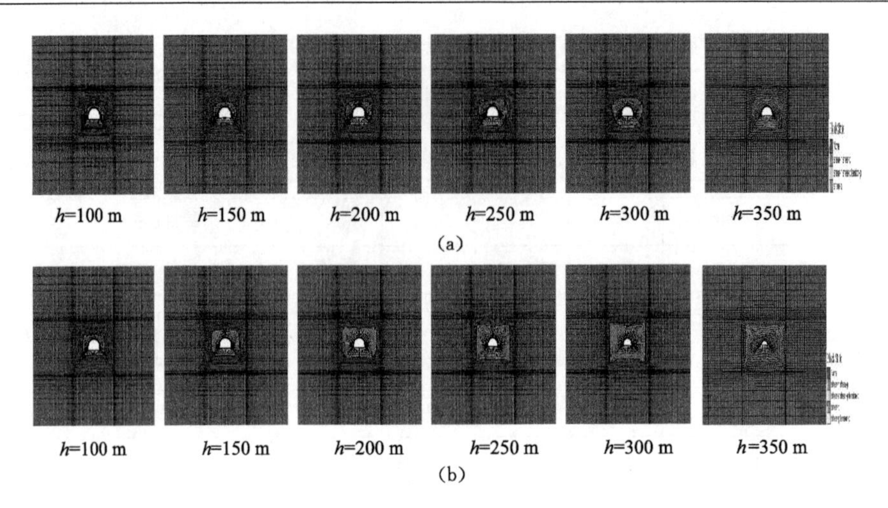


图 5-2 不同埋深条件下极弱胶结地层巷道围岩塑性区分布

(a) 计算模型一；(b) 计算模型二

**表 5-2 不同埋深条件下极弱胶结地层巷道围岩塑性区最大深度**

| 本构模型 | 巷道埋深/m | 顶板塑性区最大深度/m | 底板塑性区最大深度/m | 帮部塑性区最大深度/m |
|---|---|---|---|---|
| 莫尔—库仑本构模型 | 100 | 0.52 | 1.36 | 1.04 |
| | 150 | 1.04 | 2.04 | 1.56 |
| | 200 | 1.56 | 2.04 | 2.08 |
| | 250 | 1.56 | 2.72 | 2.60 |
| | 300 | 2.08 | 3.40 | 3.12 |
| | 350 | 2.60 | 3.40 | 3.36 |
| 极弱胶结岩体扩容大变形本构模型 | 100 | 1.04 | 1.36 | 1.56 |
| | 150 | 2.08 | 2.04 | 2.60 |
| | 200 | 2.60 | 2.72 | 3.64 |
| | 250 | 3.12 | 3.40 | 3.64 |
| | 300 | 3.64 | 3.40 | 4.16 |
| | 350 | 3.64 | 4.08 | 4.68 |

由图 5-2 和表 5-2 可知，随着巷道埋深的增加，巷道围岩塑性区从表面(临空面)逐渐向深部损伤扩展，塑性区范围与数值也不断增加。在相同埋深条件下，采用极弱胶结岩体扩容大变形本构模型计算得到的巷道围岩塑性区最大深度数值与范围要大于采用莫尔—库仑本构模型时计算的结果，且不同本构模型所呈现的围岩塑性区分布规律不同，采用莫尔—库仑本构模型时，呈现出“底板塑性区最大深度数值与范围大于帮部塑性区最大深度数值与范围大于顶板塑性区最大深度数值与范围”的演化规律；采用极弱胶结岩体扩容大变形本构模型时，呈现出“帮部塑性区最大深度数值与范围大于底板塑性区最大深度数值大于顶板塑性区最大深度数值与范围”的演化规律。

5.1.1.3 不同埋深条件下极弱胶结地层巷道围岩应力演化规律分析

不同埋深条件下极弱胶结地层巷道围岩应力分布如图 5-3 所示。

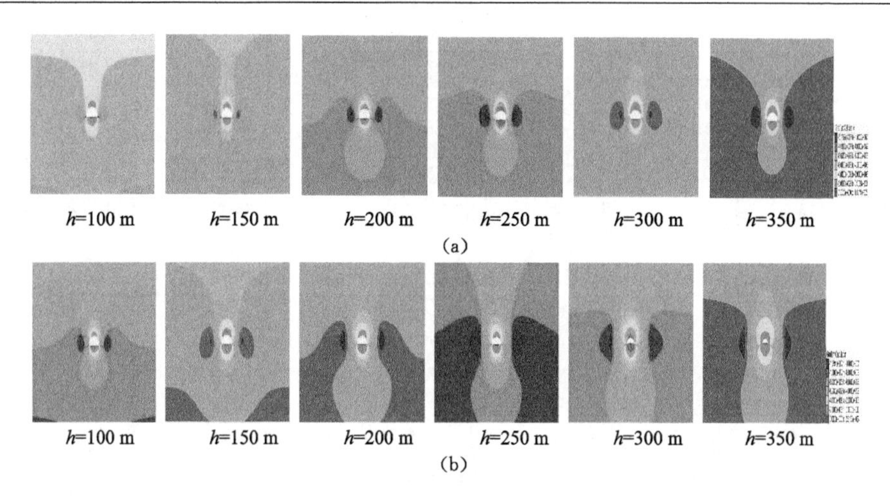


图 5-3 不同埋深条件下极弱胶结地层巷道围岩应力分布

(a) 计算模型一;(b) 计算模型二

巷道开挖后引起围岩周边应力重分布,导致在围岩中产生应力集中区,当集中应力数值超过围岩体强度时,造成围岩破坏。为反映巷道开挖引起围岩周边应力集中程度,定义围岩应力集中系数 $k=\sigma_{max}/\sigma_{zz}$($\sigma_{max}$ 为围岩最大应力数值,$\sigma_{zz}$ 为初始应力场应力数值),不同埋深条件下极弱胶结地层巷道围岩最大应力与应力集中系数详见表 5-3。以上数据表明,随着巷道埋深的增加,围岩最大应力数值与范围随之增加,而围岩应力集中系数随之减小;采用极弱胶结岩体扩容大变形本构模型计算所获得的围岩最大应力数值与围岩应力集中系数要比采用莫尔—库仑本构模型时计算的结果略小,但是其围岩最大应力范围较大,故造成围岩破坏区范围相对较大。

**表 5-3 不同埋深条件下极弱胶结地层巷道围岩最大应力与应力集中系数**

| 本构模型 | | 埋深/m | | | | | |
|---|---|---|---|---|---|---|---|
| | | 100 | 150 | 200 | 250 | 300 | 350 |
| 莫尔—库仑本构模型 | 围岩最大应力/MPa | 5.50 | 6.36 | 7.06 | 8.66 | 10.26 | 11.76 |
| | 围岩应力集中系数 | 2.20 | 1.70 | 1.41 | 1.39 | 1.37 | 1.34 |
| 极弱胶结岩体扩容大变形本构模型 | 围岩最大应力/MPa | 3.51 | 5.15 | 6.57 | 7.91 | 9.23 | 10.59 |
| | 围岩应力集中系数 | 1.40 | 1.37 | 1.31 | 1.27 | 1.23 | 1.21 |

## 5.1.2 不同侧压力系数条件下极弱胶结地层巷道围岩演化规律研究

### 5.1.2.1 不同侧压力系数条件下极弱胶结地层巷道围岩位移演化规律分析

选取侧压力系数 $\lambda=0.5\sim1.2$、巷道埋深 $h=300$ m,采用上述两个计算模型进行对比分析;在巷道围岩顶底板及帮部布设测线[153],不同侧压力系数条件下极弱胶结地层巷道围岩位移演化规律曲线如图 5-4 所示,不同侧压力系数条件下极弱胶结地层巷道围岩位移变形量详见表 5-4。

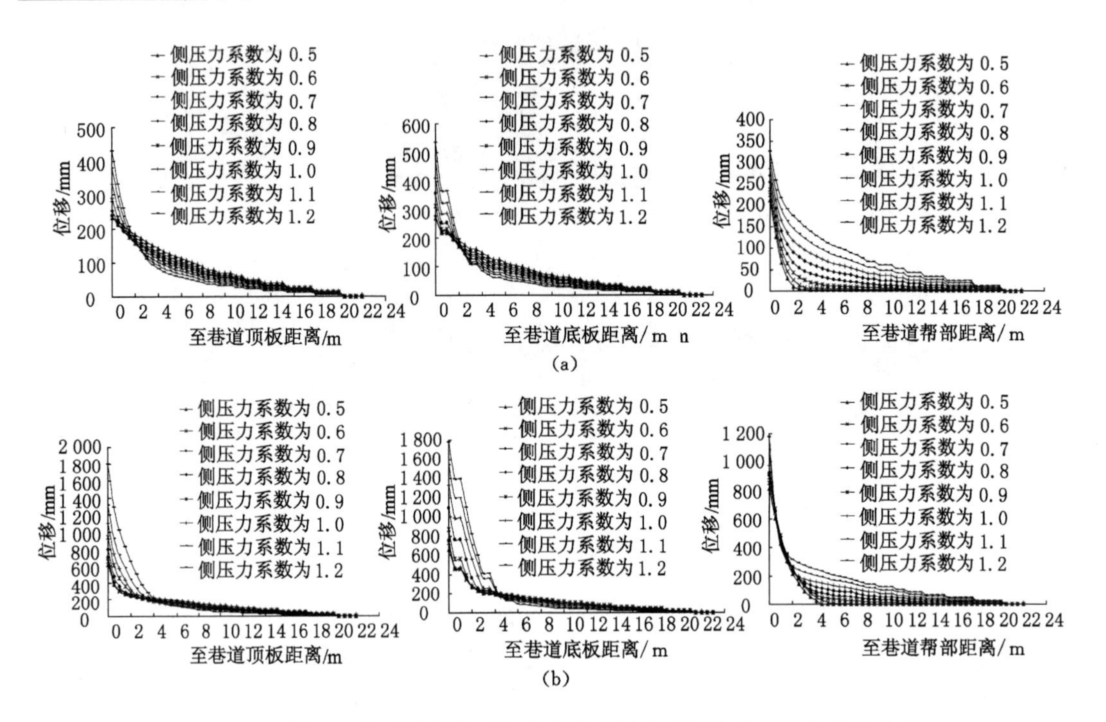


图 5-4 不同侧压力系数条件下极弱胶结地层巷道围岩位移演化规律曲线

(a) 计算模型一；(b) 计算模型二

**表 5-4** **不同侧压力系数条件下极弱胶结地层巷道围岩位移变形量**

| 本构模型 | 侧压力系数 | 顶板下沉量与增量/mm | | | 底板底鼓量与增量/mm | | | 帮部内挤量与增量/mm | | |
|---|---|---|---|---|---|---|---|---|---|---|
| | | 下沉量 | 增加量 | 增加幅度/% | 底鼓量 | 增加量 | 增加幅度/% | 内挤量 | 增加量 | 增加幅度/% |
| 莫尔—库仑本构模型 | 0.5 | 233.2 | 0 | 0 | 269.4 | 0 | 0 | 212.4 | 0 | 0 |
| | 0.6 | 234.9 | 1.7 | 0.73 | 271.1 | 1.7 | 0.63 | 224.9 | 12.5 | 5.89 |
| | 0.7 | 237.8 | 2.9 | 1.24 | 277.8 | 6.7 | 2.47 | 236.9 | 12 | 5.34 |
| | 0.8 | 253.4 | 15.6 | 6.56 | 311.5 | 33.7 | 12.13 | 253.7 | 16.8 | 7.09 |
| | 0.9 | 285.5 | 32.1 | 12.67 | 355.2 | 43.7 | 14.03 | 270.8 | 17.1 | 6.74 |
| | 1.0 | 333.3 | 47.8 | 16.74 | 410.5 | 55.3 | 15.57 | 286.6 | 15.8 | 5.84 |
| | 1.1 | 379.7 | 46.4 | 13.92 | 469.4 | 58.9 | 14.35 | 306.2 | 19.6 | 6.84 |
| | 1.2 | 430.7 | 51 | 11.84 | 534.5 | 65.1 | 13.87 | 327.6 | 21.4 | 6.99 |
| 极弱胶结岩体扩容大变形本构模型 | 0.5 | 620.3 | 0 | 0 | 658.6 | 0 | 0 | 811.2 | 0 | 0 |
| | 0.6 | 654.9 | 34.6 | 5.58 | 730 | 71.4 | 10.84 | 850.3 | 39.1 | 4.82 |
| | 0.7 | 698.2 | 43.3 | 6.61 | 767.1 | 37.1 | 5.08 | 891.6 | 41.3 | 4.86 |
| | 0.8 | 794.5 | 96.3 | 6.56 | 867.4 | 100.3 | 13.08 | 911.5 | 19.9 | 2.23 |
| | 0.9 | 941.3 | 146.8 | 18.48 | 1 090 | 222.6 | 25.66 | 924.2 | 12.7 | 1.39 |
| | 1.0 | 1 106 | 164.7 | 17.49 | 1 327 | 237 | 21.74 | 973.9 | 49.7 | 5.38 |
| | 1.1 | 1 318.8 | 212.8 | 19.24 | 1 535.6 | 208.6 | 15.72 | 1 087.44 | 113.54 | 11.66 |
| | 1.2 | 1 800 | 481.2 | 36.49 | 1 779.7 | 244.1 | 15.89 | 1 174.6 | 87.16 | 8.02 |

由图 5-4 和表 5-4 可知，采用莫尔—库仑或极弱胶结岩体扩容大变形本构模型时，随着侧压力系数的增加(应力状态的变化)，极弱胶结地层巷道围岩顶板下沉量、底板底鼓量及帮部内挤量随之增大；在围岩深部受巷道开挖影响作用逐渐减弱，其位移逐渐减小且趋于零。在相同侧压力系数条件下，采用极弱胶结岩体扩容大变形本构模型计算得到的巷道围岩位移量要大于采用莫尔—库仑本构模型时计算的结果。

巷道围岩顶板、底板与帮部最大位移随侧压力系数的增加呈线性增大，当采用莫尔—库仑本构模型时，$V_{顶板}=288.7\lambda+53.165$，$R^2=0.887$；$V_{底板}=397.5\lambda+23.3$，$R^2=0.921$；$V_{帮部}=164.18\lambda+125.34$，$R^2=0.992$；当采用极弱胶结岩体扩容大变形本构模型时，$V_{顶板}=1\,541.4\lambda-318.42$，$R^2=0.866$；$V_{底板}=1\,617.7\lambda-277.28$，$R^2=0.934$；$V_{帮部}=477.51\lambda+544.46$，$R^2=0.896$。采用不同本构模型所呈现的围岩变形规律不同，采用莫尔—库仑本构模型时，呈现“底板底鼓量大于顶板下沉量大于帮部内挤量”的演化规律；采用极弱胶结岩体扩容大变形本构模型时，当 $\lambda\leqslant 0.8$ 时，呈现“帮部内挤量大于底板底鼓量大于顶板下沉量”的演化规律，当 $\lambda>0.8$ 时，呈现“底板底鼓量大于顶板下沉量大于帮部内挤量”的演化规律。

#### 5.1.2.2 不同侧压力系数条件下极弱胶结地层巷道围岩塑性区演化规律分析

不同侧压力系数条件下极弱胶结地层巷道围岩塑性区如图 5-5 所示，将不同侧压力系数条件下极弱胶结地层巷道围岩塑性区最大数值置于表 5-5 中。

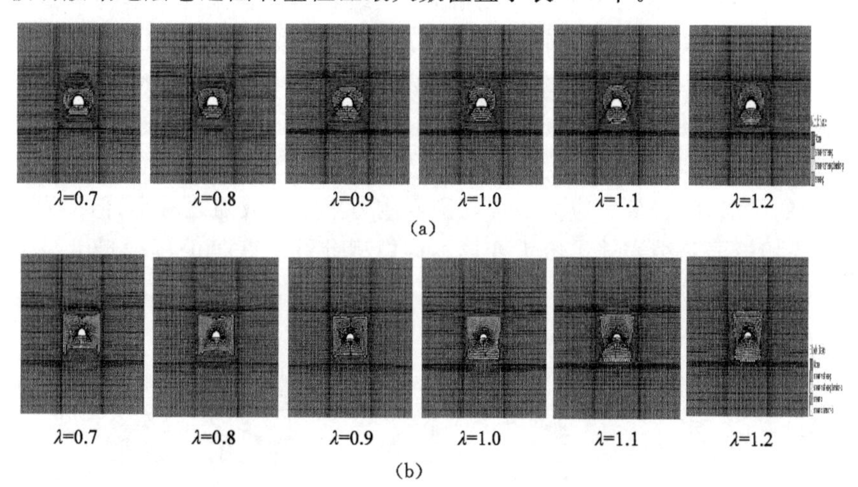


图 5-5 不同侧压力系数条件下极弱胶结地层巷道围岩塑性区分布

(a) 计算模型一；(b) 计算模型二

**表 5-5 不同侧压力系数条件下极弱胶结地层巷道围岩塑性区最大深度**

| 本构模型 | 侧压力系数 | 顶板塑性区最大深度/m | 底板塑性区最大深度/m | 帮部塑性区最大深度/m |
|---|---|---|---|---|
| 莫尔—库仑本构模型 | 0.5 | 1.04 | 1.36 | 4.16 |
| | 0.6 | 1.04 | 2.04 | 3.12 |
| | 0.7 | 1.56 | 2.72 | 3.12 |
| | 0.8 | 2.08 | 3.40 | 3.12 |
| | 0.9 | 2.60 | 4.08 | 3.12 |

续表 5-5

| 本构模型 | 侧压力系数 | 顶板塑性区最大深度/m | 底板塑性区最大深度/m | 帮部塑性区最大深度/m |
|---|---|---|---|---|
| 莫尔—库仑本构模型 | 1.0 | 3.12 | 4.08 | 2.60 |
| | 1.1 | 3.64 | 4.76 | 2.60 |
| | 1.2 | 4.16 | 4.76 | 2.60 |
| 极弱胶结岩体扩容大变形本构模型 | 0.5 | 2.08 | 2.72 | 5.20 |
| | 0.6 | 2.60 | 3.40 | 5.20 |
| | 0.7 | 3.12 | 3.40 | 4.68 |
| | 0.8 | 3.64 | 3.40 | 4.16 |
| | 0.9 | 4.16 | 4.08 | 4.16 |
| | 1.0 | 4.16 | 5.44 | 3.64 |
| | 1.1 | 4.68 | 6.12 | 3.64 |
| | 1.2 | 5.20 | 6.80 | 2.60 |

由图 5-5 和表 5-5 可知，随着侧压力系数的增大，巷道围岩顶板、底板塑性区数值及范围不断增加，帮部塑性区数值及范围随之减小，且围岩塑性区分布形状由“扁平状”转向“瘦高状”[215]。在相同侧压力系数条件下，采用极弱胶结岩体扩容大变形本构模型计算得到的巷道围岩塑性区最大深度数值与范围要大于采用莫尔—库仑本构模型时计算的结果。

5.1.2.3　不同侧压力系数条件下极弱胶结地层巷道围岩应力演化规律分析

不同侧压力系数条件下极弱胶结地层巷道围岩应力分布如图 5-6 所示，不同侧压力系数条件下极弱胶结地层巷道围岩最大应力与应力集中系数详见表 5-6。以上数据表明，随着侧压力系数的增加，围岩最大应力数值与围岩应力集中系数随之减小，但围岩最大应力范围随之增大；采用极弱胶结岩体扩容大变形本构模型计算所获得的围岩最大应力数值与围岩应力集中系数要比采用莫尔—库仑本构模型时计算的结果略小，但是其围岩最大应力范围较大，故造成围岩破坏区范围相对较大。

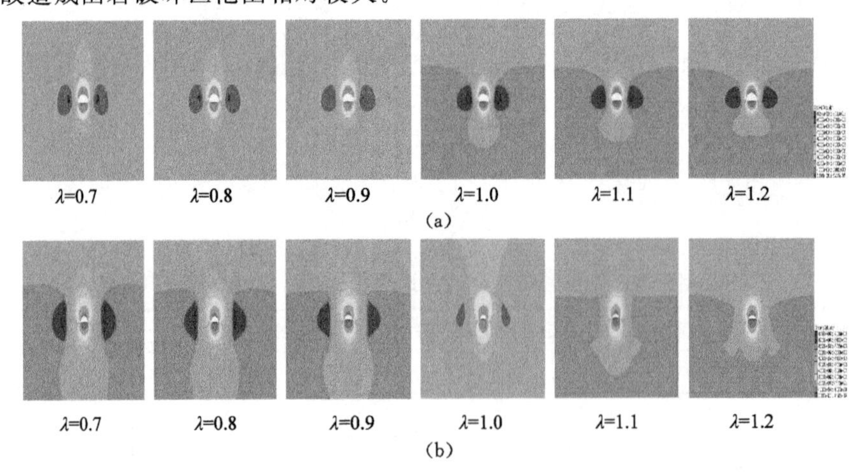


图 5-6　不同侧压力系数条件下极弱胶结地层巷道围岩应力分布

(a) 计算模型一；(b) 计算模型二

**表 5-6　　不同侧压力系数条件下极弱胶结地层巷道围岩最大应力与应力集中系数**

| 本构模型 | | 侧压力系数 | | | | | | | |
|---|---|---|---|---|---|---|---|---|---|
| | | 0.5 | 0.6 | 0.7 | 0.8 | 0.9 | 1.0 | 1.1 | 1.2 |
| 莫尔—库仑本构模型 | 围岩最大应力/MPa | 10.27 | 10.43 | 10.40 | 10.26 | 10.06 | 9.85 | 9.59 | 9.26 |
| | 围岩应力集中系数 | 1.37 | 1.39 | 1.39 | 1.37 | 1.34 | 1.31 | 1.28 | 1.24 |
| 极弱胶结岩体扩容大变形本构模型 | 围岩最大应力/MPa | 9.92 | 10.03 | 9.72 | 9.23 | 9.69 | 10.19 | 9.98 | 9.46 |
| | 围岩应力集中系数 | 1.32 | 1.34 | 1.30 | 1.23 | 1.30 | 1.36 | 1.33 | 1.26 |

## 5.1.3　不同剪胀角条件下极弱胶结地层巷道围岩演化规律研究

### 5.1.3.1　不同剪胀角条件下极弱胶结地层巷道围岩位移演化规律分析

选取剪胀角 $\psi=0\sim14°$、巷道埋深 $h=300$ m、侧压力系数 $\lambda=0.8$，采用上述两个计算模型进行对比分析。在巷道围岩顶底板及帮部布设测线[215]，不同剪胀角条件下极弱胶结地层巷道围岩位移演化规律曲线如图 5-7 所示，不同剪胀角条件下极弱胶结地层巷道围岩位移变形量详见表 5-7。

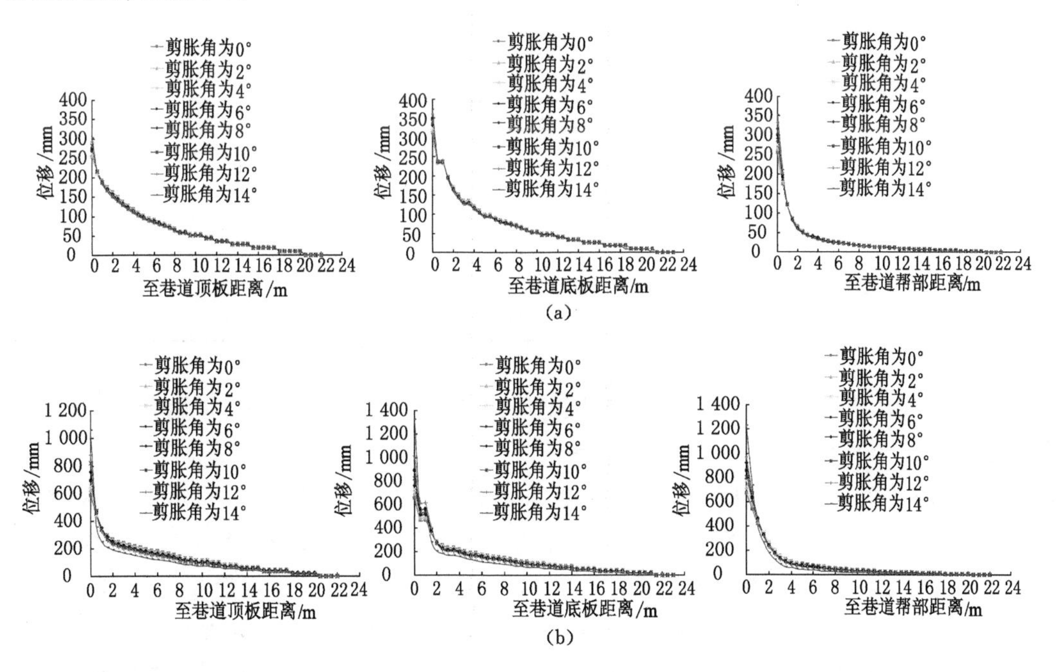


图 5-7　不同剪胀角条件下极弱胶结地层巷道围岩位移演化规律曲线

(a) 计算模型一；(b) 计算模型二

由图 5-7 和表 5-7 可知，采用莫尔—库仑或极弱胶结岩体扩容大变形本构模型时，随着剪胀角的增加(扩容特性的增加)，极弱胶结地层巷道围岩顶板下沉量、底板底鼓量及帮部内挤量随之增大。在围岩深部受巷道开挖影响作用逐渐减弱，其位移逐渐减小且趋于零。随着剪胀角的增加，巷道围岩位移增加量与增加幅度基本呈增加趋势，且在相同剪胀角条件下，采用极弱胶结岩体扩容大变形本构模型计算得到的巷道围岩位移量要大于采用莫尔—库仑本构模型时计算的结果。

**表 5-7　　不同剪胀角条件下极弱胶结地层巷道围岩位移变形量**

| 本构模型 | 剪胀角/(°) | 顶板下沉量与增量/mm | | | 底板底鼓量与增量/mm | | | 帮部内挤量与增量/mm | | |
|---|---|---|---|---|---|---|---|---|---|---|
| | | 下沉量 | 增加量 | 增加幅度/% | 底鼓量 | 增加量 | 增加幅度/% | 内挤量 | 增加量 | 增加幅度/% |
| 莫尔—库仑本构模型 | 0 | 253.4 | 0 | 0 | 311.5 | 0 | 0 | 253.7 | 0 | 0 |
| | 2 | 257.6 | 4.2 | 1.66 | 317.2 | 5.7 | 1.83 | 264.2 | 10.5 | 4.14 |
| | 4 | 262.7 | 5.1 | 1.98 | 323.7 | 6.5 | 2.05 | 275.3 | 11.1 | 4.2 |
| | 6 | 268.7 | 6 | 2.28 | 331.3 | 7.6 | 2.35 | 287.9 | 12.6 | 4.58 |
| | 8 | 274.5 | 5.8 | 2.16 | 339.7 | 8.4 | 2.54 | 300.5 | 12.6 | 4.38 |
| | 10 | 282.6 | 8.1 | 2.95 | 349.2 | 9.5 | 2.8 | 315.6 | 15.1 | 5.03 |
| | 12 | 291.5 | 8.9 | 3.15 | 360.3 | 11.1 | 3.08 | 333 | 17.4 | 5.51 |
| | 14 | 302.8 | 11.3 | 3.88 | 373.5 | 13.2 | 3.66 | 352 | 19 | 5.71 |
| 极弱胶结岩体扩容大变形本构模型 | 0 | 588.1 | 0 | 0 | 658.6 | 0 | 0 | 669.3 | 0 | 0 |
| | 2 | 624.9 | 36.8 | 6.26 | 695.1 | 36.5 | 5.54 | 721 | 51.7 | 7.72 |
| | 4 | 655.9 | 31 | 4.96 | 731.6 | 36.5 | 5.25 | 778 | 57 | 7.91 |
| | 6 | 694.8 | 38.9 | 5.93 | 766.1 | 34.5 | 4.72 | 805.3 | 27.3 | 3.51 |
| | 8 | 756.2 | 61.4 | 8.84 | 825.6 | 59.5 | 7.77 | 858.1 | 52.8 | 6.56 |
| | 10 | 819.8 | 63.6 | 8.41 | 893.4 | 67.8 | 8.21 | 923.3 | 65.2 | 7.6 |
| | 12 | 880.1 | 60.3 | 7.36 | 1 015 | 121.6 | 13.61 | 970.8 | 47.5 | 5.15 |
| | 14 | 1 061 | 180.9 | 20.56 | 1 326 | 311 | 30.64 | 1 232 | 261.2 | 26.91 |

巷道围岩顶板、底板与帮部最大位移随剪胀角的增加呈线性增大，当采用莫尔—库仑本构模型时，$V_{顶板}=3.457\psi+250.03$，$R^2=0.975$；$V_{底板}=4.3714\psi+307.7$，$R^2=0.982$；$V_{帮部}=6.9381\psi+249.21$，$R^2=0.989$；当采用极弱胶结岩体扩容大变形本构模型时，$V_{顶板}=30.592\psi+545.96$，$R^2=0.917$；$V_{底板}=40.573\psi+579.92$，$R^2=0.822$；$V_{帮部}=33.78\psi+633.2$，$R^2=0.875$。并且采用不同本构模型所呈现的围岩变形规律不同，采用莫尔—库仑本构模型时，呈现出“底板底鼓量大于帮部内挤量大于顶板下沉量”的演化规律；采用极弱胶结岩体扩容大变形本构模型时，呈现出“底板底鼓量大于帮部内挤量大于顶板下沉量”的演化规律。

5.1.3.2　不同剪胀角条件下极弱胶结地层巷道围岩塑性区演化规律分析

不同剪胀角条件下极弱胶结地层巷道围岩塑性区如图 5-8 所示。分析可知，随着剪胀角的增大，巷道围岩塑性区数值与范围只有微小程度的变化。在相同剪胀角条件下，采用极弱胶结岩体扩容大变形本构模型计算得到的巷道围岩塑性区最大深度数值与范围要大于采用莫尔—库仑本构模型时计算的结果。

5.1.3.3　不同剪胀角条件下极弱胶结地层巷道围岩应力演化规律分析

不同剪胀角条件下极弱胶结地层巷道围岩应力分布如图 5-9 所示。分析可知，随着剪

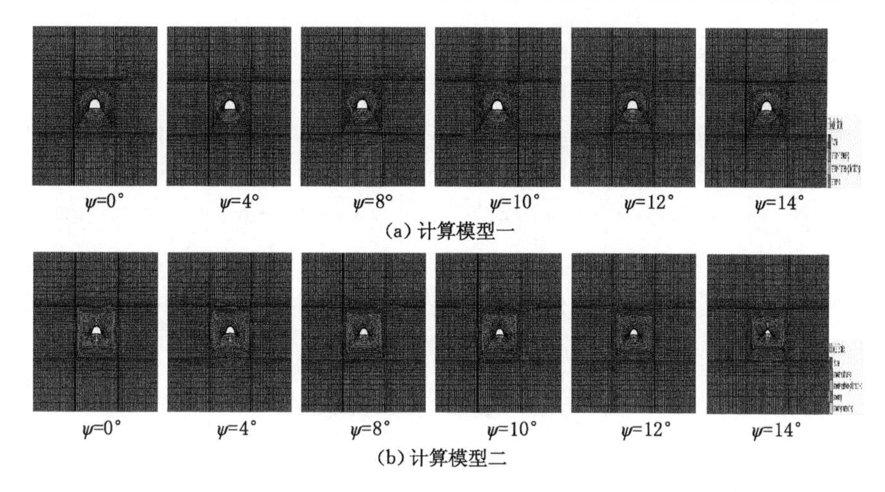


图 5-8 不同剪胀角条件下极弱胶结地层巷道围岩塑性区分布

(a) 计算模型一；(b) 计算模型二

胀角的增加，围岩最大应力数值与围岩应力集中系数几乎没有变化；采用极弱胶结岩体扩容大变形本构模型计算所获得的围岩最大应力数值与围岩应力集中系数要比采用莫尔—库仑本构模型时计算的结果略小，但是其围岩最大应力范围较大，故造成围岩破坏区范围相对较大。

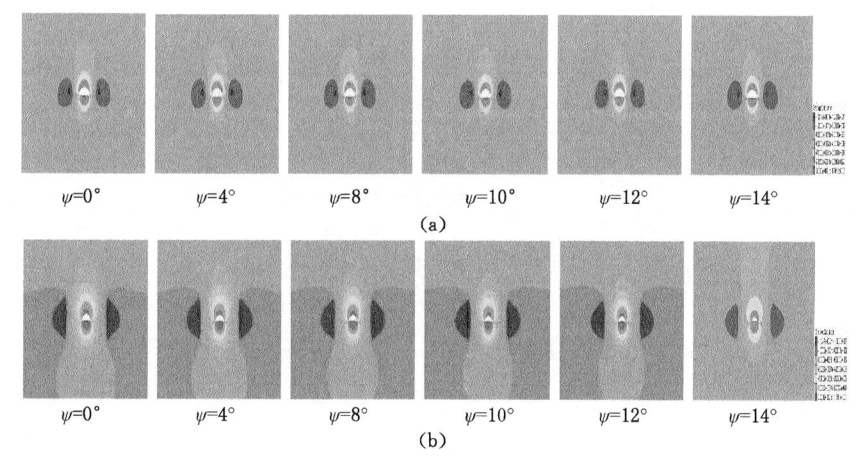


图 5-9 不同剪胀角条件下极弱胶结地层巷道围岩应力分布

(a) 计算模型一；(b) 计算模型二

## 5.2 考虑岩体应变软化与扩容特性的围岩弹塑性分析

从完整与再生结构岩样的全应力—应变曲线来看，极弱胶结岩体峰后应变软化与体积扩容变形特性显著，这是造成巷道围岩大变形与破坏的主要原因。国内外学者对巷道围岩弹塑性分析进行了大量理论研究，建立了考虑岩体应变软化与扩容特性的围岩弹塑性力学模型，得出了具有广泛意义的巷道围岩弹塑性解答[189-192]。

## 5.2.1 力学计算模型与理论分析

### 5.2.1.1 力学计算模型

为了便于计算与分析，将力学模型假定为轴对称平面应变模型，如图 5-10 所示。假设围岩为匀质连续各向同性材料，且不计围岩的体力。巷道为圆形断面，开挖半径为 $r_0$，开挖后的破裂区半径为 $R_b$、塑性软化区半径为 $R_p$（$R_p \geqslant R_b$）。外部受均布荷载 $p_0$ 作用，处于静水压力状态，内部受均匀分布的支护抗力 $p_i$ 作用。为较好地反映峰后应变软化与扩容特性，在引入软化与扩容系数的基础上，采用应用较为广泛的岩石三线性软化本构模型，如图 5-11 所示。

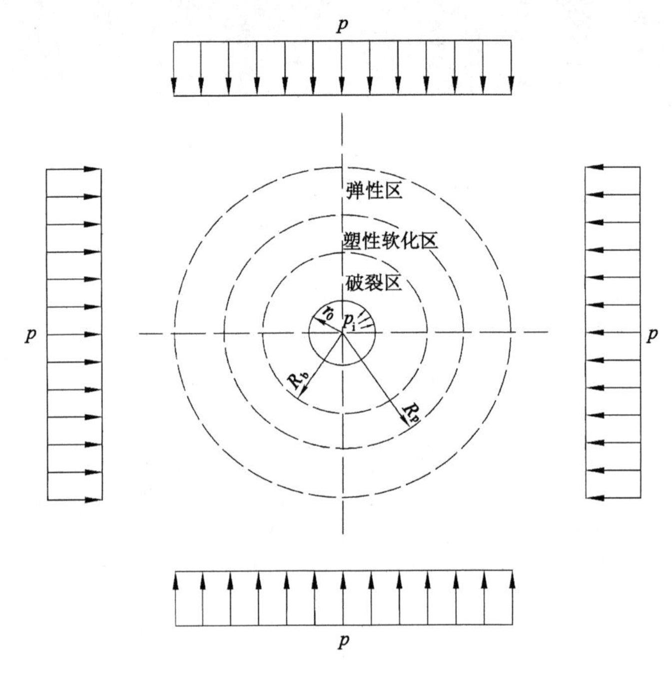


图 5-10 极弱胶结地层巷道力学计算模型[192]

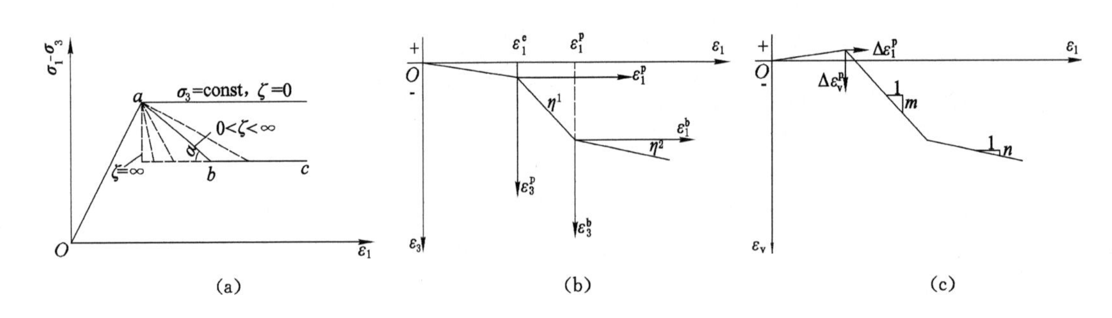


图 5-11 本构模型及软化扩容特征[189,192]

(a) 应变软化本构模型；(b) $\varepsilon_3-\varepsilon_1$ 曲线；(c) $\varepsilon_v-\varepsilon_1$ 曲线

### 5.2.1.2 基本方程

(1) 极坐标系下的基本方程[101]

平衡方程：

$$\frac{\mathrm{d}\sigma_r}{\mathrm{d}r}+\frac{\sigma_r-\sigma_\theta}{r}=0 \tag{5-1}$$

几何方程：

$$\begin{cases}\varepsilon_r = \dfrac{\mathrm{d}u}{\mathrm{d}r} \\ \varepsilon_\theta = \dfrac{u}{r} \\ \varepsilon_z = 0\end{cases} \tag{5-2}$$

物理方程：

$$\begin{cases}\varepsilon_r = \dfrac{1}{E}[\sigma_r - \mu(\sigma_\theta + \sigma_z)] \\ \varepsilon_\theta = \dfrac{1}{E}[\sigma_\theta - \mu(\sigma_r + \sigma_z)] \\ \varepsilon_z = \dfrac{1}{E}[\sigma_z - \mu(\sigma_r + \sigma_\theta)]\end{cases} \tag{5-3}$$

(2) 屈服准则

采用 Mohr-Coulomb 强度准则，在极坐标系下可表示为[102-104]：

$$f(\sigma_{ij}, k, w) = \sigma_\theta - K_\mathrm{p}(k,w)\sigma_r - 2c(k,w)\sqrt{K_\mathrm{p}(k,w)} = 0 \tag{5-4}$$

式中 $\sigma_\mathrm{r}$——径向应力，MPa；

$\sigma_\theta$——切向应力，MPa；

$K_\mathrm{p}(k,w)$——系数。

(3) 考虑扩容特性的塑性流动法则[189,192]

在围岩塑性软化区，则有：

$$\Delta\varepsilon_r^\mathrm{p} + \eta_1 \Delta\varepsilon_\theta^\mathrm{p} = 0 \tag{5-5}$$

在围岩破裂区，则有：

$$\Delta\varepsilon_r^\mathrm{b} + \eta_2 \Delta\varepsilon_\theta^\mathrm{b} = 0 \tag{5-6}$$

式中 $\eta_1$——塑性软化区的扩容系数；

$\eta_2$——破裂区的扩容系数；

$\Delta\varepsilon_\mathrm{r}^\mathrm{p}$——塑性软化区的径向塑性应变增量，mm/mm；

$\Delta\varepsilon_\theta^\mathrm{p}$——塑性软化区的切向塑性应变增量，mm/mm；

$\Delta\varepsilon_\mathrm{r}^\mathrm{b}$——破裂区的径向塑性应变增量，mm/mm；

$\Delta\varepsilon_\theta^\mathrm{b}$——破裂区的切向塑性应变增量，mm/mm。

### 5.2.2 考虑岩体应变软化与扩容特性的围岩弹塑性解答

#### 5.2.2.1 弹性区应力、应变及位移分析

围岩弹性区的应力解答：

$$\begin{cases}\sigma_r^\mathrm{e} = p_0 + \dfrac{R_\mathrm{p}^2}{r^2}\left[\dfrac{2p_0 - \sigma_\mathrm{c}}{1 + K_p(k,w)} - p_0\right] \\ \sigma_\theta^\mathrm{e} = p_0 - \dfrac{R_\mathrm{p}^2}{r^2}\left[\dfrac{2p_0 - \sigma_\mathrm{c}}{1 + K_\mathrm{p}(k,w)} - p_0\right]\end{cases} \tag{5-7}$$

围岩弹性区的应变解答：

$$\begin{cases}\varepsilon_r^\mathrm{e} = -\dfrac{1+\mu}{E} \cdot \dfrac{R_\mathrm{p}^2}{r^2}(p_0 - \sigma_{R_\mathrm{p}}) \\ \varepsilon_\theta^\mathrm{e} = = \dfrac{1+\mu}{E} \cdot \dfrac{R_\mathrm{p}^2}{r^2}(p_0 - \sigma_{R_\mathrm{p}})\end{cases} \tag{5-8}$$

围岩弹性区的位移解答：

$$u^{e} = r\varepsilon_{\theta}^{e} = \frac{p'}{E} \cdot \frac{R_{p}^{2}}{r} \tag{5-9}$$

式中 $\sigma_{r}^{e}$——弹性区的径向应力，MPa；

$\sigma_{\theta}^{e}$——弹性区的切向应力，MPa；

$\varepsilon_{r}^{e}$——弹性区的径向应变，mm/mm；

$\varepsilon_{\theta}^{e}$——弹性区的切向应变，mm/mm；

$u^{e}$——弹性区的位移，mm；

$p'$——系数，$p' = \frac{1+\mu}{2}[2p_{0}\sin\varphi + (1-\sin\varphi)\sigma_{c}]$。

5.2.2.2 塑性软化区应力、应变及位移分析

围岩塑性软化区的应力解答：

$$\begin{cases} \sigma_{r}^{p} = \dfrac{2}{1+\overline{K}_{p}}\left[p_{0} + \dfrac{\sigma_{c}}{\overline{K}_{p}-1} + \dfrac{(1+\overline{K}_{p})\xi p'}{(\overline{K}_{p}-1)(\overline{K}_{p}+\eta_{1})}\right]\dfrac{r^{\overline{K}_{p}-1}}{R_{p}^{\overline{K}_{p}-1}} + \\ \qquad \dfrac{2\xi p'}{1+\eta_{1}}\left[\dfrac{1}{\eta_{1}+\overline{K}_{p}}\dfrac{R_{p}^{1+\eta_{1}}}{r^{1+\eta_{1}}} - \dfrac{1}{\overline{K}_{p}-1}\right] - \dfrac{\sigma_{c}}{\overline{K}_{p}-1} \\ \sigma_{\theta}^{p} = \overline{K}_{p}\sigma_{r}^{p} + \sigma_{c} - \dfrac{2\xi p'}{1+\eta_{1}}\left(\dfrac{R_{p}^{1+\eta_{1}}}{r^{1+\eta_{1}}} - 1\right) \end{cases} \tag{5-10}$$

围岩塑性软化区的应变解答：

$$\begin{cases} \varepsilon_{r}^{p} = -\dfrac{p'}{E}\left[\eta_{1} + \dfrac{2\eta_{1}}{1+\eta_{1}}\left(\dfrac{R_{p}^{1+\eta_{1}}}{r^{1+\eta_{1}}} - 1\right)\right] \\ \varepsilon_{\theta}^{p} = \dfrac{p'}{E}\left[1 + \dfrac{2}{1+\eta_{1}}\left(\dfrac{R_{p}^{1+\eta_{1}}}{r^{1+\eta_{1}}} - 1\right)\right] \end{cases} \tag{5-11}$$

围岩塑性软化区的位移解答：

$$u^{p} = \frac{p'}{E}r\left[1 + \frac{2}{1+\eta_{1}}\left(\frac{R_{p}^{1+\eta_{1}}}{r^{1+\eta_{1}}} - 1\right)\right] \tag{5-12}$$

式中 $\sigma_{r}^{p}$——塑性软化区的径向应力，MPa；

$\sigma_{\theta}^{p}$——塑性软化区的切向应力，MPa；

$\varepsilon_{r}^{p}$——塑性软化区的径向应变，mm/mm；

$\varepsilon_{\theta}^{p}$——塑性软化区的切向应变，mm/mm；

$u^{p}$——塑性软化区的位移，mm；

$\zeta$——软化系数。

5.2.2.3 破裂区应力、应变及位移分析

围岩破裂区的应力解答：

$$\begin{cases} \sigma_{r}^{p} = \left\{ \begin{array}{l} \dfrac{2}{1+\overline{K}_{p}}\left[p_{0} + \dfrac{\sigma_{c}}{\overline{K}_{p}-1} + \dfrac{(1+\overline{K}_{p})\xi p'}{(\overline{K}_{p}-1)(\overline{K}_{p}+\eta_{1})}\right]\dfrac{R_{b}^{\overline{K}_{p}-1}}{R_{p}^{\overline{K}_{p}-1}} - \\ \dfrac{2\xi p' + (1+\eta_{1})(\sigma_{c}-\sigma_{c}^{*})}{(\overline{K}_{p}-1)(\eta_{1}+\overline{K}_{p})} \end{array} \right\} \dfrac{r^{\overline{K}_{p}-1}}{R_{p}^{\overline{K}_{p}-1}} - \dfrac{\sigma_{c}^{*}}{\overline{K}_{p}-1} \\ \sigma_{\theta}^{b} = \overline{K}_{p}\sigma_{r}^{b} + \sigma_{c}^{*} \end{cases} \tag{5-13}$$

围岩破裂区的应变解答：

$$\begin{cases} \varepsilon_r^{\mathrm{b}} = -\dfrac{2p'}{E}\left\{[\dfrac{\eta_1}{1+\eta_1}+\dfrac{\eta_2}{1+\eta_2}(\dfrac{R_{\mathrm{b}}^{1+\eta_2}}{r^{1+\eta_2}}-1)]\dfrac{R_{\mathrm{p}}^{1+\eta_1}}{R_{\mathrm{b}}^{1+\eta_1}}-\dfrac{\eta_1-1}{2(1+\eta_1)}\right\} \\ \varepsilon_\theta^{\mathrm{b}} = \dfrac{2p'}{E}\left\{[\dfrac{1}{1+\eta_1}+\dfrac{1}{1+\eta_2}(\dfrac{R_{\mathrm{b}}^{1+\eta_2}}{r^{1+\eta_2}}-1)]\dfrac{R_{\mathrm{p}}^{1+\eta_1}}{R_{\mathrm{b}}^{1+\eta_1}}+\dfrac{\eta_1-1}{2(1+\eta_1)}\right\} \end{cases} \tag{5-14}$$

围岩破裂区的位移解答：

$$u^{\mathrm{b}} = \frac{2p'}{E}r\left\{[\frac{1}{1+\eta_1}+\frac{1}{1+\eta_2}(\frac{R_{\mathrm{b}}^{1+\eta_2}}{r^{1+\eta_2}}-1)]\frac{R_{\mathrm{p}}^{1+\eta_1}}{R_{\mathrm{b}}^{1+\eta_1}}+\frac{\eta_1-1}{2(1+\eta_1)}\right\} \tag{5-15}$$

式中 $\sigma_{\mathrm{r}}^{\mathrm{b}}$——破裂区的径向应力，MPa；

$\sigma_\theta^{\mathrm{b}}$——破裂区的切向应力，MPa；

$\varepsilon_{\mathrm{r}}^{\mathrm{b}}$——破裂区的径向应变，mm/mm；

$\varepsilon_\theta^{\mathrm{b}}$——破裂区的切向应变，mm/mm；

$u^{\mathrm{b}}$——破裂区的位移，mm。

#### 5.2.2.4 塑性软化区与破裂区半径分析

围岩塑性破裂区半径：

$$R_{\mathrm{b}} = r_\theta\left\{ \begin{aligned} &[\frac{2}{1+\overline{K}_{\mathrm{p}}}(p_0+\frac{\sigma_{\mathrm{c}}}{\overline{K}_{\mathrm{p}}-1}+\frac{(1+\overline{K}_{\mathrm{p}})\xi p'}{(\overline{K}_{\mathrm{p}}-1)(\overline{K}_{\mathrm{p}}+\eta_1)})\left[\frac{2\xi p'}{2\xi p'+(1+\eta_1)(\sigma_{\mathrm{c}}-\sigma_{\mathrm{c}}^*)}\right]^{\frac{\overline{K}_{\mathrm{p}}-1}{1+\eta_1}}- \\ &\frac{2\xi p'+(1+\eta_1)(\sigma_{\mathrm{c}}-\sigma_{\mathrm{c}}^*)}{(\overline{K}_{\mathrm{p}}-1)(\eta_1+\overline{K}_{\mathrm{p}})}]/(p_i+\frac{\sigma_{\mathrm{c}}^*}{\overline{K}_{\mathrm{p}}-1}) \end{aligned} \right\}^{\frac{1}{\overline{K}_{\mathrm{p}}-1}} \tag{5-16}$$

围岩塑性软化区与破裂区半径的关系式：

$$R_{\mathrm{p}} = R_{\mathrm{b}}\left[1+\frac{(1+\eta_1)(\sigma_{\mathrm{c}}-\sigma_{\mathrm{c}}^*)}{2kp'}\right]^{\frac{1}{1+\eta_1}} \tag{5-17}$$

式中 $\sigma_{\mathrm{c}}^*$——岩石的残余强度，MPa；

$p_{\mathrm{i}}$——支护抗力，MPa。

### 5.2.3 应变软化与扩容特性对围岩塑性区及位移影响的计算分析

以蒙东五间房矿区西一矿极弱胶结地层巷道为计算实例，计算力学参数取自完整岩样试验结果(表 2-3)，开拓大巷为直墙半圆拱形断面，尺寸为 5 200 mm×3 700 mm。采用断面等效替代圆方法[193]，求得其等效半径 $r_{\mathrm{dx}}=2.76$ m。

#### 5.2.3.1 力学计算模型对围岩塑性区范围的影响

在采用力学计算模型来获得围岩塑性区半径时，是否考虑岩体应变软化与扩容特性，会对计算结果产生一定的影响，详见表 5-8。分析可知，由于经典的卡斯特奈解答未考虑应变软化与扩容特性，造成围岩塑性区半径计算结果偏小，而艾里解答计算结果偏大，并认为塑性区半径等同于破裂区半径，造成计算结果与实际不符。文献[189]与[192]均考虑了岩体应变软化与扩容特性，两者计算结果相近。

**表 5-8 不同力学计算模型时的围岩塑性区及破裂区半径**

| 力学计算模型 | 卡斯特奈解答 | 艾里解答 | 文献[189]解答 | 文献[192]解答 |
| --- | --- | --- | --- | --- |
| 塑性区半径/m | 3.202 | 3.512 | 3.284 | 3.297 |
| 破裂区半径/m | 3.202 | 3.512 | 2.739 | 2.793 |

注：计算时取 $\zeta=1$，$p_{\mathrm{i}}=2$ MPa。

#### 5.2.3.2 扩容系数对围岩塑性区范围与位移的影响

为反映岩体扩容特性对围岩塑性区范围与位移的影响，选取两个计算模型进行计算分析，详见表 5-9，围岩塑性区及破裂区半径与位移曲线如图 5-12 和图 5-13 所示。

**表 5-9　　体积扩容对围岩塑性区与破裂区半径及位移的影响计算**

| $p_0$/MPa | 文献[189]解答（$\eta_1=1,\eta_2=1$） | | | 文献[192]解答（$\eta_1=2.236,\eta_2=1.4$） | | |
|---|---|---|---|---|---|---|
| | 塑性区半径/m | 破裂区半径/m | 周边位移/mm | 塑性区半径/m | 破裂区半径/m | 周边位移/mm |
| 7.5 | 3.284 | 2.739 | 79.72 | 3.297 | 2.793 | 82.92 |
| 10.0 | 3.938 | 3.355 | 132.92 | 3.944 | 3.404 | 147.77 |
| 12.5 | 4.705 | 4.093 | 222.97 | 4.715 | 4.136 | 261.34 |
| 15.0 | 5.434 | 4.804 | 341.29 | 5.432 | 4.850 | 415.93 |
| 17.5 | 6.151 | 5.505 | 493.50 | 6.153 | 5.544 | 627.91 |
| 20.0 | 6.841 | 6.184 | 679.95 | 6.843 | 6.221 | 895.76 |

注：计算时取 $\zeta=1$，$p_i=2$ MPa。

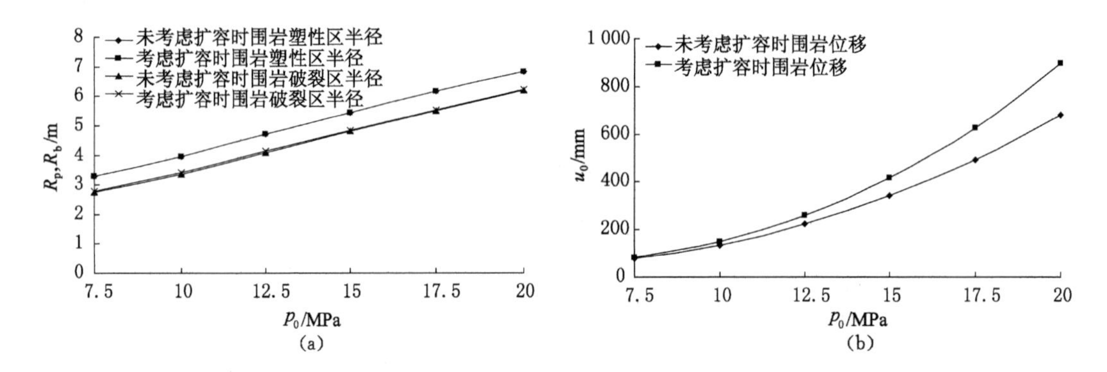


图 5-12　不同应力水平条件下围岩塑性区与破裂区半径及周边位移曲线

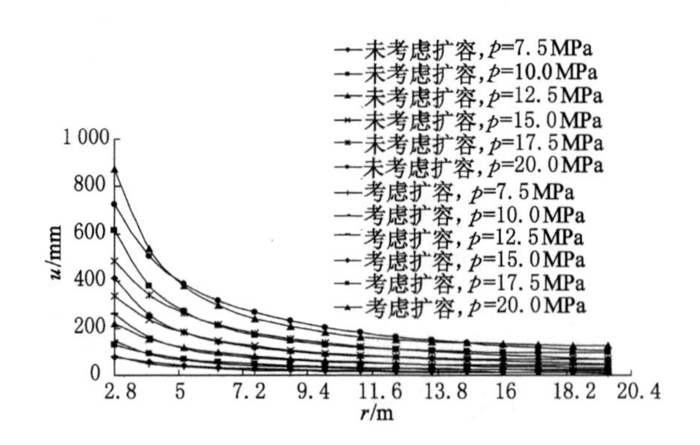


图 5-13　不同应力水平条件下围岩位移曲线

由表 5-9、图 5-12 可知，体积扩容特征对围岩塑性区及破裂区半径影响不大，而对围岩位移影响显著，与数值计算结果相符；若不考虑体积扩容特征，造成计算结果偏小；并随着应力水平 $p_0$ 的增加，两者的差值 $u_c$ 逐渐增大，即当 $p_0=7.5$ MPa 时，$u_c=3.2$ mm；当 $p_0=10$

MPa 时，$u_c$=14.85 mm；当 $p_0$=12.5 MPa 时，$u_c$=38.37 mm；当 $p_0$=15 MPa 时，$u_c$=74.64 mm；当 $p_0$=17.5 MPa 时，$u_c$=134.41 mm；当 $p_0$=20 MPa 时，$u_c$=215.81 mm。

由图 5-13 可知，巷道开挖后围岩位移较大，且巷道开挖后扰动影响范围大，即当距离巷道边界约为 $r$=20 m，考虑扩容特征时，当 $p_0$=7.5 MPa 时，$u$=10.09 mm；当 $p_0$=10 MPa 时，$u$=23.37 mm；当 $p_0$=12.5 MPa 时，$u$=42.72 mm；当 $p_0$=15 MPa 时，$u$=67.67 mm；当 $p_0$=17.5 MPa 时，$u$=96.28 mm；当 $p_0$=20 MPa 时，$u$=126.03 mm。这一影响范围远超过常规的巷道开挖扰动范围(3～5) $r_0$(8.28～13.8 m)。在考虑体积扩容特征时，位移曲线在围岩破裂区较为陡峭，这表明在破裂区围岩位移较大，即巷道围岩大部分的收敛变形是由处于残余强度状态破裂区内围岩的体积扩容引起的，并从围岩破裂区到塑性软化区再到弹性区过程中围岩位移逐渐衰减。

由表 5-9 可知，体积扩容特性对围岩塑性区与破裂区半径影响不大，而对围岩位移影响显著。因此，选取 $\eta_1$=2.236 与 $\eta_2$=1、1.1、1.2、1.3、1.4、1.5，来分析不同扩容系数(扩容梯度)对围岩位移的影响，如图 5-14 所示。分析可知，随着扩容系数的增大，对巷道围岩周边位移 $u_0$ 影响不大；但随着 $r$ 的增加，扩容系数的增大对围岩位移 $u_r$ 影响较大，甚至相差 2 倍以上；随着扩容系数的增大，巷道开挖后扰动影响范围随之增加。因此，对于极弱胶结地层巷道而言，围岩大变形与开挖扰动范围较大是支护控制的难点，这也是造成常规支护失效的原因。因此，提高围岩的残余强度与保持围岩的完整性是支护成败的关键。

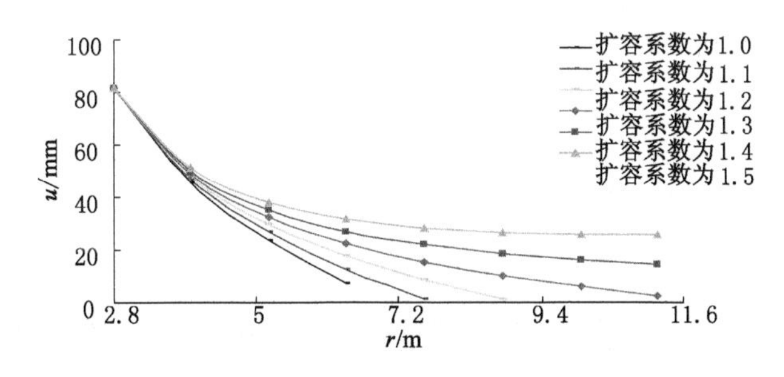


图 5-14 不同扩容系数条件下围岩位移曲线

#### 5.2.3.3 软化系数对围岩塑性区范围与位移的影响

极弱胶结岩体峰后应变软化特征显著，选取软化系数 $\zeta$=0.5、0.6、0.7、0.8、0.9、1.0，来分析不同软化系数(应变软化程度)对围岩塑性区与破裂区半径及位移的影响，如图 5-15 所示。分析可知，随着软化系数 $\zeta$ 的增加，围岩塑性区与破裂区半径也越来越大，但 $R_p/R_b$ 随之减小；这表明，随着软化系数 $\zeta$ 的增加，围岩破裂区半径的增加幅度大一些，即围岩的破碎程度越来越严重。随着软化系数的增大，围岩位移 $u$ 逐渐增大，且巷道开挖后扰动影响范围也随之增加。

#### 5.2.3.4 支护抗力对围岩塑性区范围与位移的影响

极弱胶结地层巷道开挖后，需及时施加支护结构，以最大限度地限制围岩变形与塑性区损伤扩展，维持围岩的基本稳定及安全。支护结构所能提供的支护抗力对限制围岩塑性区损伤扩展与变形起着较大的作用，如图 5-16 所示。总的来说，随着支护抗力的增加，围岩塑性区范围及位移逐渐减小，且巷道开挖后扰动影响范围也随之减小。

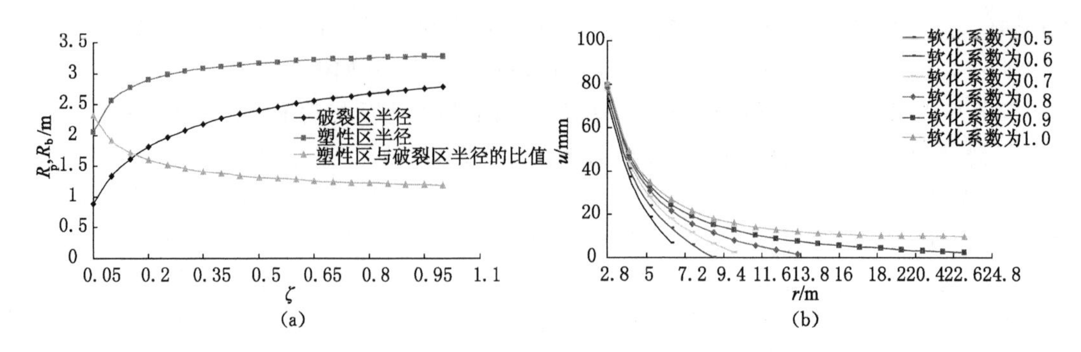


图 5-15　不同软化系数条件下围岩塑性区与破裂区半径及位移曲线

(a) 围岩塑性区与破裂区半径；(b) 围岩位移

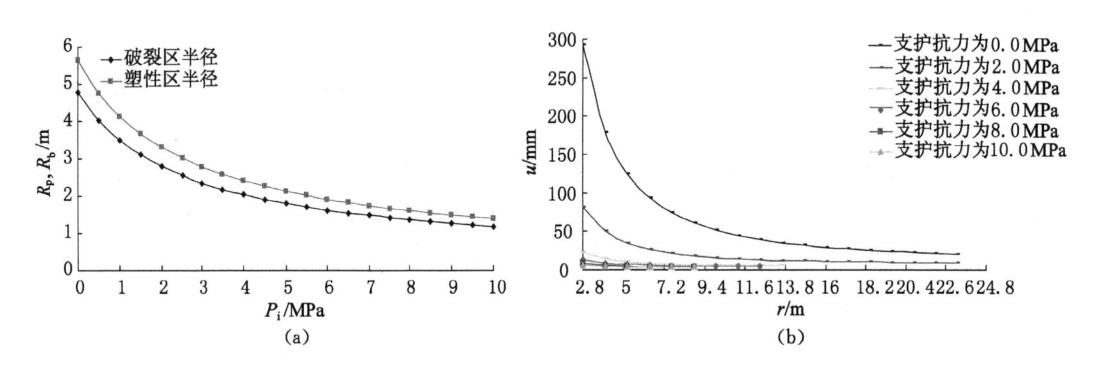


图 5-16　不同支护抗力条件下围岩塑性区与破裂区半径及位移曲线

(a) 围岩塑性区与破裂区半径；(b) 围岩位移

## 5.3　围岩塑性区及位移的理论解答与数值计算对比分析

为揭示极弱胶结地层巷道围岩变形与破坏特征，以及为巷道优化布置与支护设计提供依据，将考虑岩体应变软化—扩容特性的围岩塑性区半径及位移理论解答与基于极弱胶结岩体扩容大变形本构模型的数值计算结果进行对比分析。仅以巷道埋深 $h=300$ m 且不考虑支护抗力($p_i=0$)为例，极弱胶结地层巷道围岩位移演化规律曲线如图 5-17(a)所示，不同埋深时的巷道围岩塑性区演化规律曲线如图 5-17(b)所示。

由图 5-17(a)可知，对于极弱胶结地层巷道围岩位移而言，理论解答与数值计算结果相差甚大，当巷道埋深 $h=300$ m 时，理论解答时的围岩周边位移为 293.24 mm；数值计算时的顶板下沉量为 794.5 mm、帮部内挤量为 889.6 mm、底板底鼓量为 867.4 mm。由于三线性软化本构模型将应力—应变曲线峰前简化为弹性，同时认为岩体扩容仅存在峰后应变软化与残余阶段，而极弱胶结岩体在峰前已产生了损伤扩容；并假定岩体强度与扩容参数为常数，未考虑岩体强度与扩容参数随等效塑性应变变化的演化规律，造成计算结果偏小。由于极弱胶结岩体的弹性模量较低、泊松比较大，为塑性大变形工程软岩，造成巷道开挖后围岩变形量(基本上超过 500 mm，甚至可达到 1 000 mm 以上)、变形持续时间长、支护结构破坏严重[194]，岩石三线性软化本构模型假设条件简单，便于理论分析与数值实现，但是很难准

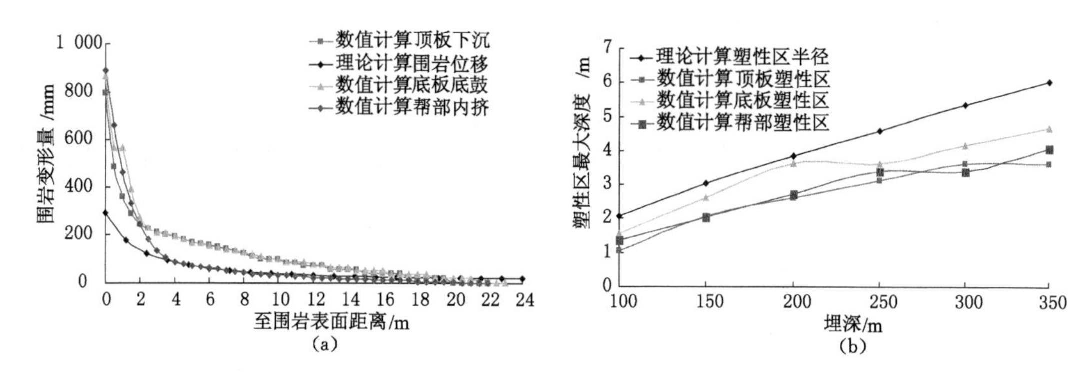


图 5-17 理论解答与数值计算时的围岩塑性区及位移曲线

(a) 围岩位移;(b) 围岩塑性区

确地反映极弱胶结岩体的变形破坏特性。

由图 5-17(b)可知,对于极弱胶结地层巷道围岩塑性区范围而言,随着巷道埋深(应力水平)的增加,围岩塑性区范围随之增大,且理论解答大于数值计算时的结果;当巷道埋深 $h$=300 m 时,理论解答时的塑性区半径为 5.356 m,数值计算时的顶板塑性区最大深度为 3.64 m、帮部塑性区最大深度为 3.4 m、底板塑性区最大深度为 4.16 m。为确定极弱胶结地层巷道围岩塑性区范围及分布特征,采用地质雷达进行了围岩松动圈测试,井下四条大巷(埋深 $h$=200~250 m)测试结果为[153]:巷道围岩松动圈范围整体较大,基本上在 2~3 m 范围之内,底板局部可达到 4 m 左右;当巷道埋深 $h$=200~250 m 时,理论解答时的塑性区半径为 3.854~4.579 m,数值计算时的顶板塑性区最大深度为 2.6~3.12 m、帮部塑性区最大深度为 2.72~3.4 m、底板塑性区最大深度为 3.64 m,故数值计算结果与实测数据较为吻合。由于采用理论公式计算塑性区半径时,受岩体扩容与软化系数影响较大,其取值是否合理直接影响了计算结果的准确性;同时假设扩容参数 $\eta_1$、$\eta_2$ 为某一常数,未考虑扩容参数随等效塑性应变变化的演化规律,造成计算结果偏差较大,同时反映了极弱胶结岩体扩容大变形本构模型的合理性。

综上分析可知,极弱胶结地层巷道围岩塑性区范围及变形量较大,采用常规支护技术往往失败,难以控制极弱胶结地层巷道围岩的大变形与破坏。即使采用高强支护技术,也很难有效地控制围岩的大变形与长期稳定,往往需多次翻修,支护成本较高。鉴于极弱胶结地层呈现"煤层顶底板岩层强度低于煤层强度"的特殊现象,建议将巷道布置在煤层中,以改善巷道围岩受力状况,提高围岩自稳能力与控制效果,节约支护成本,并已成功应用于工程实践,取得了良好的经济技术效益。

## 5.4 本章小结

本章揭示了极弱胶结地层巷道围岩演化规律,进行了考虑岩体应变软化与扩容特性的围岩弹塑性分析,为极弱胶结地层巷道布置及围岩控制理论与技术研究提供了依据。主要研究结论如下:

(1) 基于本构模型的二次开发与数值实现,揭示了不同埋深、侧压力系数及剪胀角等条件下巷道围岩位移、塑性区与应力分布的演化规律。

(2) 采用考虑岩体应变软化与扩容特性的围岩弹塑性力学模型,分析了力学计算模型、扩容系数、软化系数及支护抗力对围岩塑性区范围与位移的影响规律。

(3) 将围岩塑性区及位移的理论解答与数值计算结果进行了对比分析,验证了极弱胶结岩体扩容大变形本构模型的适用性,并提出了巷道优化布置建议。

# 6 工程实例

五间房煤田位于内蒙古锡林郭勒盟西乌珠穆沁旗境内，西一矿井位于五间房煤田西南部，矿井设计生产能力 800 万 t/a，矿井开拓方式为斜井盘区下山开拓。五间房盆地是二连盆地群中众多含煤盆地之一，区内一般为高角度张性正断层，倾向多为 NW～SE 方向。钻孔揭露的地层自下而上依次为侏罗系中下统红旗组，上统白音高老组、白垩系下统巴彦花组，第三系上新统和第四系全新统。西一矿主要含煤地层位于白垩系巴彦花组，煤属软煤～中硬煤，并呈现出“煤层顶板岩层强度小于煤层强度”的特殊现象；煤层顶底板岩性主要为极弱胶结的泥岩、粉砂岩、砂岩等，其强度极低，且遇水极易泥化、崩解，属于极软岩类[153]，极不利于巷道围岩稳定与控制。

## 6.1 极弱胶结地层回采巷道断面优化研究

煤矿巷道断面形状大致可分为折线形和曲线形等两大类，回采巷道一般采用矩形断面形状，在这类特殊地层中回采巷道矩形断面成型困难，需采用型钢支架进行维护，且翻修频繁。针对极弱胶结地层回采巷道围岩自稳能力差、自稳时间短、围岩变形剧烈等特征，为提高回采巷道开挖后围岩的自稳与承载能力，且保证巷道具有足够大的使用空间，以及采用锚网索支护能在巷道拱顶形成有效组合拱结构，拟将极弱胶结地层回采巷道断面形状由矩形断面改为切圆拱形断面。为了验证极弱胶结地层回采巷道切圆拱断面选择的合理性与可行性，采用 FLAC3D 深入揭示了矩形、切圆拱形与直墙拱形等 3 种断面形状回采巷道开挖后围岩位移、塑性区及应力分布规律。本节建模与参数均同 4.3，巷道几何尺寸：矩形断面为 5 200 mm×3 500 mm，切圆拱形断面、直墙拱形断面为 5 200 mm×3 700 mm。不同断面形状回采巷道围岩位移曲线如图 6-1 所示，不同断面形状巷道围岩塑性区与应力分布如图 6-2 所示。为直观反映不同断面形状回采巷道围岩位移、塑性区最大深度与集中应力数值，将数值计算结果置于表 6-1 中。

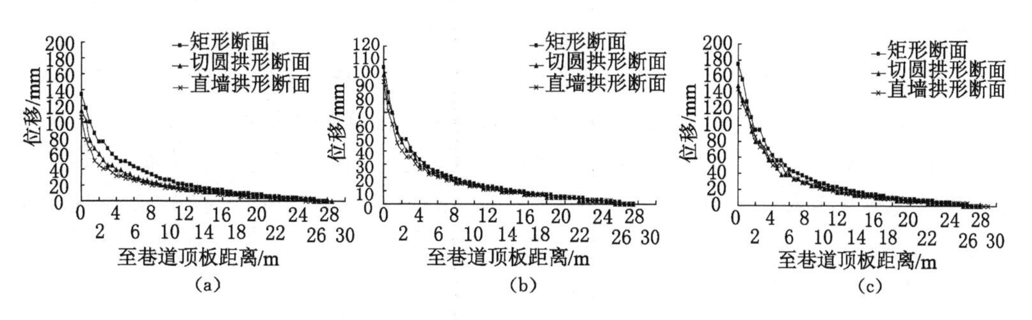


图 6-1 不同断面形状回采巷道围岩位移曲线

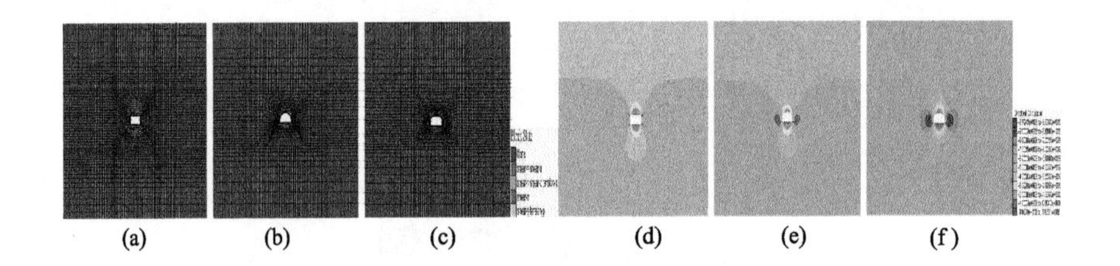

图 6-2 不同断面形状回采巷道围岩塑性区与应力分布

(a) 矩形断面塑性区;(b) 直墙拱断面塑性区;(c) 切圆拱断面塑性区;

(d) 矩形断面应力分布;(e) 直墙拱断面应力分布;(f) 切圆拱断面应力分布

**表 6-1 不同断面形状巷道围岩位移、塑性区与应力数值及使用面积**

| 断面形状 | 围岩位移/mm | | | 围岩塑性区最大深度值/m | | |
|---|---|---|---|---|---|---|
| | 顶板下沉量 | 底板底鼓量 | 帮部内挤量 | 顶板塑性区 | 底板塑性区 | 帮部塑性区 |
| 矩形 | 134.38 | 175.45 | 103.75 | 4.41 | 3.78 | 2.16 |
| 直墙拱形 | 103.98 | 144.77 | 94.53 | 2.16 | 2.8 | 2.16 |
| 切圆拱形 | 113.6 | 148.87 | 102.49 | 2.56 | 3.0 | 2.16 |
| 断面形状 | 应力集中位置 | 集中应力数值/MPa | | 巷道使用面积/$m^2$ | | |
| 矩形 | 底角、顶角 | 13.43 | | 18.2 | | |
| 直墙拱形 | 煤帮 | 11.3 | | 16.33 | | |
| 切圆拱形 | 煤帮 | 9.73 | | 16.77 | | |

由图 6-1、图 6-2 及表 6-1 可知,不同断面形状回采巷道围岩变形呈现出“底板底鼓量大于顶板下沉量大于帮部内挤量”的规律,且随着与巷道表面距离的增大位移逐渐减小,即距巷道开挖临空面较远处不受其影响。直墙拱形断面回采巷道顶板、底板及帮部的最大位移量最小,切圆拱形断面次之,矩形断面最大;直墙拱形断面与矩形断面相比,顶板、底板及帮部的最大位移减小量依次为 30.4 mm、30.68 mm、9.22 mm,减小幅度依次为 22.62%、17.49%、8.89%;切圆拱形断面与矩形断面相比,顶板、底板及帮部的最大位移减小量依次为 20.78 mm、26.58 mm、1.26 mm,减小幅度依次为 15.46%、15.15%、1.22%,即切圆拱形断面与直墙拱形断面相比,围岩位移减小量与减小幅度相差不大。直墙拱形断面与矩形断面相比,应力集中数值减小量为 2.13 MPa,减小幅度为 15.86%;切圆拱形断面与矩形断面相比,应力集中数值减小量为 3.7 MPa,减小幅度为 27.55%,即切圆拱形断面整体受力较为均匀、合理,避免在巷道底角、顶角处局部应力高度集中而破坏,进而引起巷道整体失稳破坏。矩形断面、直墙拱形断面、切圆拱形断面回采巷道使用面积依次为 18.2 $m^2$、16.33 $m^2$、16.77 $m^2$,即切圆拱形断面回采巷道使用面积比直墙拱形断面大一些。总体而言,切圆拱形断面回采巷道断面利用率高,整体受力较为均匀、合理,巷道围岩位移数值小,塑性区分布均匀,应力集中程度较小,为提高巷道开挖后围岩的自稳能力和保证巷道具有足够的使用空间,将回采巷道断面形状由矩形断面改为切圆拱形断面是可行合理的。

## 6.2 极弱胶结地层回采巷道支护方案优化研究

### 6.2.1 回采巷道围岩松动圈测试及分析

为了掌握1302回风顺槽开挖后巷道围岩松动破坏情况和为回采巷道合理支护形式与支护参数的选取提供依据，在1302回风顺槽的顶板、底板及帮部进行了地质雷达无损探测，以确定回采巷道开挖后围岩松动圈的范围，1302回风顺槽地质雷达探测剖面如图6-3所示。

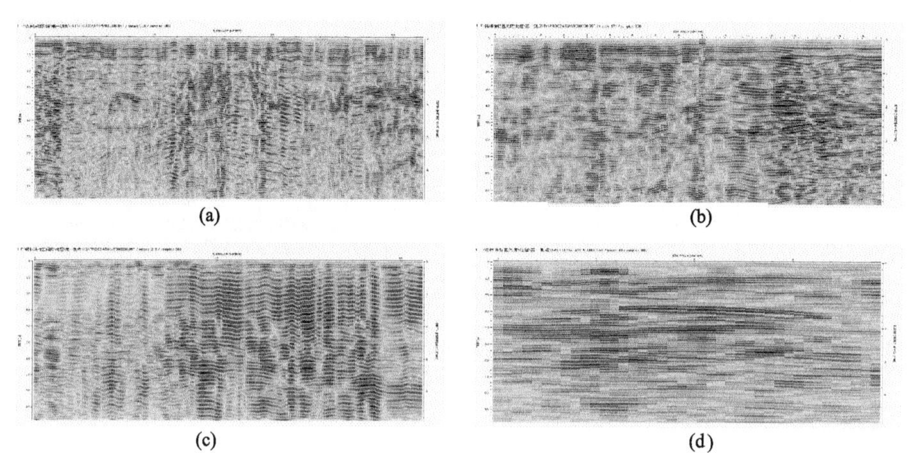

图6-3 1302回风顺槽地质雷达探测剖面图

(a) 1302回风顺槽左帮雷达探测剖面；(b) 1302回风顺槽右帮雷达探测剖面；

(c) 1302回风顺槽顶板雷达探测剖面；(d) 1302回风顺槽底板雷达探测剖面

由1302回风顺槽松动圈测试结果图6-3可知：左帮围岩破碎深度为2～3 m；顶板围岩破碎深度可达3 m左右；右帮围岩破碎深度为2.5 m左右；底板围岩相对完整，呈层状特征，破碎深度为1.5～2 m。总的来说，1302回风顺槽松动圈范围较大，基本上在2～2.5 m范围之内，局部可达3 m左右，属于大松动圈。由于回采巷道煤层顶底板围岩体强度较低、承载能力低与稳定性差，回采巷道开挖后产生较大的松动圈；1302回风顺槽原断面形状设计为矩形，造成锚网支护后在巷道顶板不能形成有效的组合加固拱结构，仅依靠锚杆的悬吊作用很难有效地控制顶板围岩的变形与离层，这使得巷道顶板围岩状态进一步恶化，顶板围岩的不稳定极不利于巷道帮部及底板的稳定，造成了1302回风顺槽顶板离层、帮部的大变形和底鼓剧烈。

### 6.2.2 极弱胶结地层回采巷道合理支护方案优化设计

针对极弱胶结地层回采巷道围岩自稳能力差、自稳时间短、围岩变形剧烈等特征，结合国内外煤巷支护理论与技术，基于煤层厚度与巷道埋深，分类提出了极弱胶结地层回采巷道支护技术方案，详见表6-2：当煤层厚度小于10 m时，采用切圆拱形断面；由于煤层较薄，在极弱胶结岩体中锚索的锚固力极差或不可锚固，根本无法有效地安设锚索，此时可采用锚网与型钢支架联合支护技术方案，以保证煤巷整体稳定及安全。当煤层厚度大于10 m时，采用切圆拱形断面；由于煤层较厚，锚索在煤层中可锚且锚固力可靠，可采用锚网索联合支护技术方案，充分发挥锚杆与锚索的主动支护作用，可有效地控制回采巷道围岩变形与破坏[195]。理论分析与数值计算结果表明，随着回采巷道埋深不断增大，围岩变形与塑性区损伤范围也越来越大；可对不同埋深段的巷道采取相应的加强支护措施，保证回采巷道围岩的整体稳定及安全。通过对煤巷围岩变形、顶板离层、锚杆与锚索受力监测数据的反馈，及时修改、优化支护方案，以保证极弱胶结地层回采巷道围岩与支护结构的长期稳定及安全。

**表 6-2　　极弱胶结地层回采巷道分类支护技术方案**

| 煤层厚度/m | 巷道埋深/m | 支护方案 | 联合支护图 |
| --- | --- | --- | --- |
| $t<10$ | — | 方案一：锚网与型钢支架联合支护，锚网喷支护及底板参数同文 6.2；型钢支架采用 I16# 工字钢，排距为 1 400 mm | |
| $t\geqslant10$ | $h\leqslant250$ | 方案二：锚网索联合支护，锚网索支护及底板参数同文 6.2 | |
| | $250<h\leqslant300$ | 方案三：锚网索联合支护，锚网索支护及底板参数同文 6.2，顶板锚索布置方式改为4-3-4布置，间排距为 1 400 mm×2 100 mm | |
| | $300<h\leqslant350$ | 方案四：锚网索联合支护，锚网索支护及底板参数同文 6.2，在顶板均匀布置 4 根锚索，间排距为 1 400 mm×2 100 mm，并在两帮均匀布置 2 根锚索。必要时可采用二次注浆加固 | |

目前，西一矿极弱胶结地层回采巷道主要采用锚网索联合支护方案，并针对极弱胶结地

层巷道与工程特征，提出了双层锚固平衡拱结构，即在进行煤巷掘进时，适当扩大掘进断面，顶部和两帮各预留一定的变形量，以允许巷道围岩产生一定的变形，从而使围岩中的高应力得到释放，有利于降低围岩集中应力，并使围岩中的高应力向更深部围岩转移，有利于围岩稳定；将煤巷由矩形断面改为切圆拱断面，可提高煤巷开挖后围岩的自稳能力和保证巷道具有足够的使用空间，以及采用锚杆支护能在巷道拱顶形成有效地组合拱结构；在巷道顶板与两帮进行锚索加强支护，可在深部稳定煤层内形成深部承载拱，并通过锚杆与锚索在刚度、强度上的耦合，进而将锚杆浅部组合拱与锚索深部承载拱有效地组合在一起形成双层锚固平衡拱结构。

锚网索联合支护技术方案材料及参数：锚杆，规格 Φ 20 mm×2 400 mm，间排距 700 mm×700 mm，预紧力不低于 50 kN；锚杆托盘，拱形高强度托盘，规格 150 mm×150 mm×8 mm；金属网，采用 Φ6.5 mm 冷拔铁丝编制的菱形网，网格为 50 mm×50 mm；钢筋托梁，全断面使用，由 Φ14 mm 的圆钢焊接，在锚杆安装位置各焊接两段纵筋，纵筋间距为 60 mm；锚索，规格 $\phi$17.8 mm×5 100 mm (6 000 mm)，间排距 1 600 mm×2 100 mm，按 3-2-3 布置，预紧力不低于 150 kN；锚索托盘，高强度垫板，规格 300 mm×300 mm×16 mm；药卷，锚杆采用中速和慢速 2360 型树脂药卷各 1 卷进行锚固，锚索采用中速、慢速及超慢 2360 型树脂药卷各 1 卷进行锚固；底板混凝土，底拱处厚度为 300 mm，墙角处厚度为 200 mm，混凝土强度等级为 C35。目前，西一矿极弱胶结地层回采巷道支护方案设计主要采用方案二，如图 6-4 所示，并根据监测结果进行方案优化设计。

### 6.2.3 极弱胶结地层回采巷道锚网索联合支护方案数值模拟研究

(1) 建模与参数

建立模型几何尺寸长×宽×高＝60 m×60 m×60 m，共划分 141 600 个单元，147 681 个节点；本节建模与参数均同 4.3，3-3 煤参数为：单轴抗压强度为 6.9 MPa，弹性模量为 0.48 GPa，泊松比为 0.18，黏聚力为 2.56 MPa，内摩擦角为 19.42°；顶底板极弱胶结岩体参数取值详见文 2.3，支护方案与参数同上，选取锚杆与锚索材料力学参数详见表 6-3[196-197]。煤体采用 Mohr-Coulomb 破坏准则，以揭示在不同支护方案条件下极弱胶结地层回采巷道围岩变形破坏情况与塑性区损伤扩展规律。

**表 6-3　锚杆与锚索力学参数**

| 材料 | 弹性模量/GPa | 泊松比 | 内摩擦角/(°) | 黏聚力/MPa | 密度/(kg/m³) | 泥浆刚度/MPa | 泥浆内摩角/(°) | 泥浆黏聚力/MPa |
|---|---|---|---|---|---|---|---|---|
| 锚杆 | 200 | 0.25 | — | — | 7 800 | 0.9 | 48 | 1.0 |
| 锚索 | 300 | 0.18 | — | — | 7 850 | 0.9 | 48 | 1.0 |

(2) 数值模拟结果分析

采用 FLAC3D 模拟研究不同支护方案(工况一：煤巷开挖后不支护；工况二：锚网支护；工况三：锚网索联合支护；工况四：锚网索＋底板混凝土联合支护)的支护效果，以验证极弱胶结地层回采巷道锚网索联合支护方案的合理性，不同支护方案条件下回采巷道围岩位移与塑性区最大深度值详见表 6-4。

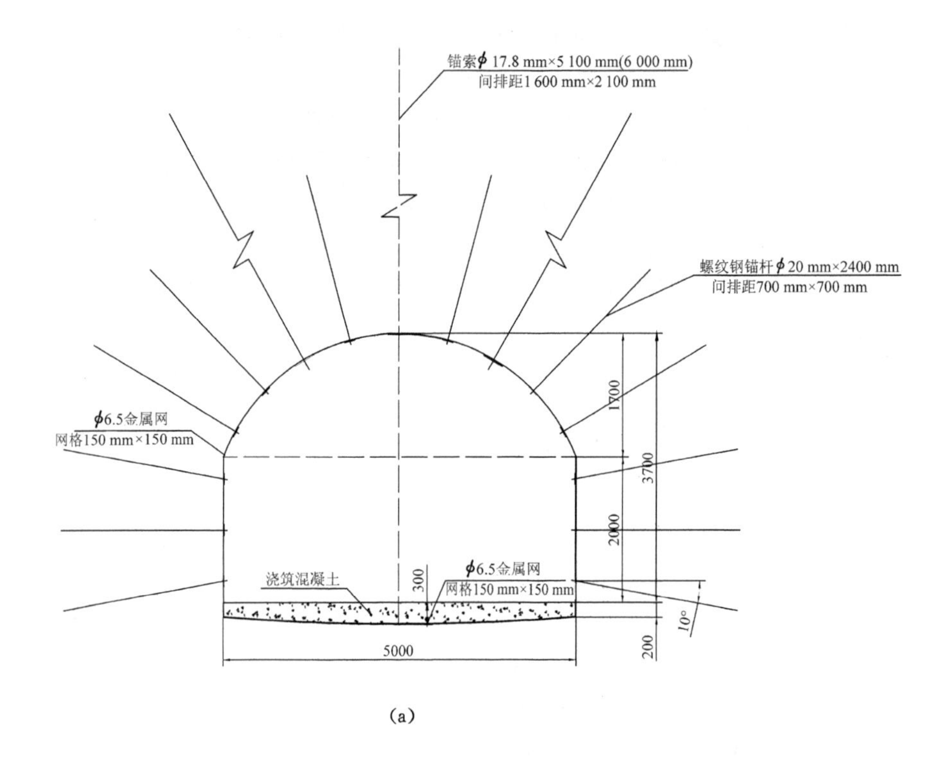


(a)

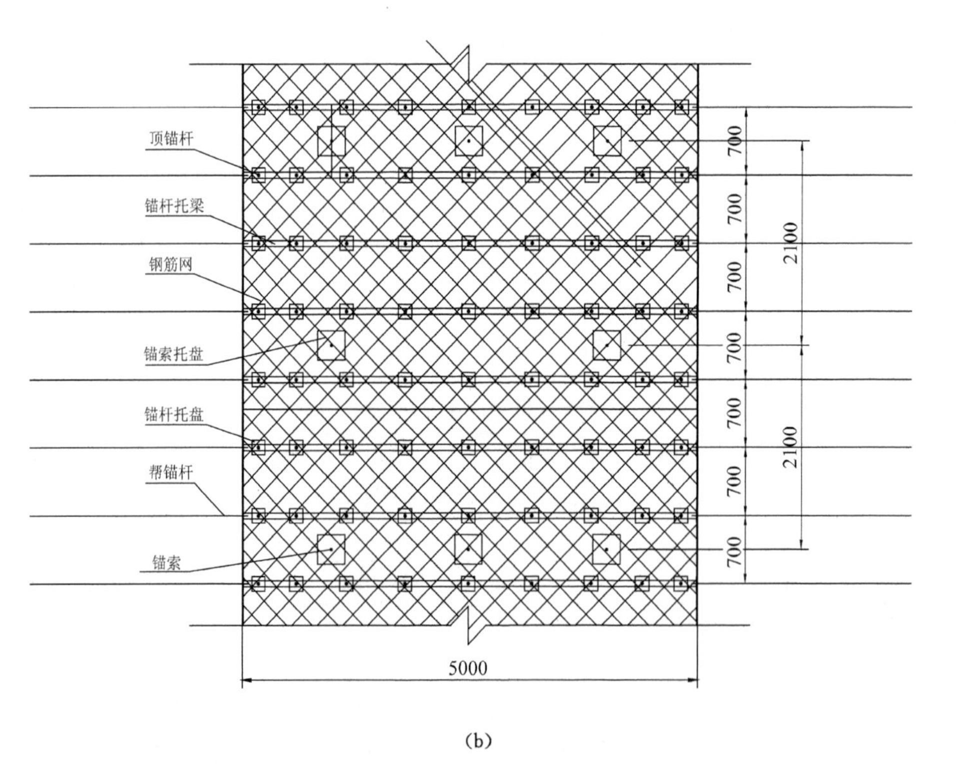


(b)

图 6-4　极弱胶结地层回采巷道锚网索联合支护方案

(a) 正视图；(b) 俯视图

表 6-4　　不同支护方案条件下回采巷道围岩位移及塑性区深度

| 支护方案 | 围岩位移/mm | | | 围岩塑性区最大深度值/m | | |
|---|---|---|---|---|---|---|
| | 顶板下沉量 | 底板底鼓量 | 帮部内挤量 | 顶板塑性区 | 底板塑性区 | 帮部塑性区 |
| 工况一 | 113.62 | 148.14 | 104.35 | 1.39 | 1.95 | 1.28 |
| 工况二 | 64.08 | 93.58 | 68.47 | 0.94 | 1.44 | 0.93 |
| 工况三 | 22.35 | 87.87 | 32.54 | 0.70 | 1.25 | 0.57 |
| 工况四 | 18.34 | 37.26 | 29.35 | 0.67 | 0.91 | 0.52 |

由表 6-4 可知，采用锚网索联合支护技术方案后，1302 运输顺槽顶板最大下沉量约为 18.34 mm，底板最大底鼓量约为 37.26 mm，两帮最大内挤量约为 29.35 mm，即表明采用锚网索联合支护技术方案可有效控制围岩大变形与破坏，确保了极弱胶结地层回采巷道围岩与支护结构的长期稳定及安全。

## 6.3　极弱胶结地层回采巷道围岩变形与支护结构受力监测分析

为及时动态掌握极弱胶结地层回采巷道围岩变形与破坏情况，锚杆、锚索支护结构受力与稳定状态，评价支护效果及优化支护设计，确保极弱胶结地层回采巷道围岩与支护结构的长期稳定及安全，对巷道顶板离层、围岩收敛变形、锚杆与锚索受力进行了实时监测。监测断面测点布置如图 6-5 所示，顶板离层监测采用顶板离层仪，每个监测断面在顶板布置 1 个测点，可反映顶板离层情况，以便加强对巷道顶板的管理，防止冒顶事故的发生；围岩收敛变形监测采用收敛计，每个监测断面布置 4～5 测点，可反映巷道表面围岩的变形特征与支护效果，为支护方案优化设计提供依据；锚杆与锚索受力监测采用测力计，每个监测断面布置 3～5 锚杆测点、2～3 锚索测点，可反映锚杆与锚索的受力情况，掌握其工作状态，及时调整支护方案与参数，避免锚杆与锚索达到屈服强度而断裂，保证锚网索支护效果，维持巷道的稳定及安全。

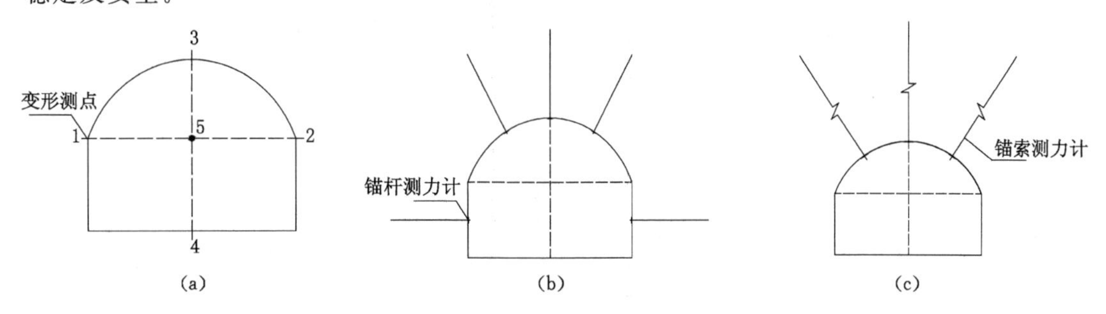


图 6-5　监测断面测点布置示意图

(a) 围岩表面位移监测点；(b) 锚杆受力监测点；(c) 锚索受力监测点

### 6.3.1　顶板离层监测结果与分析

以回采巷道 1302 运输顺槽为例，每隔 30～50 m 在顶板安设一个离层仪，以监测巷道顶板离层状况，以便及时采取应对措施，保证顶板的稳定与安全，避免冒顶事故的发生。顶层离层监测采用机械式两点离层仪，部分监测结果如图 6-6 所示。

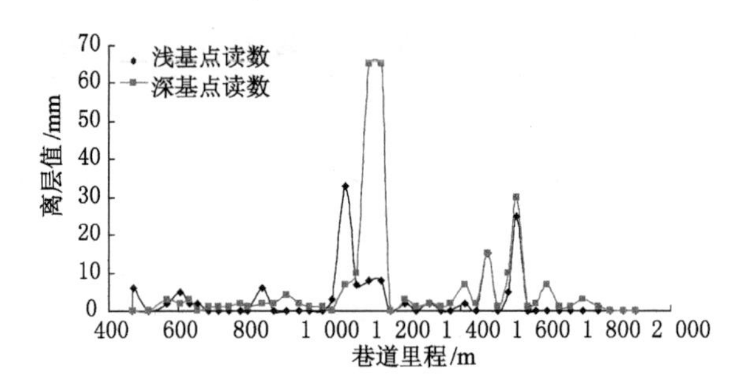


图 6-6 顶板离层监测结果

由图 6-6 可知，巷道里程为 466.3～1 792 m 处(巷道埋深为 157.7～250.1 m)顶板离层监测结果表明，其浅基点离层值为 0～33 mm，平均值约为 5.2 mm；深基点离层值为 0～65 mm，平均值约为 6.3 mm。里程为 1 828～1 900 m 处(巷道埋深为 250.7～251.6 m)顶板离层监测结果表明，其浅基点离层值约为 0 mm，深基点离层值约为 0 mm。总的来说，45 个顶板离层监测断面的浅基点与深基点离层值均不大(除个别监测点外)，尤其是浅基点离层值较小，即表明锚网索联合支护技术方案有效地控制了回采巷道顶板层、滑移；个别监测点离层值较大，主要是由于该测点处顶板煤体破碎下沉形成网兜，造成顶板离层值监测结果较大。

## 6.3.2 围岩位移监测结果与分析

围岩变形量是反映巷道变形规律与稳定状态最直观的物理量，也是评价支护效果最直观可行的指标。巷道围岩收敛变形监测采用收敛计，每隔 30～50 m 布置一个监测断面，部分巷道围岩位移随时间变化关系曲线如图 6-7 所示。

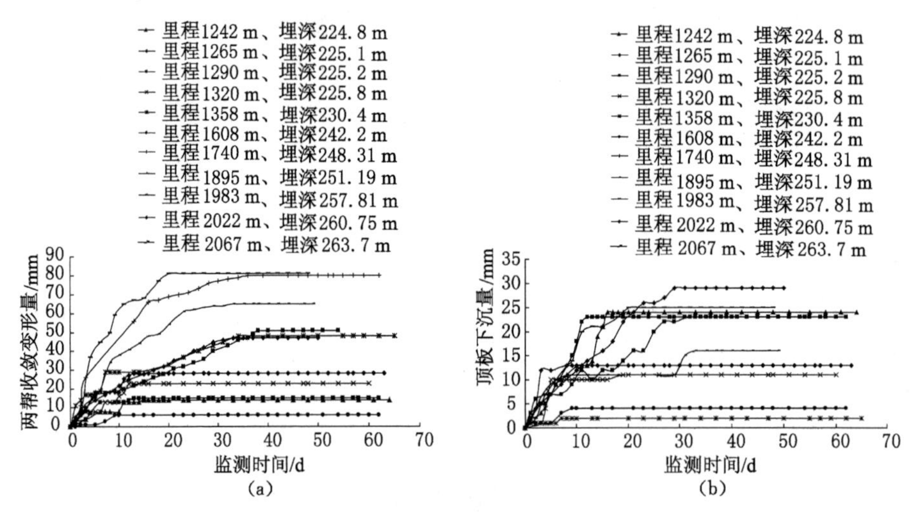


图 6-7 巷道围岩位移随时间变化关系曲线

(a) 两帮收敛变形；(b) 顶板下沉

由图 6-7 可知，11 个两帮收敛变形监测断面与 10 个顶板下沉监测断面曲线趋势基本一致，即随着时间的延续，两帮围岩变形与顶板下沉经过剧烈变形、波动变形及稳定变形等 3 个阶段后趋于稳定，即巷道围岩位移随时间变化关系曲线为衰减稳定型。巷道里程为

1 242～1 740 m(巷道埋深为 224.8～248.31 m),两帮收敛变形为 28.39～80 mm,平均值约为 30.67 mm;顶板下沉量为 2～24 mm,平均值约为 12.83 mm。巷道里程为 1 895～2 067 m(巷道埋深为 251.19～263.7 m),两帮收敛变形为 47～81 mm,平均值约为 61 mm;顶板下沉量为 16～29 mm,平均值约为 24 mm。巷道里程约为 1 242 m(埋深约为 224.8 m),两帮收敛变形约为 28.39 mm、顶板下沉量约为 13 mm;巷道里程约为 2 067 m(埋深约为 263.7 m),两帮收敛变形约为 51 mm、顶板下沉量约为 23 mm。巷道围岩变形监测结果表明,煤巷两帮收敛变形量大于顶板下沉量,这说明回采巷道顶板的锚索有效地控制了顶板的下沉与离层。随着巷道埋深的增加,巷道围岩变形与顶板下沉量有所增大,故应采取相应的加强支护措施(如加密顶板锚索数量,将锚索布置方式由 3-2-3 改为 4-3-4)。同时为有效地限制两帮位移的过度有害发展,建议在巷道两帮补打锚索,以增强巷道两帮的支护抗力和提高支护结构的整体稳定性。建议当巷道埋深较大时,可采用注浆加固技术,以提高围岩的强度与自承能力,并可将锚杆与锚索由端锚转变为全长锚固,提高锚杆与锚索的可靠性及承载能力,防止锚杆与锚索滑移或破断,可有效地控制围岩的变形破坏,以保证极弱胶结地层回采巷道围岩与支护结构的长期稳定及安全。

### 6.3.3 锚杆受力监测结果与分析

通过锚杆与锚索受力监测,可及时掌握锚杆与锚索受力情况及工作状态,以便优化支护方案与参数,防止锚杆与锚索受力过大超过屈服强度而破断。锚杆受力监测采用锚杆测力计,每个监测断面布置 3～5 个测点,且锚杆与锚索受力监测断面间隔布置,部分锚杆受力随时间变化关系曲线如图 6-8 所示。

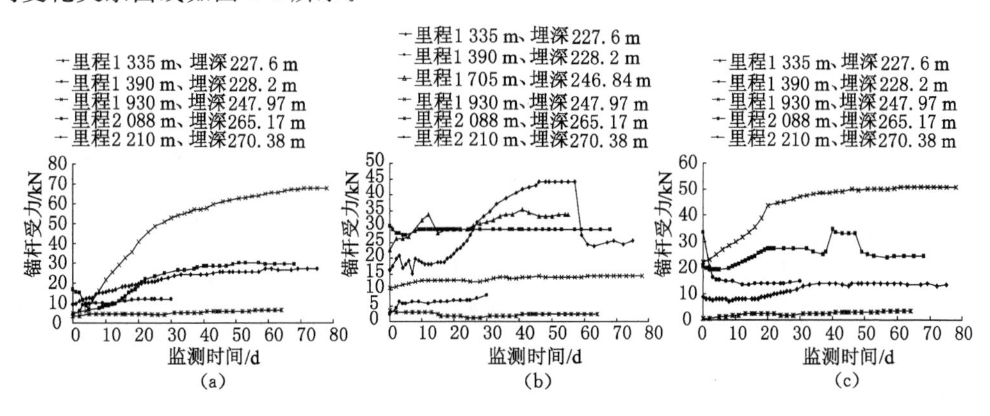


图 6-8 锚杆受力随时间变化关系曲线

(a) 左拱肩锚杆受力;(b) 拱顶锚杆受力;(c) 右拱肩锚杆受力

由图 6-8 可知,巷道里程为 1 335～1 930 m 处(巷道埋深为 227.6～247.97 m),左拱肩锚杆受力值为 27.26～67.68 kN,顶板锚杆受力值为 14.4～33.64 kN,右拱肩锚杆受力值为 13.34～50.88 kN。巷道里程为 2 088～2 210 m 处(巷道埋深为 265.17～270.38 m),左拱肩锚杆受力值为 6.38～12 kN,拱顶锚杆受力值为 23.2～48.16 kN,右拱肩锚杆受力值为 3.48～18.8 kN。总的来说,锚杆受力较小,尚未到达锚杆的屈服强度[197](BHRB500 型锚杆的屈服强度≥157 kN),这主要由于受锚杆预紧力施加设备的限制,对锚杆施加的初始预紧力较小,达不到设计预紧力[197](锚杆设计预紧力≥50 kN),使得锚杆施加后不能及时承载，未能充分发挥对围岩变形的限制作用，导致锚杆整体受力较小。另外由于巷道开挖后引起围岩应力重分布，在关键部位（拱顶、肩窝、底角等）会产生应力集中现象，故呈现“肩窝处锚杆受力大于顶板锚杆受力”的规律，并且随着时间的延续，锚杆整体受力趋于稳定。

### 6.3.4 锚索受力监测结果与分析

锚索受力监测采用锚索测力计，每个监测断面布置 2～3 个测点，部分锚索受力随时间变化关系曲线如图 6-9 所示。

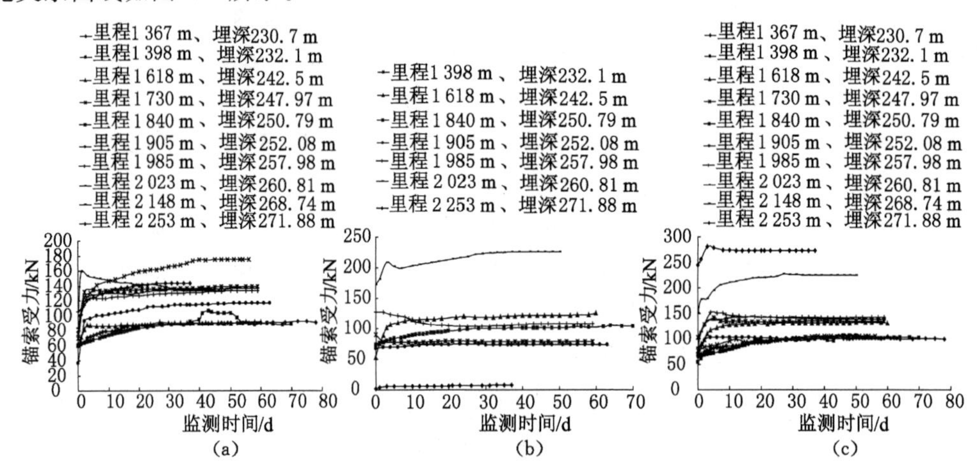


图 6-9 锚索受力随时间变化关系曲线

(a) 左拱肩锚索受力；(b) 拱顶锚索受力；(c) 右拱肩锚索受力

由图 6-9 可知，巷道里程为 1 367～1 730 m 处（巷道埋深为 230.7～247.97 m），左拱肩锚索受力值为 88.74～174.58 kN，拱顶锚索受力值为 103.82～125.86 kN，右拱肩锚索受力值为 98.6～131.08 kN。巷道里程为 1 840～2 148 m 处（巷道埋深为 250.79～268.74 m），左拱肩锚索受力值为 117.12～138.72 kN，拱顶锚索受力值为 73.92～225.6 kN，右拱肩锚索受力值为 99.84～225.12 kN。总的来说，锚索受力可分为快速增长、波动变化与稳定变化等 3 个阶段[198]，最终随着时间的延续，锚索受力趋于稳定。锚索整体受力较大，充分调动了深部稳定煤岩体的承载力，是主体承载结构，但锚索受力还未达到其强度极限[197]（$\phi$17.8 mm 型锚索的破断荷载为 353 kN）。

总的来说，锚杆与锚索的受力均在正常范围内，但锚索承受着较大的荷载，对围岩控制发挥着主要作用；锚杆整体受力较小，建议增大锚杆的初始预紧力[197,200]，一方面可改善破碎煤岩体的物理力学性质，并通过托盘与钢筋托梁等构件来扩大锚杆预紧力的扩散范围，以提高锚固体的整体刚度与强度，保持其完整性；另一方面锚杆施加预紧力后改善了围岩应力分布状态，可抵消由于巷道开挖引起围岩应力重新分布而产生的部分拉应力，进而可提高围岩的抗拉强度，并通过压应力产生的摩擦力，可提高围岩的抗剪能力；并且对锚杆施加的预紧力越大，锚杆支护后在围岩内产生的压应力范围也越大，可在锚杆支护范围内形成完整的压应力区，以充分发挥锚杆的主动支护作用[197,200]。锚索可充分调动深部稳定煤岩体的承载能力，对围岩施加有效约束作用[201]。另外，锚索施加的预紧力较大，可将锚杆端部的拉应力区抵消而转化为压应力区，使得在锚杆与锚索锚固范围内的压应力区相互叠加，在围岩内形成较大范围且完整的压应力主动支护区，可提高锚固承载结构的稳定性、整体刚度及强度;增大锚杆预紧力,可与锚索在刚度、强度等方面相匹配,进而形成锚网索耦合支护结构[202],可充分发挥耦合支护效应,提高锚网索支护效果,从而更有效地控制围岩的变形与破坏,保证极弱胶结地层回采巷道围岩与支护结构的长期稳定及安全。

## 6.4 极弱胶结地层煤巷锚网索耦合支护效应研究

### 6.4.1 锚杆与锚索耦合支护效应数值模拟分析

#### 6.4.1.1 数值模拟方案

预应力是锚杆与锚索支护的重要参数,这是主动支护与被动支护的根本性区别。高预应力锚杆与锚索[203-205]显著增强了围岩控制效果与控制了顶板离层,提高了巷道围岩的稳定性,降低了冒顶事故的发生。研究表明[203-205],采用锚杆、锚索对巷道围岩支护的实质是通过对锚杆、锚索施加预紧力,在巷道开挖后对围岩及时施加一定的压应力,以消除因围岩开挖卸荷造成的拉剪应力,维持巷道围岩的完整性,提高围岩的自承能力。保证巷道围岩中锚杆、锚索锚固区内压应力区的连续及其范围的扩大,这是提高巷道锚网索支护效果的关键。

数值计算结果表明,由于采用锚杆、锚索支护后在围岩内形成的附加应力场与原岩应力场相差太大(相差 2～3 数量级),造成锚杆、锚索支护效果难以反映出来,这也是困扰采用数值计算方法揭示锚杆、锚索支护作用效果的难题。为较好地反映预应力锚杆与锚索支护后产生的围岩应力场,在不考虑原岩应力场的条件下[197,200],采用 FLAC3D 模拟分析不同锚杆与锚索预应力组合条件下引起的围岩应力场分布特征,以揭示锚杆、锚索预应力耦合支护效应,为其合理预紧力的设计提供依据。

数值计算边界条件,限制模型底部及侧向位移,在上表面施加自重应力,模拟上覆岩层自重;建立模型区域尺寸长×宽×高=60 m×60 m×60 m,3-3 煤与顶底板岩层参数取值、锚杆(索)材料力学参数详见文 6.2,支护方案与参数见下文,并采用 Mohr-Coulomb 破坏准则;数值模拟时采用锚杆预紧力为 20 kN、40 kN、60 kN、80 kN,锚索预紧力为 100 kN、120 kN、140 kN、160 kN,进行正交试验。

#### 6.4.1.2 数值模拟结果

采用 FLAC3D 研究分析了不同锚杆与锚索预紧力条件下巷道围岩应力分布规律,如图 6-10所示。

由图 6-10(a)分析可知,当锚索预紧力为 100 kN、锚杆预紧力为 20 kN 时,锚杆施加预紧力后,在巷道围岩锚杆锚固范围内形成一定的压应力叠加区;但由于锚杆预紧力太小,造成巷道顶板与帮部围岩压应力区没有叠加在一起,在巷道周边未形成完整的压应力叠加区;此时,锚杆与锚索叠加区围岩最大压应力值为 32 kPa,顶板锚杆附近围岩最大压应力值为 47.401 kPa,顶板锚杆之间围岩最大压应力值为 16 kPa;帮部锚杆附近围岩最大压应力值为 8 kPa,帮部锚杆之间围岩部分存在拉应力区。随着锚杆预紧力的增大,锚杆与锚索锚固区内压应力区的数值及范围不断增大,并且顶板与帮部围岩压应力区逐渐叠加在一起,在巷道周边形成完整的压应力叠加区,锚杆与锚索的预紧力从围岩表面向内部(深部)不断传递,且形成的围岩附加应力从外向内不断衰减。

由图 6-10(b)至图 6-10(d)分析可知，随着锚索与锚杆预紧力的增大，锚杆与锚索锚固区内压应力区数值及范围不断增大。当锚索预紧力为 160 kN、锚杆预紧力为 20 kN 时，锚杆与锚索叠加区围岩最大压应力值为 52 kPa，顶板锚杆附近围岩最大压应力值为 74.977 kPa，顶板锚杆之间围岩最大压应力值为 22 kPa；帮部锚杆附近围岩最大压应力值为 16 kPa，但由于锚杆预紧力太小，造成巷道顶板与帮部围岩压应力区没有叠加在一起，在巷道周边未形成完整的压应力叠加区。随着锚杆预紧力的增大，最终在巷道周边形成完整的压应力叠加区，不同锚杆与锚索预紧力条件下围岩压应力数值详见表 6-5。

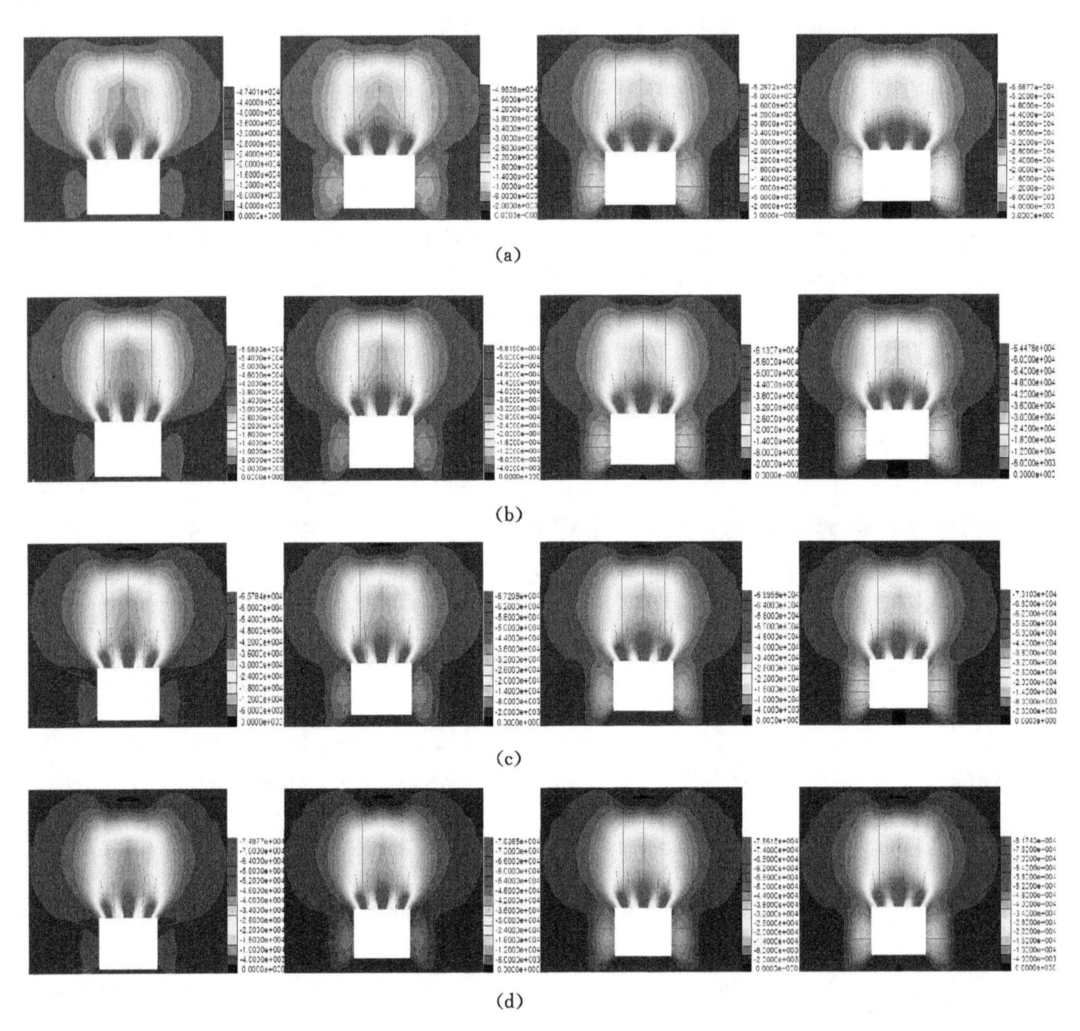

(a)

(b)

(c)

(d)

图 6-10 不同锚杆与锚索预紧力条件下围岩应力场分布

(a) 锚索预紧力为 100 kN，锚杆预紧力依次为 20 kN、40 kN、60 kN、80 kN；

(b) 锚索预紧力为 120 kN，锚杆预紧力依次为 20 kN、40 kN、60 kN、80 kN；

(c) 锚索预紧力为 140 kN，锚杆预紧力依次为 20 kN、40 kN、60 kN、80 kN；

(d) 锚索预紧力为 160 kN，锚杆预紧力依次为 20 kN、40 kN、60 kN、80 kN

定义围岩应力扩大系数 $k$ 来表征不同锚杆与锚索预紧力条件下围岩应力扩散效果，以揭示锚杆与锚索的耦合效应；即定义 $k = \sigma_{xx}/\sigma_{10\,020}$($\sigma_{xx}$ 表示不同锚杆与锚索预紧力条件下围岩最大压应力值，$\sigma_{10\,020}$ 表示锚索预紧力为 100 kN、锚杆预紧力为 20 kN 时的围岩最大压应力值）。当 $k$ 值越大，说明锚杆与锚索锚固区内压应力区的数值及范围不断增大。顶板锚杆附近压应力区数值 $k \leqslant 1.4$ 的比例约占 56%，$k>1.4$ 的比例约占 44%。则可定义当 $k>1.4$ 时，顶板锚杆附近压应力区相互叠加。顶板锚杆之间压应力区数值 $k \leqslant 1.3$ 的比例约占 56%，$k>1.3$ 的比例约占 44%，则可定义当 $k>1.3$ 时，顶板锚杆附近压应力区相互叠加。帮部锚杆附近压应力区数值 $k \leqslant 1.5$ 的比例约占 56%，$k>1.5$ 的比例约占 44%，则可定义当 $k>1.5$ 时，帮部锚杆附近压应力区相互叠加。锚杆与锚索叠加区压应力区数值 $k<1.5$ 的比例约占 56%，$k \geqslant 1.5$ 的比例约占 44%，则可定义当 $k \geqslant 1.5$ 时，锚杆与锚索叠加区压应力区相互叠加，并认为此时可充分发挥锚杆与锚索的耦合作用。

**表 6-5　不同锚杆与锚索预紧力条件下围岩压应力数值　kPa**

| 巷道围岩位置 | 锚索预紧力/kN | 锚杆预紧力/kN | | | | 围岩应力扩大系数 $k$ |
|---|---|---|---|---|---|---|
| | | 20 | 40 | 60 | 80 | |
| 顶板锚杆附近 | 100 | 46～47.401 | 48～49.526 | 52～52.672 | 54～55.877 | 1、1.05、1.11、1.18 |
| | 120 | 56～56.593 | 58～58.19 | 60～61.307 | 64～64.478 | 1.19、1.23、1.29、1.36 |
| | 140 | 64～65.784 | 66～67.208 | 68～69.958 | 72～73.103 | 1.39、1.42、1.48、1.54 |
| | 160 | 74～74.977 | 76～76.385 | 78～78.615 | 80～81.743 | 1.58、1.61、1.66、1.72 |
| 顶板锚杆之间 | 100 | 14～16 | 16～18 | 16～18 | 18～20 | 1、1.13、1.13、1.25 |
| | 120 | 16～18 | 18～20 | 18～20 | 22～24 | 1.13、1.25、1.25、1.5 |
| | 140 | 16～18 | 18～20 | 20～22 | 24～26 | 1.13、1.25、1.38、1.63 |
| | 160 | 20～22 | 22～24 | 24～26 | 26～28 | 1.38、1.5、1.63、1.75 |
| 帮部锚杆附近 | 100 | 6～8 | 8～10 | 12～14 | 14～16 | 1、1.25、1.75、2 |
| | 120 | 8～10 | 10～12 | 12～14 | 16～18 | 1.25、1.5、1.75、2.25 |
| | 140 | 10～12 | 12～14 | 14～16 | 18～20 | 1.5、1.75、2、2.5 |
| | 160 | 14～16 | 16～18 | 18～20 | 20～22 | 2、2.25、2.5、2.75 |
| 锚杆与锚索叠加区 | 100 | 30～32 | 32～34 | 36～38 | 38～40 | 1、1.06、1.19、1.25 |
| | 120 | 40～42 | 42～44 | 42～44 | 46～48 | 1.31、1.38、1.38、1.5 |
| | 140 | 40～42 | 42～44 | 44～46 | 48～50 | 1.31、1.38、1.44、1.56 |
| | 160 | 50～52 | 52～54 | 54～56 | 56～58 | 1.63、1.69、1.75、1.81 |

基于锚杆、锚索预紧力理论计算与数值模拟分析[203-205]，可确定预紧力合理数值为：锚杆预紧力为 40～60 kN，锚索预紧力为 140～160 kN。此时两者可形成耦合支护结构，锚杆与锚索锚固区内压应力区的数值及范围较大，并能在巷道周边形成完整的压应力叠加区，可充分发挥锚杆与锚索的耦合支护效应，保证巷道围岩与支护结构的长期稳定及安全，提高锚网索支护效果。

## 6.4.2 矩形断面开切眼导硐合理支护技术实践

### 6.4.2.1 矩形断面开切眼导硐合理支护方案

1302 工作面开切眼为矩形断面，沿 3-3 号煤层底板掘进（且预留 0.5 m 左右的底煤），采用导硐法开挖，初次开挖断面尺寸为 4 500 mm×3 200 mm，在安设工作面设备前再进行二次刷帮达到设计尺寸。通过理论分析与数值计算，确定其支护方案为以锚网索为主、工字钢支架为辅构成的联合支护方案。支护参数为：高强螺纹钢锚杆规格为 $\phi$20 mm×2400 mm，间排距 700 mm×700 mm，预紧力不低于 50 kN；金属网采用菱形网，网格为 50 mm×50 mm；预应力锚索规格为 $\phi$17.8 mm×6 000 mm，在顶板均匀布置 3 根，间排距为 1 600 mm×2 100 mm，预应力不低于 150 kN；型钢支架采用 16# 工字钢，排距为 1 400 mm，帮部工字钢底端焊接 300 mm×300 mm×10 mm 普通钢板，以扩大底端工字钢支架的受力面积，提高其稳定性与安全性；底板可采用卧底处理（略带底拱），铺设由 $\phi$6.5 mm 钢筋焊接而成的经纬网，然后浇筑混凝土形成反底拱结构，底拱处厚度为 300 mm，墙角处厚度为 200 mm，混凝土的强度等级均为 C35。

6.4.2.2 *支护设计方案数值模拟研究*

（1）数值模型建立

采用 FLAC3D 模拟研究不同支护方案的支护效果，以验证矩形断面开切眼导硐联合支护方案的合理性。数值模型的尺寸、边界约束条件及地层煤岩体力学参数选取同上，锚杆、锚索参数选取同上，工字钢支架参数为 $E=210$ GPa、$\mu=0.25$、$\rho=7.85$ g/cm$^3$、横截面积 $A=26.131$ cm$^2$、惯性矩 $I_x=1\ 130$ cm$^4$、$I_y=93.1$ cm$^4$，混凝土参数为 $E=31.5$ GPa、$\mu=0.25$、$\rho=2.5$ g/cm$^3$，模拟建立的 FLAC3D 支护结构模型如图 6-12 所示。在数值模拟中，工字钢支架采用 beam 单元，锚杆与锚索采用 cable 单元。研究表明[206,207]，锚杆、锚索施加后对巷道围岩起着物理与力学作用，提高了岩石力学参数，改善了围岩应力状态。但是数值计算时很难反映这一复杂的支护效应，可采用等效方法，即将锚杆、锚索锚固范围内岩体的弹性模量、内聚力、内摩擦角相应提高[208]。

（2）数值模拟结果分析

为了直观地反映不同支护方案对巷道围岩位移及塑性区的控制效果，将不同支护方案下（方案一：挖后不支护；方案二：锚网支护；方案三：锚网索支护；方案四：锚网索＋工字钢支护＋底板混凝土联合支护）煤巷围岩位移与塑性区最大深度值置于表 6-6 中，以便进行支护效果对比分析。

**表 6-6　不同支护方案条件下的煤巷围岩位移及塑性区深度**

| 支护方案 | 围岩位移/mm | | | 围岩塑性区最大深度值/m | | |
|---|---|---|---|---|---|---|
| | 顶板下沉量 | 底板底鼓量 | 帮部内挤量 | 顶板塑性区 | 底板塑性区 | 帮部塑性区 |
| 方案一 | 171.58 | 205.59 | 139.84 | 3.36 | 3.35 | 2.63 |
| 方案二 | 104.64 | 129.92 | 85.281 | 2.91 | 2.86 | 2.25 |
| 方案三 | 58.788 | 70.326 | 47.89 | 2.37 | 2.18 | 1.74 |
| 方案四 | 24.532 | 29.342 | 19.999 | 1.82 | 1.63 | 1.45 |

由表 6-5 分析可知，采用联合支护方案后，煤巷顶板最大下沉量约为 24.532 mm，底板最大底鼓量约为 29.342 mm，两帮最大内挤量约为 19.999 mm，即表明采用该联合支护方案，提高了支护结构的承载能力和支护效果，限制了煤巷围岩塑性区的损伤扩展，维持了巷道围岩与支护结构的稳定，保证了巷道施工与使用期间的安全。

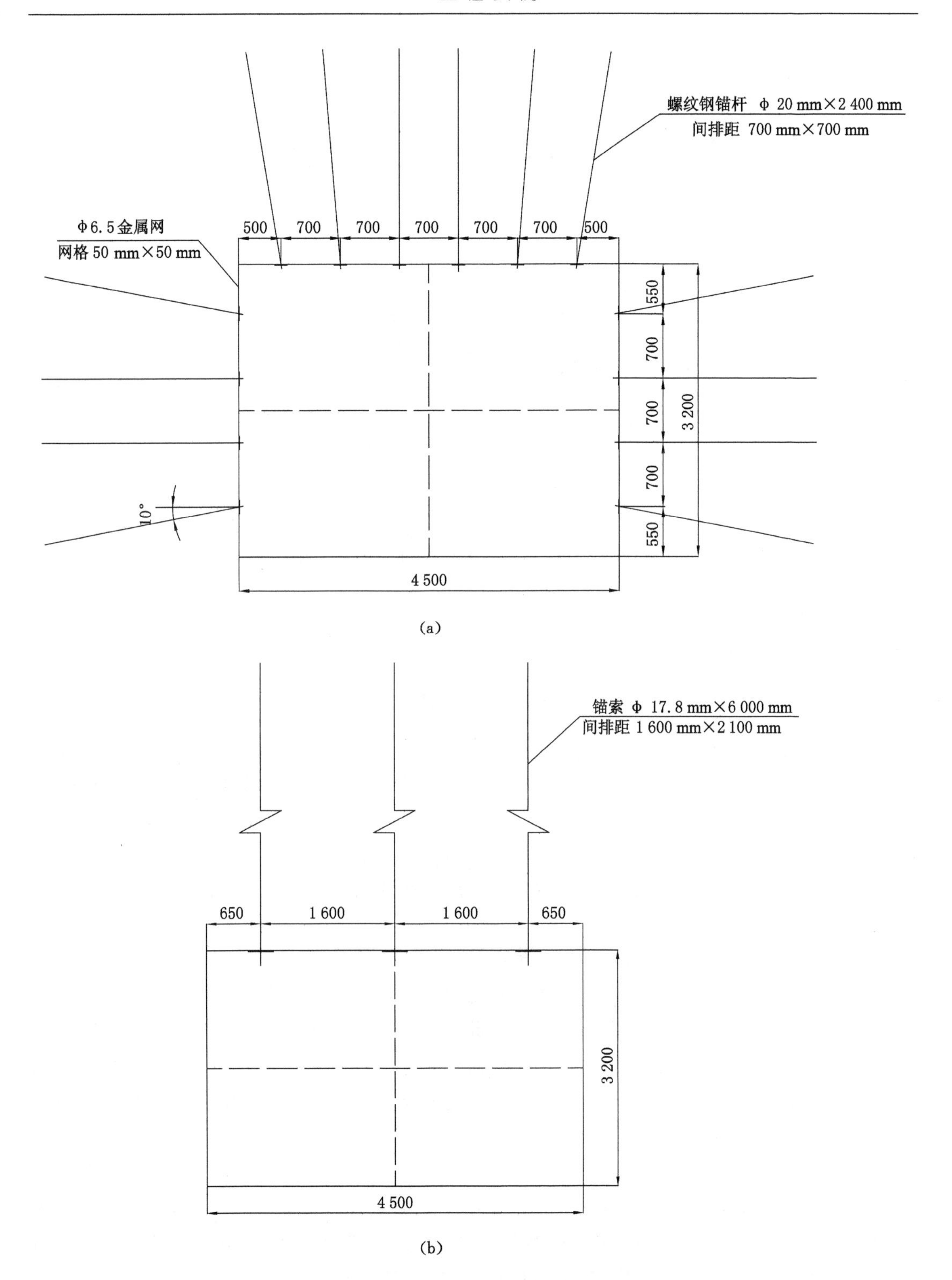


图 6-11 1302 工作面开切眼导硐支护结构

(a) 锚网支护结构;(b) 锚网支护结构

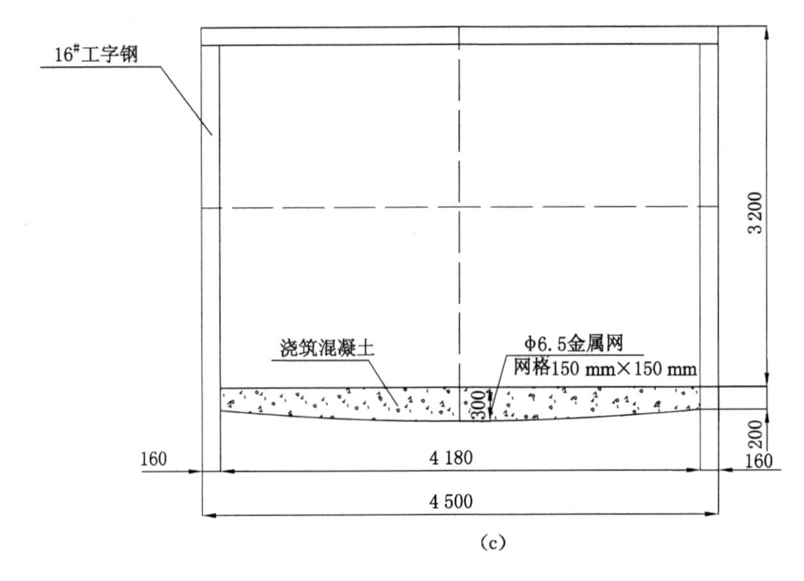


(c)

续图 6-11 1302 工作面开切眼导硐支护结构

(c) 工字钢支护与底板混凝土结构

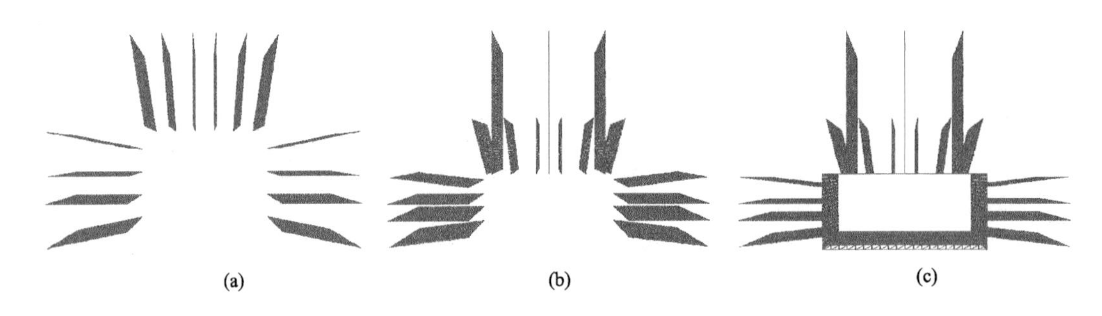

(a) (b) (c)

图 6-12 FLAC3D 支护结构

(a) 锚杆支护结构；(b) 锚杆与锚索支护结构；(c) 锚杆、锚索与工字钢支护结构

### 6.4.3 井下工业性试验与支护效果分析

现场监测能够反映围岩变形与支护结构受力特征，通过对监测数据处理、分析及反馈，可调整、优化施工工艺与支护方案，保证巷道施工安全和围岩及支护结构的长期稳定[209-221]。为验证矩形断面开切眼导硐采用锚网索与工字钢支架联合支护方案的可行性，进行了井下工业性试验；为评价支护效果，对巷道围岩变形与锚杆、锚索受力进行了实时监测与分析。

(1) 巷道围岩收敛变形监测分析

巷道围岩变形与破坏特征是反映围岩稳定及支护效果最直观的物理量，围岩收敛变形监测采用收敛计，在 1302 工作面开切眼导硐共布置多个监测断面，选取部分监测结果进行分析，部分巷道围岩表面收敛位移与时间关系曲线如图 6-13 所示。

由图 6-13 分析可知，巷道开挖后引起围岩应力重分布，造成巷道周边应力集中超过围岩强度，导致巷道周边围岩产生不同程度的变形与破坏。1302 工作面开切眼导硐围岩收敛变形与时间曲线呈衰减型，即随着支护结构作用的发挥，围岩变形趋于稳定；可将巷道围岩

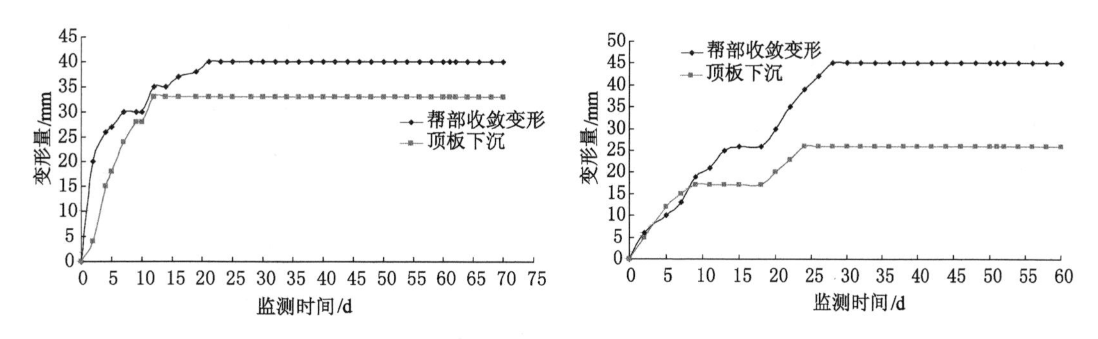


图 6-13 围岩收敛变形与时间关系曲线

(a) 1# 监测断面;(b) 2# 监测断面

变形可分为剧烈变形、波动变形、稳定变形等 3 个阶段:第 1 阶段——剧烈变形阶段,为巷道开挖后 2～10 d,巷道开挖后引起的卸荷作用,导致围岩破裂损伤区快速从表面向围岩内部发展,引起围岩在巷道开挖后初期变形剧烈;第 2 阶段——波动变形阶段,为巷道开挖后 10～20 d,或时间更长一些,该阶段围岩变形波动剧烈,变形在稳定一段时间后又继续增加,这是由于围岩内部由于巷道开挖引起的应力重分布(应力调整)过程仍在继续,还未到达应力平衡状态;第 3 阶段——稳定变形阶段,为巷道开挖后 20～30 d 后,若围岩流变较强时该段时间会更长一些,该阶段变形随着时间的延续最终趋于稳定,即表明存在于围岩内部积蓄的能量基本完全释放,应力调整后重新达到平衡状态。总的来说,围岩收敛变形监测结果表明,两帮收敛变形为 40～45 mm,顶板下沉量为 26～33 mm,即表明采用锚网索支护结构有效地控制了顶板离层与围岩变形,保证了巷道顶板与帮部围岩的稳定及安全。采用工字钢支架辅助加强支护,限制了围岩损伤扩展,保证了围岩与支护结构的长期稳定及安全。

(2) 锚杆与锚索受力监测分析

通过锚杆与锚索受力监测,可及时了解锚杆与锚索的受力状态,评价支护结构的稳定性、安全性及支护参数设计的合理性。锚杆与锚索受力监测采用锚杆或锚索测力计,每个断面布置 3～5 测点;部分锚杆受力与时间关系曲线如图 6-14 所示,部分锚杆受力与时间关系曲线如图 6-15 所示。

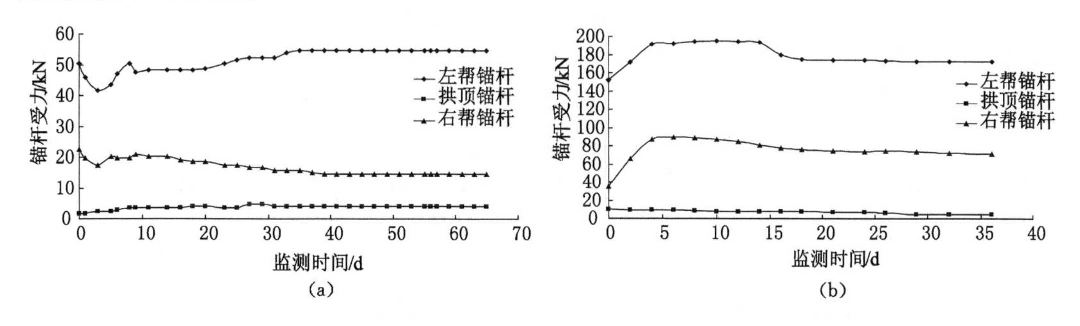


图 6-14 锚杆受力与时间关系曲线

(a) 1# 监测断面;(b) 2# 监测断面

由图 6-14 分析可知,锚杆受力随时间增长的变化过程波动性较大、规律性较差,部分锚杆在施加初始预紧力后的一段时间内受力有变小的趋势,但随着时间的延续锚杆受力趋于稳定。由于锚杆的可锚性较差,导致部分锚杆施加初始预紧力后造成预紧力损失,使得锚杆

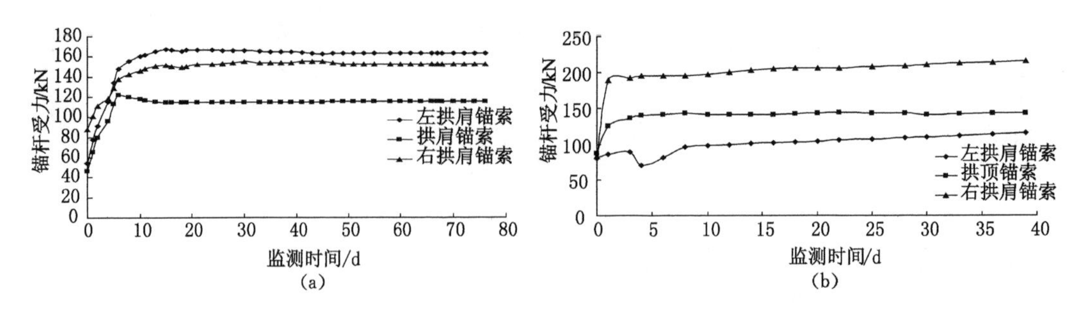


图 6-15 锚索受力与时间关系曲线

(a) 1# 监测断面;(b) 2# 监测断面

受力下降;受施工设备的影响,造成锚杆施加的初始预紧力普遍偏小,影响了锚杆支护作用及时发挥,导致了锚杆安设后不能及时承载且整体受力较小。总的来说,锚索承受较大荷载,因此,在同一位置上的锚索受力显著增长。

由图 6-15 分析可知,锚索受力随时间增长的变化过程大致可分为快速增加、波动变化、稳定变化等 3 个阶段:第 1 阶段——快速增加阶段,与围岩变形的剧烈变形阶段基本对应,锚索安装并施加预紧力后,开始对围岩变形发挥抑制作用,但是由于在该阶段巷道围岩变形量大、变形剧烈,使得锚索对围岩的支护作用快速发挥,及时承受围岩荷载,导致锚索受力快速增加;第 2 阶段——波动变化阶段,与围岩变形的波动变化阶段基本对应,此阶段锚索受力变化波动频繁,锚索受力或变小、或变大、或保持不变,这是由于围岩内部应力调整,造成围岩压缩、扩容变形波动,因而引起锚索受力不稳定,产生震荡波动;第 3 阶段——稳定变化阶段,与围岩变形的稳定变化阶段基本对应,随着围岩变形趋于稳定,锚索受力趋于稳定值,其受力值达到最大,但没有达到屈服极限(研究表明[197]:锚杆型号为 BHRB500,其屈服强度为 500 MPa,故锚杆的屈服极限≥157 kN;$\phi$17.8 mm 的高强度低松弛预应力锚索,其极限承载力为 353 kN)。

锚杆与锚索受力监测结果表明,左帮锚杆受力为 54.52～172.8 kN,拱顶锚杆受力为 4.06～4.32 kN,右帮锚杆受力为 14.5～71.52 kN;左拱肩锚索受力为 115.42～162.98 kN,拱顶锚索受力为 115.42～143.26 kN,右拱肩锚索受力为 151.96～215.76 kN。总的来说,锚杆与锚索受力均在正常范围内,没有超过锚杆或锚索的受力极限,未发生锚杆与锚索破断现象,且呈现出“帮部锚杆受力大于顶板锚杆受力”的规律,一方面是由于顶板锚索承载较大的荷载,造成锚杆承受的荷载较小,另一方面,由于顶板的特殊位置,导致施加的初始预紧力较小,顶板锚杆的作用未能充分发挥。为充分发挥锚杆与锚索耦合支护效果,应采取相应的技术手段与设备,按设计值施加锚杆与锚索的预紧力,以改善巷道围岩的受力状况与支护效果。提高锚杆预紧力的措施包括:① 采用扭矩扩大器提高螺母预紧力矩;② 采用减摩垫片,降低锚杆螺母转动时与托盘之间的摩擦力;③ 提高螺纹加工的精度等级,减小摩擦阻力与摩擦扭矩;④ 加强锚杆施工工艺与质量控制,严重按照锚杆预紧力设计值进行施加预紧力。

## 6.5 极弱胶结地层开拓巷道支护技术研究

### 6.5.1 极弱胶结地层开拓巷道支护技术方案

由于大巷所穿越地层岩性为极弱胶结的软岩,其强度极低,无法有效实施锚杆、锚索等主动支护，并且巷道开挖后自稳能力较低，巷道支护困难，因此可采用被动支护结构以保证巷道围岩与支护结构的稳定及安全。正常段开拓大巷：采用挂双层网＋喷混凝土＋16# 工字钢支架，支护厚度为 300 mm；支架采用 16# 工字钢制作，间距 700 mm，支架底脚板采用 10 mm 厚钢板制作，底脚板规格 400 mm×400 mm×10 mm。金属网为 Φ6.5 mm 钢筋焊接，网孔尺寸为 100 mm×100 mm。巷道混凝土铺底加设工字钢底梁，工字钢底梁间距 1 400 mm，混凝土铺底增加一层金属网，混凝土铺底厚度为 600 mm 反底拱；铺底混凝土、喷混凝土强度等级均为 C25。过断层段开拓巷道支护方案：采用挂双层网喷＋16# 工字钢加强支护，支护厚度为 350 mm，工字钢间距 700 mm；巷道混凝土铺底加设工字钢底梁，工字钢底梁间距 700 mm，混凝土铺底增加一层金属网；铺底混凝土、喷混凝土强度等级均为 C25。加强支护段开拓巷道支护方案：采用 16# 工字钢支架＋挂网喷混凝土＋钢筋混凝土衬砌，支架采用 16# 工字钢制作，工字钢棚间距 700 mm，支架底脚板采用 10.0 mm 厚钢板制作，底脚板规格 400 mm×400 mm×10 mm；金属网为 Φ6.5 mm 钢筋焊接，网孔尺寸为 100 mm×100 mm；主筋采用二级 18 mm 钢筋，间排距为@300 mm；箍筋采用二级 6.5 mm 钢筋，间排距为@600 mm；巷道混凝土铺底加设工字钢底梁，工字钢底梁间距 1 400 mm，混凝土铺底增加一层金属网，混凝土铺底厚度为 600 mm 反底拱；铺底混凝土、喷混凝土强度等级均为 C25。

### 6.5.2 极弱胶结地层开拓巷道围岩与支护结构受力监测

西一矿煤层顶底板主要为胶结程度极差的泥岩、粉砂岩、砂岩等，其力学性能极低，且存在严重的风化、泥化和崩解现象，围岩自承载能力极低，无法实施有效的锚杆、锚索等主动支护方式。目前，主要开拓巷道基本采用工字钢、钢筋网＋混凝土衬砌的联合支护方式。为反映极弱胶结地层开拓巷道开挖后围岩的变形特征与支护结构受力情况，验证支护方案的可行性和评价支护效果，对巷道围岩收敛变形、型钢支架受力及混凝土衬砌受力的情况进行了实时监测。围岩表面收敛位移量测采用收敛计，每个监测断面采用中腰十字布点法共布置 4 个测点，工字钢支架及混凝土衬砌受力监测采用压力计，每个断面布置 6 测点，巷道监测断面测点布置示意图如图 6-17 所示。

#### 6.5.2.1 *巷道围岩表面位移监测分析*

为了反映极弱胶结地层中开拓巷道开挖后围岩的变形特征，对巷道围岩收敛变形情况进行了实时监测。围岩表面收敛变形量测采用收敛计，在西一辅运大巷、西一回风大巷共布置 2 个监测断面，围岩表面收敛位移与时间关系曲线如图 6-18 所示。

由图 6-18 分析可知，巷道围岩变形曲线呈衰减型，在工字钢支架与喷网初次支护后前 30 d 左右，巷道围岩变形快速增加，巷道围岩表面收敛位移与时间关系曲线快速上升；30～60 d，巷道围岩变形趋于稳定。总的来说，在混凝土衬砌施工之前，巷道围岩变形量仍然较大，西一辅输大巷经过 60 d 左右的监测，两帮累计收敛变形量为 60.801 mm，即仅依靠工字钢支架、喷网初次支护还难以有效控制围岩的变形。在混凝土衬砌施作之后，围岩变形速率减小，随着时间的延续，巷道围岩变形趋于稳定，变形曲线趋于平缓，巷道围岩变形最终达到稳定状态，经过 60 d 左右的监测，两帮累计收敛变形量仅为 22.146 mm；西一回风大巷经过 120 d 左右的监测，两帮累计收敛变形量为 16.568 mm，围岩收敛变形量趋于稳定。巷道围岩收敛变形监测结果表明，在极弱胶结地层开拓巷道采用工字钢、钢筋网＋混凝土衬砌的联合支护方式，有效地控制了极弱胶结地层巷道围岩的变形，保持了巷道的长期稳定及安全。

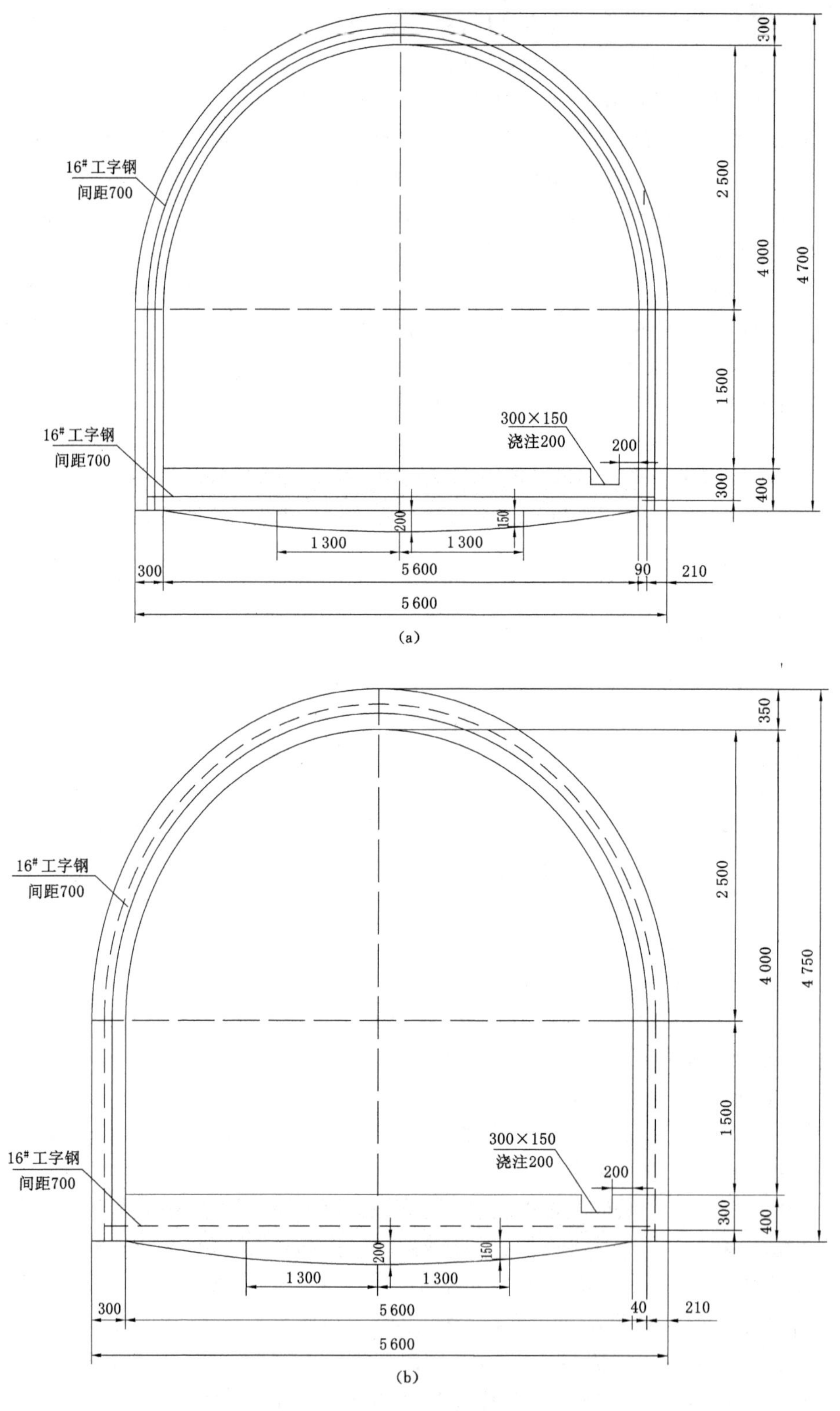


图 6-16　开拓大巷支护方案

(a) 正常段;(b) 过断层段

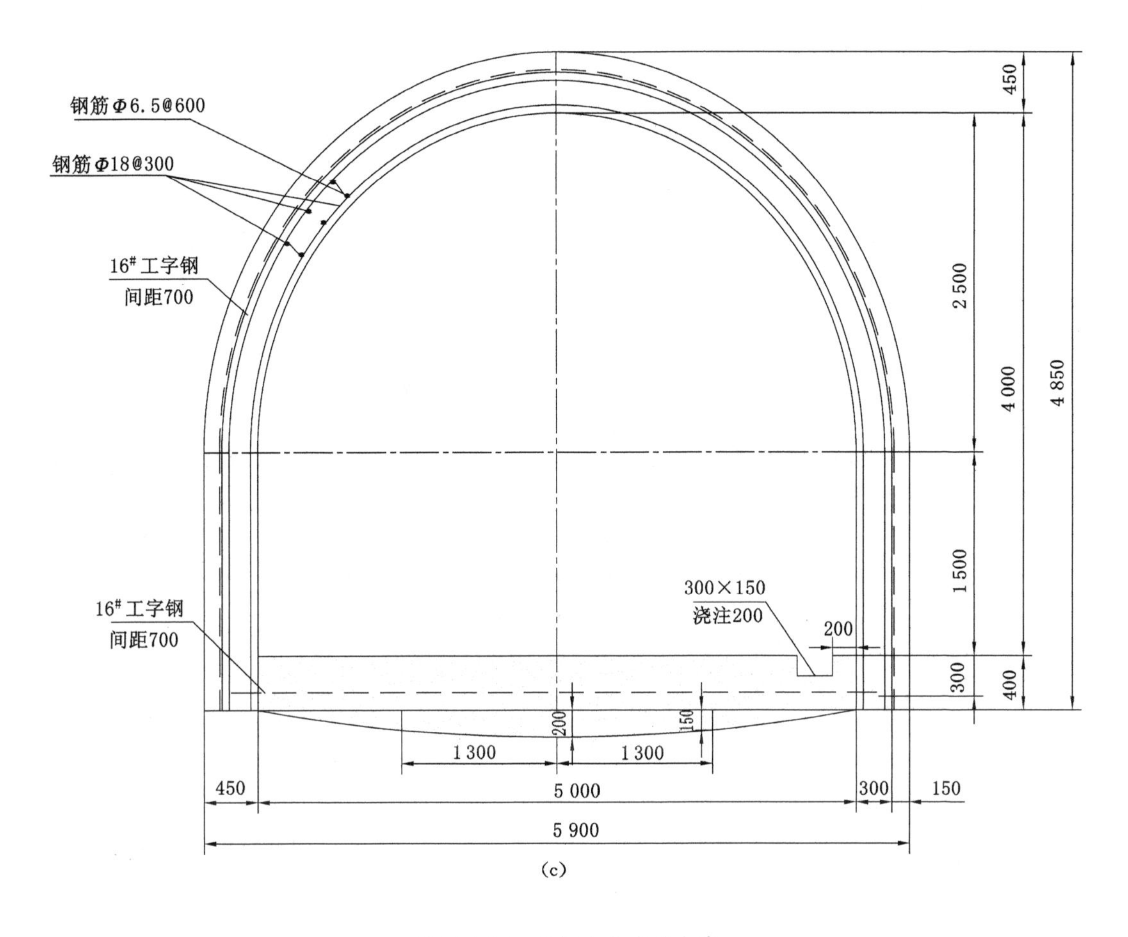


续图 6-16 开拓大巷支护方案

(c) 加强支护段

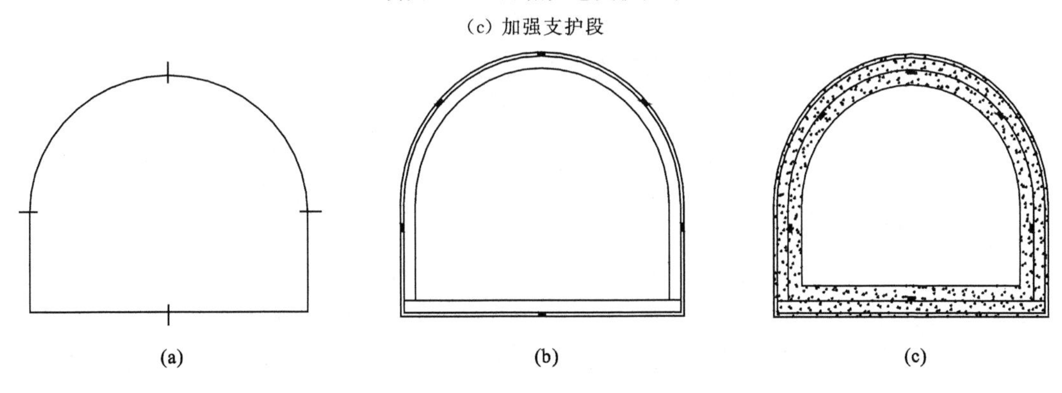


图 6-17 监测断面测点布置示意图

(a) 表面位移测点;(b) 工字钢支架受力测点;(c) 混凝土衬砌受力测点

### 6.5.2.2 工字钢支架受力监测分析

为监测巷道初次支护后工字钢支架受力变化情况,对工字钢支架受力变化情况进行了实时监测。工字钢支架受力监测采用压力盒,工字钢支架受力与时间关系曲线如图 6-19 和图 6-20 所示。

(1) 西一辅运大巷工字钢支架受力监测数据分析

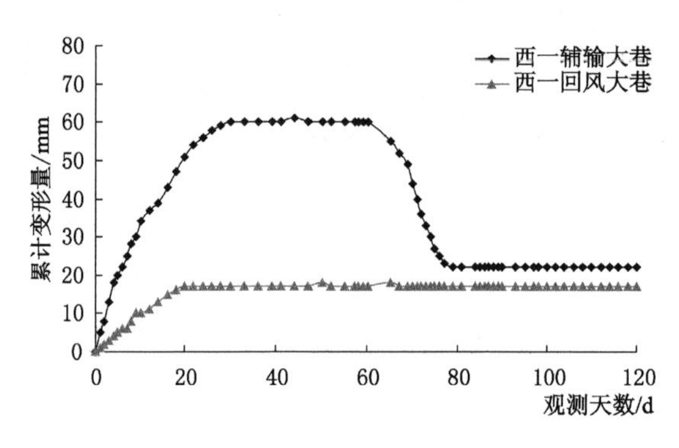


图 6-18　巷道围岩收敛变形监测

由图 6-19 分析可知，左拱肩压力盒的受力一直维持在比较稳定的状态，压力值随着时间的增长有小幅度增加，140 d 时压力值大约为 0.04 MPa；右拱肩压力盒的受力一直在小幅度增长，现已基本趋于稳定，140 d 时压力大约为 0.29 MPa；右帮底压力盒的受力起伏最大，开始经初期调整后，压力值维持 0.02 MPa 左右，后因为巷道围岩变形的加剧使得压力盒受力明显增大，140 d 时压力值大约为 0.2 MPa；底板处压力盒受力已经基本趋于稳定，压力值大约为 0 .015 MPa，这说明工字钢、钢筋网＋混凝土衬砌的联合支护方式，有效地控制了巷道底鼓，使得巷道底板处于稳定状态而未产生较大的变形。其中顶板压力盒监测数据一直为负值，则说明该压力盒已失效，主要原因为巷道拱顶围岩与压力盒之间有空隙而未完全接触以及受施工因素的影响所造成的。

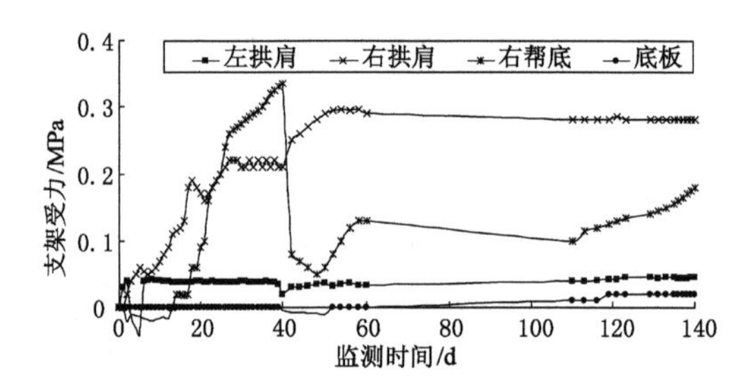


图 6-19　西一辅运大巷工字钢支架受力监测

(2) 西一回风大巷工字钢支架受力监测数据分析

图 6-20 分析可知，工字钢支架受力经过初期的应力调整，经过 140 d 的监测，监测数据基本趋于稳定，其中顶板压力盒监测数据一直为负值，则说明该压力盒已失效。部分接触压力还在小幅度的增大，140 d 时右拱肩压力盒的压力值大约为 0.195 MPa；左拱肩压力盒的受力一直维持在比较稳定的状态，压力值大约为 0.047 MPa；左帮底压力盒在经过初期的调整后，压力值有一定的起伏，但变化不大，140 d 时压力值大约为 0.085 MPa；右帮底处压力盒受力先增大后减小，压力值有小幅度减小的趋势，压力值大约为 0.0499 MPa；底板处压力盒受力已经基本趋于稳定，但是有小幅度增大的趋势，140 d 时压力值维持在 0.110 1 MPa，总体来说底板处工字钢支架受力不大，底板未产生较大的底鼓变形而处于稳定状态。

6.5.2.3　*混凝土衬砌受力监测分析*

为监测巷道二次支护后混凝土衬砌受力变化情况，对混凝土衬砌受力变化情况进行了

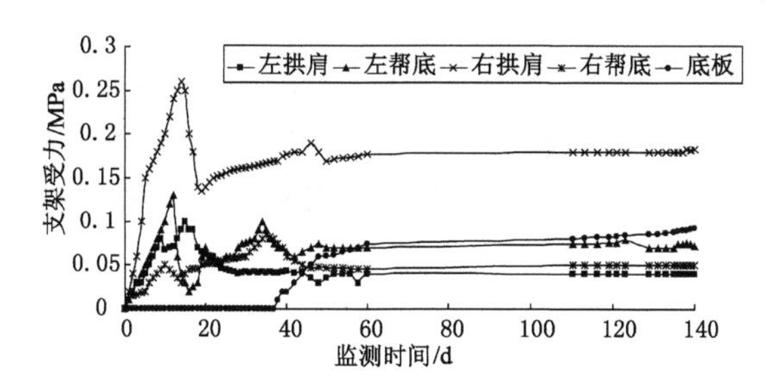


图 6-20 西一回风大巷工字钢支架受力监测

实时监测。混凝土衬砌受力监测采用压力盒，混凝土衬砌受力与时间关系曲线如图 6-21 和图 6-22 所示。

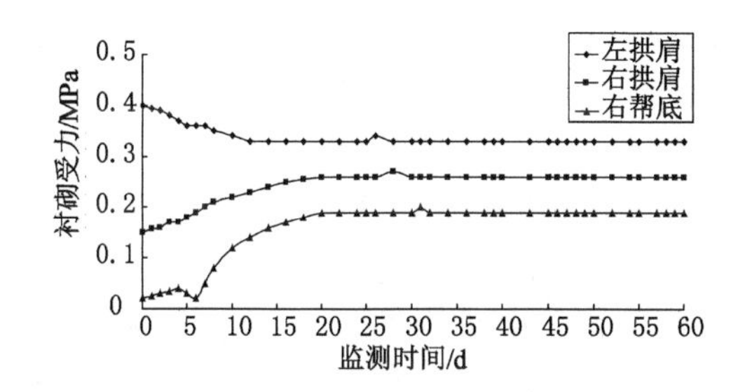


图 6-21 西一辅运大巷混凝土衬砌受力监测

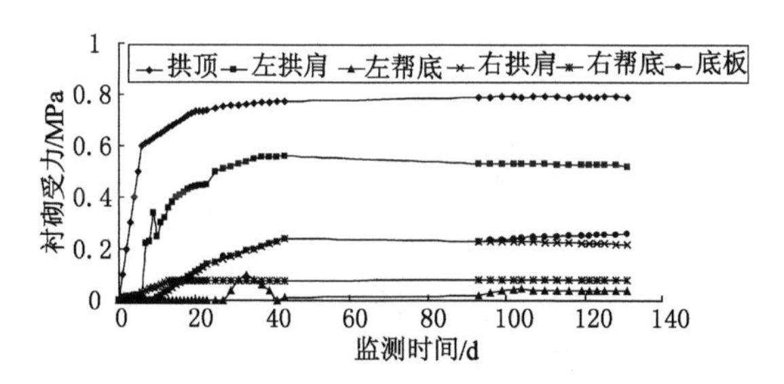


图 6-22 西一回风大巷混凝土衬砌受力监测

(1) 西一辅运大巷混凝土衬砌受力监测数据分析

由于施工单位不慎将巷道左帮底和拱顶的压力盒线头埋入喷浆料内而无法采集数据，目前测得数据有限。由图可知，左拱肩压力盒初期压力较大，最大数值为 0.4 MPa，随时间的增大，压力值正在逐渐减小，经过 60 d 左右的监测，其数值稳定在 0.33 MPa；右拱肩和右帮底受力逐渐增大，经过 60 d 左右的监测，右拱肩压力盒数值为 0.24 MPa，右帮底压力盒数值为 0.18 MPa，且两者趋于稳定状态，受力没有明显增加。

(2) 西一回风大巷混凝土衬砌受力监测数据分析

由图 6-22 分析可知，混凝土衬砌受力经过初期的应力调整，压力值比较稳定，经过 130 d 的监测，监测数据整体趋于稳定。巷道拱顶压力盒受力值最大，达到 0.764 MPa，说明顶板产生了比较大的松散压力，巷道围岩产生较大的塑性破坏区；左拱肩压力盒受力值大约为 0.469 6 MPa，右拱肩处压力值大约为 0.206 3 MPa，左拱肩压力盒受力值大于右拱肩压力盒受力值，这是由于巷道左侧受到部分断层、褶皱等地质构造的影响，对围岩产生一定的扰动，使得巷道左侧的变形更大一些，引起松动压力的增加，可能会造成相应侧测点的接触应力值较大；左帮底处压力值大约为 0.014 8 MPa，右帮底处压力值大约为 0.106 6 MPa，两帮底处受力都比较小，说明两帮部围岩相对来说比较稳定；底板处压力盒自埋设后，增幅较大且现正处在缓慢增大阶段内，压力达到 0.247 3 MPa，说明底板处产生了一定的底鼓，应对底板及时支护。

## 6.6 本章小结

本章针对极弱胶结地层巷道大变形、难支护等特点，提出了相应的支护对策与建议。主要研究结论如下：

(1) 针对极弱胶结地层回采巷道围岩自稳能力差、自稳时间短、围岩变形剧烈等特征，采用 FLAC3D 深入揭示了矩形、切圆拱形与直墙拱形回采巷道开挖后围岩位移、塑性区及应力分布规律，确定了回采巷道合理断面形状。

(2) 基于煤层厚度与巷道埋深，分类提出了极弱胶结地层回采巷道支护技术方案。采用 FLAC3D 模拟分析了支护方案的合理性，对围岩变形与支护结构受力进行了实时监测及分析，动态掌握了极弱胶结地层回采巷道围岩变形与支护结构受力状态。监测结果表明，锚杆与锚索的受力均在正常范围内，但锚索承受着较大的荷载，对围岩控制发挥着主要作用。建议增大锚杆的初始预紧力，与锚索形成耦合支护结构，可充分发挥锚杆与锚索的耦合支护效应，提高锚网索支护效果。

(3) 采用 FLAC3D 研究分析了不同锚杆与锚索预紧力条件下引起的围岩应力场分布特征，定义围岩应力扩大系数 $k$ 来表征围岩应力扩散效果，揭示了锚杆与锚索的耦合效应。基于锚杆、锚索预紧力理论计算与数值模拟分析，确定了预紧力合理数值，即锚杆预紧力为 40～60 kN，锚索预紧力为 140～160 kN。

(4) 针对极弱胶结地层中矩形断面开切眼导硐工程地质特征，提出了矩形断面巷道采用锚网索与工字钢支架联合支护方案。煤巷围岩收敛变形监测结果表明，两帮收敛变形为 40～45 mm，顶板下沉量为 26～33 mm，即该联合支护方案有效地控制了矩形断面煤巷围岩的变形与底鼓，保证了巷道围岩与支护结构的稳定及安全。锚杆与锚索受力监测表明，锚杆与锚索受力均在正常范围内，未发生锚杆(索)破断现象。由于锚杆施加的初始预紧力较小，未能与锚索形成耦合支护结构，建议按设计值施加锚杆与锚索的预紧力，形成耦合支护结构，以改善巷道围岩的受力状况与支护效果。

(5) 针对蒙东矿区极软岩具有松散、破碎、遇水泥化、强度极低、自稳能力差等特征，提出了开拓巷道优化支护结构形式。监测结果表明，工字钢支架整体受力不大且支架未产生应力集中现象，混凝土衬砌受力较好、结构安全可靠，具有安全储备的作用；巷道围岩收敛变形监测结果表明，在极弱胶结地层开拓巷道采用“工字钢、钢筋网＋混凝土衬砌”的联合支护方式，有效地控制了极弱胶结地层巷道围岩的变形，保持了巷道的长期稳定及安全。

# 参考文献

[1] 谢和平,刘虹,吴刚.我国GDP煤炭依赖指数概念的建立与评价分析[J].四川大学学报(哲学社会科学版),2012(5):89-94.

[2] 钱鸣高,许家林.科学采矿的理念与技术框架[J].中国矿业大学学报(社会科学版),2011(3):1-7.

[3] 管志召,卢海燕.中国东西部煤炭资源开发前景浅析[J].煤矿现代化,2000 (1):13-15.

[4] 张先尘,钱鸣高.中国采煤学[M].北京:煤炭工业出版社,2010:3-9.

[5] 陈丽新,吴尚昆.我国煤炭产业布局与结构调整浅析[J].中国国土资源经济,2012(7):51-53.

[6] 中国煤田地质总局.中国煤炭资源预测与评价[M].北京:科学出版社,1999:238-249.

[7] 王永炜.中国煤炭资源分布现状和远景预测[J].煤田地质与勘探,2007,16(5):44-45.

[8] 布和朝鲁.内蒙古煤炭资源开发现状、问题与对策分析[J].北方经济,2007 (9):18-20.

[9] 刘艳英.浅析内蒙古煤炭资源开发利用中存在的问题及对策[J].赤峰学院学报(自然科学版),2008,24(2):100-102.

[10] 何满潮,谢和平,彭苏萍,等.深部开采岩体力学研究[J].岩石力学与工程学报,2005,24(16):2803-2813.

[11] 周宏伟,谢和平,左建平.深部高地应力下岩石力学行为研究进展[J].力学进展,2005,35(1):191-199.

[12] 贺永年,韩立军,邵鹏,等.深部巷道稳定的若干岩石力学问题[J].中国矿业大学学报,2006,35(3):288-295.

[13] 贾海宾,苏丽君,秦哲.弱胶结地层巷道地应力数值反演[J].山东科技大学学报(自然科学版),2011,30(5):30-35.

[14] 亓荣强.鲁新煤矿弱胶结软岩巷道支护技术[J].煤炭科技,2012(3):88-90.

[15] 孔令辉.弱胶结软岩巷道稳定性分析及支护优化研究[D].青岛:山东科技大学,2011:1-2.

[16] 何满潮.煤矿软岩工程与深部灾害控制研究进展[J].煤炭科技,2012(3):1-5.

[17] ШЕМЯКИН Е И, ФИСЕНКО Г Л, КУРЛЕНЯ М В, И ДР. Эффект зональной дезентеграции горных пород вокруг подземных выработок[J]. Доклады АН СССР, 1986, 289(5): 1088-1094.

[18] КУРЛЕНЯ М В, ОПАРИН В Н. К вопросу о факторе времени при разрушении горных пород[J]. Фтпрпи, 1993(2): 6-33.

[19] КУРКОВ С Н, КУКССЕНКО В С, ПЕТРОВ В А. Физифеские основы прогрозирования механическово разрушения[J]. Доклады АН СССР, 1981, 259(6):

1350-1352.

[20] 刘高，聂德新，韩文峰. 高应力软岩巷道围岩变形破坏研究[J]. 岩石力学与工程学报，2000，19(6)：726-730.

[21] МЪППЛЯЕВ Б К. О проблемах безопасности ведения горных работ на шахтах Российской Федерации[J]. Уголь，2004(1)：210-215.

[22] ЧЕРНЫЙ С В Г. Движение горных пород над выработками при разработке пластов на больших глубинах[J]. Уголь，2005(11)：377-386.

[23] 常聚才，谢广祥. 深部巷道围岩力学特征及其稳定性控制[J]. 煤炭学报，2009，34(7)：881-886.

[24] КЛИШИН Н К. Упрочнение кровли в лавах[J]. Уголь，2004(2)：49-55.

[25] ЕРЕМИН А Т. Влияние длины лавы и глубины её расположения на устойчивость пород вокруг выёмочных[J]. Уголь，2006(6)：127-133.

[26] 何满潮，景海河，孙晓明. 软岩工程力学[M]. 北京：科学出版社，2003：10-121.

[27] 靖洪文，李元海，赵保太，等. 软岩工程支护理论与技术[M]. 徐州：中国矿业大学出版社，2008：31-35.

[28] 何满潮，杨晓杰，孙晓明. 中国煤矿软岩粘土矿物特征研究[M]. 北京：煤炭工业出版社，2006：214-225.

[29] 彭向峰. 我国煤矿软岩的主要工程地质性质[J]. 煤田地质与勘探，1992，20(5)：45-49.

[30] 周翠英，谭祥韶，邓毅梅，等. 特殊软岩软化的微观机制研究[J]. 岩石力学与工程学报，2005，24(3)：394-400.

[31] 周翠英，谭祥韶，邓毅梅，等. 软岩在饱水过程中水溶液化学成分变化规律研究[J]. 岩石力学与工程学报，2004，23(22)：3813-3817.

[32] 朱凤贤，周翠英. 软岩遇水软化的耗散结构形成机制[J]. 中国地质大学学报，2009，34(3)：525-532.

[33] 钱自卫，姜振泉，孙强，等. 深部煤系软岩遇水崩解的宏观特征及微观机理研究[J]. 高校地质学报，2011，17(4)：605-610.

[34] 黄宏伟，车平. 泥岩遇水软化微观机理研究[J]. 同济大学学报(自然科学版)，2007，35(7)：866-870.

[35] 胡云华. 高应力下花岗岩力学性质试验及本构模型研究[D]. 武汉：中国科学院研究生院，2008：15-30.

[36] 李杭州，廖红建，孔令伟，等. 膨胀性泥岩应力-应变关系的试验研究[J]. 岩土力学，2007，28(1)：107-110.

[37] 廖红建，宁春明，俞茂宏，等. 软岩的强度-变形-时间之间关系的试验分析[J]. 岩土力学，1998，19(2)：8-13.

[38] 许兴亮，张农，李玉寿. 煤系泥岩典型应力阶段遇水强度弱化与渗透性实验研究[J]. 岩石力学与工程学报，2009，28(增刊1)：3089-3094.

[39] 吴益平，余宏明，胡艳新. 巴东新城区紫红色泥岩工程地质性质研究[J]. 岩土力学，2006，27(7)：1201-1208.

[40] 孙强，姜振泉，朱术云. 北皂海域煤矿顶板软岩试样渗透性试验研究[J]. 岩土工程学

报,2004,25(1):1-4.

[41] 杨志强,鞠远江.峰后软岩应变软化渗流特性[J].黑龙江科技学院学报,2010,20(6):439-441.

[42] 闫小波,熊良宵,杨林德,等.饱和前后软岩各向异性力学特征的对比试验[J].福州大学学报(自然科学版),2009,37(2):272-276.

[43] 李海波,王建伟,李俊如,等.单轴压缩下软岩的动态力学性质试验研究[J].岩土力学,2004,25(1):1-4.

[44] MENG QING-BIN, HAN LI-JUN, QIAO WEI-GUO, et al. Mechanism of rock deformation and failure and monitoring analysis in water-rich soft rock roadway of western China[J]. Journal of Coal Science and Engineering (China), 2012, 18(3): 262-270.

[45] 孟庆彬,韩立军,乔卫国,等.唐口煤矿深部软岩巷道支护技术研究[J].西安科技大学学报,2012,32(2):164-171.

[46] 乔卫国,孟庆彬,林登阁,等.渗水弱化薄页岩层交岔点支护技术[J].西安科技大学学报,2010,30(5):552-592.

[47] 张向东,李永靖,张树光,等.软岩蠕变理论及其工程应用[J].岩石力学与工程学报,2004,23(10):1635-1639.

[48] BOITNOTT G N. Experimental characterization of the nonlinear rheology of rock [J]. International Journal of Rock Mechanics and Mining Sciences, 1997, 34(3-4): 379-383.

[49] ARDESHIR A, JON M. Harvey. Rheology of rocks within the soft to medium strength range[J]. International Journal of Rock Mechanics Denise Bernaud and Mining Sciences & Geomechanics Abstracts, 1974, 11(7): 281-290.

[50] GÉRALDINE F, FRÉDÉRIC P. Creep and time-dependent damage in argillaceous rocks[J]. International Journal of Rock Mechanics and Mining Sciences, 2006, 43 (6): 950-960.

[51] ENRICO M, TSUTOMU Y. A non-associated viscoplastic model for the behaviour of granite in triaxial compression[J]. Mechanics of Materials,2001,33(5): 283-293.

[52] 孙钧.岩石流变力学及其工程应用研究的若干进展[J].岩石力学与工程学报,2007,26(6):1081-1106.

[53] 孙钧.岩土材料流变及其工程应用[M].北京:中国建筑工业出版社,1999:3-42.

[54] 张向东,傅强.泥岩三轴蠕变实验研究[J].应用力学学报,2012,29(2):154-158.

[55] 赵延林,曹平,陈沅江,等.分级加卸载下节理软岩流变试验及模型[J].煤炭学报,2008,33(7):748-752.

[56] 范秋雁,阳克青,王渭明.泥质软岩蠕变机制研究[J].岩石力学与工程学报,2010,29(8):1555-1560.

[57] 刘保国,崔少东.泥岩蠕变损伤试验研究[J].岩石力学与工程学报,2010,29(8):2127-2133.

[58] 万玲,彭向和,杨春和,等.泥岩蠕变行为的实验研究及其描述[J].岩土力学,2005,26

(6):924-928.

[59] 李亚丽. 三轴压缩下粉砂质泥岩蠕变力学性质试验研究[J]. 四川大学学报(工程科学版),2012,44(Supp. 1):14-19.

[60] 张志沛,王芝银,彭惠. 陕南泥岩三轴压缩蠕变试验及其数值模拟研究[J]. 水文地质工程地质,2011,38(1):53-58.

[61] 刘传孝,黄东辰,张秀丽,等. 深井泥岩峰前/峰后单轴蠕变特征实验研究[J]. 实验力学,2011,26(3):267-273.

[62] 胡斌,蒋海飞,胡新丽,等. 紫红色泥岩剪切流变力学性质分析[J]. 岩石力学与工程学报,2012,31(Supp. 1):2796-2802.

[63] 陈小婷,彭轩明,黄润秋. 粉砂质泥岩剪切流变特性试验分析[J]. 三峡大学学报(自然科学版),2008,30(4):43-46.

[64] 李男,徐辉,简文星. 砂质泥岩的剪切蠕变特性和本构模型探究[J]. 铁道建筑,2011(2):82-85.

[65] 高延法,肖华强,王波,等. 岩石流变扰动效应试验及其本构关系研究[J]. 岩石力学与工程学报,2008,27(Supp. 1):3180-3185.

[66] KOMINE H. Simplified evaluation for swellingcharacteristics of bentonites[J]. Engineering Geology, 2004, 71(3-4): 265-279.

[67] MARCEL A. Discontinuity networks inmudstones: A geological approach[J]. Bulletin of Engineering Geology and the Environment, 2006, 65(4): 413-422.

[68] RISNES R, HAGHIGHI H, KORSNES R I, et al. Chalkfluidinteractions with glycol and brines[J]. Tectonophysics, 2003, 370(1-4): 213-226.

[69] 周翠英,邓毅梅,谭祥韶,等. 软岩在饱水过程中微观结构变化规律研究[J]. 中山大学学报(自然科学版),2003,42(4):98-102.

[70] 杨春和,冒海军,王学潮,等. 板岩遇水软化的微观结构及力学性质研究[J]. 岩土力学,2006,27(12):2090-2098.

[71] 朱建明,任天贵,高谦,等. 小官庄铁矿软岩微观特性的实验室研究[J]. 中国矿业,1997,6(4):56-59.

[72] 刘镇,周翠英,朱凤贤,等. 软岩饱水软化过程微观结构演化的临界判据[J]. 岩土力学,2011,32(3):661-666.

[73] 岳中琦. 岩土细观介质空间分布数字表述和相关力学数值分析的方法、应用和进展[J]. 岩石力学与工程学报,2006,25(5):875-888.

[74] 陈从新,刘秀敏,刘才华. 数字图像技术在岩石细观力学研究中的应用[J]. 岩土力学,2010,31 (Supp. 1):53-61.

[75] PAN YI-SHAN, YANG XIAO-BIN, MA SHAO-PENG. Study on deformation localization of rock by white light digital speckle correlation method[J]. Chinese Journal of Geotechnical Engineering, 2002, 24(1): 98-100.

[76] 潘一山,杨小彬. 岩石变形破坏局部化的白光数字散斑相关方法研究[J]. 实验力学,2001,16(2):220-225.

[77] 马少鹏,金观昌,潘一山. 岩石材料基于天然散斑场的变形观测方法研究[J]. 岩石力学

与工程学报,2002,21(6):792-796.

[78] 李元海,靖洪文,曾庆有.岩土工程数字照相量测软件系统研制与应用[J].岩石力学与工程学报,2006,25(Supp.2):3859-3866.

[79] BRACE W F, BOMBOLAKIS E G. Note on brittle crack growth incompression[J]. Journal of Geophysical Research, 1963, 68(6): 3709-3717.

[80] DEY T N, WANG C Y. Some mechanisms of microcrack growth andinteraction in compressive rock failure[J]. International Journal of Rock Mechanics and Mining Sciences & Geomechanics Abstracts, 1981, 18(3): 199-209.

[81] NOLEN R C, GORDON R B. Optical detection of crack patterns in the opening-mode fracture of marble[J]. International Journal of Rock Mechanics and Mining Sciences & Geomechanics Abstracts, 1987, 24(2): 135-144.

[82] 杨更社,刘慧.基于CT图像处理技术的岩石损伤特性研究[J].煤炭学报,2007,32(5):463-468.

[83] 尹光志,黄滚,代高飞,等.基于CT数的煤岩单轴压缩破坏的分叉与混沌分析[J].岩土力学,2006,27(9):1465-1470.

[84] 党发宁,尹小涛,丁卫华,等.基于CT试验的岩体分区破损本构模型[J].岩石力学与工程学报,2005,24(22):4003-4009.

[85] 李廷春,吕海波,王辉.单轴压缩载荷作用下双裂隙扩展的CT扫描试验[J].岩土力学,2010,31(1):9-14.

[86] 李术才,李廷春,王刚,等.单轴压缩作用下内置裂隙扩展的CT扫描试验[J].岩石力学与工程学报,2007,26(3):484-492.

[87] GE XIU-RUN, REN JIAN-XI. A real intime CT triaxial testing study of meso damage evolution law of coal [J]. Chinese Journal of Rock. Mechanics and Engineering, 1999, 18(5): 497-502.

[88] GE XIU-RUN, REN JIAN-XI. Study on the real intime CT test of the rockmeso-damage propagation law[J]. Science in China (Series E), 2000, 30(2): 104 -111.

[89] 任建喜.单轴压缩岩石蠕变损伤扩展细观机理CT实时试验[J].水利学报,2001(1):10-15.

[90] OBERT L, DUVALL W I. Micro-seismic method of determining thestability of underground openings [R]. Washington: United States Department of the Interior, 1957: 1-10.

[91] HIRATA T. Fractal dimension of fault systems in Japan: fractalstructure in rock fracture geometry at various scales[J]. Pure and Applied Geophysics, 1989, 131(1-2): 157-170.

[92] HOLCOMB D J, COSTIN L S. Detecting damage surfaces in brittlematerials using acoustic emissions[J]. Transactions of the ASME, 1986(53): 536-544.

[93] MANSUROV V A. Acoustic emission from failing rock behaviour[J]. Rock Mechanics and Rock Engineering, 1994, 27(3): 173-182.

[94] 吴刚,赵震洋.不同应力状态下岩石类材料破坏的声发射特性[J].岩土工程学报,

1998,20(1):82-85.
[95] 张茹,谢和平,刘建锋,等.单轴多级加载岩石破坏声发射特性试验研究[J].岩石力学与工程学报,2006,25(12):2584-2588.
[96] 包春燕,姜谙男,唐春安,等.单轴加卸载扰动下石灰岩声发射特性研究[J].岩石力学与工程学报,2011,30(Supp.2):3871-3877.
[97] 李庶林,尹贤刚,王泳嘉,等.单轴受压岩石破坏全过程声发射特征研究[J].岩石力学与工程学报,2004,23(15):2499-2503.
[98] 陈宇龙,魏作安,许江,等.单轴压缩条件下岩石声发射特性的实验研究[J].煤炭学报,2011,36(Supp.2):237-240.
[99] 赵兴东,李元辉,刘建坡,等.基于声发射及其定位技术的岩石破裂过程研究[J].岩石力学与工程学报,2008,27(5):990-995.
[100] 江权.高地应力下硬岩弹脆塑性劣化本构模型与大型地下洞室群围岩稳定性分析[D].武汉:中国科学院研究生院,2007:4-34.
[101] 徐芝纶.弹性力学简明教程[M].北京:高等教育出版社,2011:1-7.
[102] 卓家寿,黄丹.工程材料的本构演绎[M].北京:科学出版社,2009:2-4.
[103] 郑颖人,孔亮.岩土塑性力学[M].北京:中国建筑工业出版社,2010:1-212.
[104] 王仁,黄文彬,黄筑平.塑性力学引论[M].北京:北京大学出版社,2006:113-146.
[105] 廖红建,蒲武川,卿伟宸.基于应变空间硅藻质软岩的软化本构模型[J].岩土力学,2006,27(11):1861-1866.
[106] 宋丽,廖红建,韩剑.软岩三维弹黏塑性本构模型[J].岩土工程学报,2009,31(1):83-88.
[107] 宋丽,廖红建,韩剑.软岩三维非线性统一弹粘塑性本构模型有限元分析[J].应用力学学报,2009,26(1):109-114.
[108] 李杭州,廖红建,盛谦.基于统一强度理论的软岩损伤统计本构模型研究[J].岩石力学与工程学报,2006,25(7):1331-1336.
[109] 蒋维,邓建,司庆超.基于Mohr准则的岩石损伤本构模型及其修正研究[J].河北工程大学学报(自然科学版),2010,27(2):30-37.
[110] 贾善坡,陈卫忠,于洪丹,等.泥岩弹塑性损伤本构模型及其参数辨识[J].岩土力学,2009,30(12):3607-3614.
[111] HOEK E, BROWN E T. Practical estimates of rock massstrength[J]. International Journal of Rock Mechanics and Mining Sciences & Geomechanics Abstracts, 1997(34): 1165-1187.
[112] ZDENEK P, BAZANT F. Continuum theory for strain-softening[J]. Journal of Engineering Mechanics, 1984, 110(12): 1666-1692.
[113] 李晓.岩石峰后力学性质及其损伤软化模型的研究与应用[D].徐州:中国矿业大学,1995:1-6.
[114] 杨超,崔新明,徐水平.软岩应变软化数值模型的建立与研究[J].岩土力学,2002,23(6):695-697.
[115] 李文婷,李树忱,冯现大,等.基于莫尔-库仑准则的岩石峰后应变软化力学行为研究

[J]. 岩石力学与工程学报,2011,30(7):1460-1466.
[116] 陆银龙,王连国,杨峰,等. 软弱岩石峰后应变软化力学性质研究[J]. 岩石力学与工程学报,2010,29(3):640-648.
[117] 张春会,赵全胜,黄鹂,等. 考虑围压影响的岩石峰后应变软化力学模型究[J]. 岩土力学,2010,31(Supp. 2):193-197.
[118] 曹文贵,李翔,刘峰. 裂隙化岩体应变软化损伤本构模型探讨[J]. 岩石力学与工程学报,2007,26(12):2488-2494.
[119] 张强. 岩体强度理论与应变软化本构模拟研究[D]. 武汉:中国科学院研究生院,2011:84-90.
[120] 张向东,傅强,郑晓峰. 煤矿泥岩流变模型辨识及支护方法的确定[J]. 力学与实践,2011,33(2):30-57.
[121] 陈沅江,潘长良,曹平,等. 软岩流变的一种新力学模型[J]. 岩土力学,2003,24(2):209-214.
[122] 徐卫亚,杨圣奇,褚卫江. 岩石非线性黏弹塑性流变模型(河海模型)及其应用[J]. 岩石力学与工程学报,2006,25(3):433-447.
[123] 陈卫忠,谭贤君,吕森鹏,等. 深部软岩大型三轴压缩流变试验及本构模型研究[J]. 岩石力学与工程学报,2012,31(2):1735-1744.
[124] 李亚丽,于怀昌,刘汉东. 三轴压缩下粉砂质泥岩蠕变本构模型研究[J]. 岩土力学,2012,33(7):2035-2047.
[125] 齐亚静,姜清辉,王志俭,等. 改进西原模型的三维蠕变本构方程及其参数辨识[J]. 岩石力学与工程学报,2012,31(2):347-355.
[126] DRAGON A, MROZ Z. A model for plastic creep of rock-like materials accounting for the kinetics of fracture[J]. International Journal of Rock Mechanics and Mining Sciences & Geomechanics Abstracts, 1979, 16(4): 253-259.
[127] 李男,徐辉,简文星. 砂质泥岩的剪切蠕变特性和本构模型探究[J]. 铁道建筑,2011(2):82-85.
[128] 李良权,王伟. 基于 Burgers 模型的流变损伤本构模型[J]. 三峡大学学报(自然科学版),2009,31(5):26-41.
[129] 何满潮,陈新,梁国平,等. 深部软岩工程大变形力学分析设计系统[J]. 岩石力学与工程学报,2007,26(5):934-943.
[130] 李术才,王德超,王琦,等. 深部厚顶煤巷道大型地质力学模型试验系统研制与应用[J]. 煤炭学报,2013,38(9):1522-1530.
[131] 许国安,靖洪文,张茂林,等. 支护阻力与深部巷道围岩稳定关系的试验研究[J]. 岩石力学与工程学报,2007,26(Supp. 2):4032-4036.
[132] 张农,李桂臣,许兴亮. 顶板软弱夹层渗水泥化对巷道稳定性的影响[J]. 中国矿业大学学报,2009,38(6):757-763.
[133] 孟庆彬,韩立军,乔卫国,等. 深部高应力软岩巷道断面形状优化设计数值模拟研究[J]. 采矿与安全工程学报,2012,29(5):650-656.
[134] 孟庆彬,韩立军,乔卫国,等. 深部高应力软岩巷道变形破坏特性研究[J]. 采矿与安全

工程学报,2012,29(4):481-486.
[135] 孟庆彬,韩立军,乔卫国,等.赵楼矿深部软岩巷道变形破坏机理及控制技术[J].采矿与安全工程学报,2013,30(2):165-172.
[136] ЦЗЯО ВИ-ГО, ПАНЪ ЧЖУН-МИНЬ, УГЛЯНИЦА А. В, et al. Теория и практика инъекционного упрочнения пород в пластовых выработках Угольных шахт[M]. Кемерово: Изд. КузГТУ, 2003: 1-15.
[137] ORESTE P P. Analysis of structural interaction in tunnels using the convergence-confinement approach[J]. Tunneling and Underground Space Technology, 2003, 13(2): 347-363.
[138] GONZALEZ-NICIEZA C, ÁLVAREZ-VIGIL A E, MENÉNDEZ-DÍAZ A, et al. Influence of the depth and shape of a tunnel in theapplication of the convergence-confinement method[J]. Tunnelling and Underground Space Technology, 2008, 17(6): 25-37.
[139] ШЕМЯКИН Е И, КУРЛЕНЯ М В, ОПАРИН В Н, И ДР. Зональная дезинтеграция горных пород вокруг подземных выработок. Часть I: данные натурных набдюдений[J]. Фтпрпи, 1986(3): 3-15.
[140] ШЕМЯКИН Е И, КУРЛЕНЯ М В, ОПАРИН В Н, И ДР. Зональная дезинтеграция горных пород вокруг подземных выработок. Часть II: разрушение горных пород на моделях из эквиваленных материалов[J]. Фтпрпи, 1986(4): 3-13.
[141] ШЕМЯКИН Е И, КУРЛЕНЯ М В, ОПАРИН В Н, И ДР. Зональная дезинтеграция горных пород вокруг подземных выработок. Часть III: теоретические представления[J]. Фтпрпи, 1987(1): 3-8.
[142] ШЕМЯКИН Е И, КУРЛЕНЯ М В, ОПАРИН В Н, И ДР. Зональная дезинтеграция горных пород вокруг подземных выработок. Часть IV: практические приложения: теоретические представления[J]. Фтпрпи, 1989(4): 3-9.
[143] 柏建彪,侯朝炯.深部巷道围岩控制原理与应用研究[J].中国矿业大学学报,2006,35(2):145-148.
[144] 何满潮,袁越,王晓雷,等.新疆中生代复合型软岩大变形控制技术及其应用[J].岩石力学与工程学报,2013,32(3):434-441.
[145] 高延法,王波,王军,等.深井软岩巷道钢管混凝土支护结构性能试验及应用[J].岩石力学与工程学报,2010,28(Supp.1):2604-2609.
[146] 康红普,林健,王金华.煤矿巷道锚杆支护应用实例分析[J].岩石力学与工程学报,2010,29(4):649-664.
[147] 刘泉声,卢兴利.煤矿深部巷道破裂围岩非线性大变形及支护对策研究[J].岩土力学,2010,31(10):3273-3279.
[148] 刘泉声,高玮,袁亮.煤矿深部岩巷稳定控制理论与支护技术及应用[M].北京:科学出版社,2010:1-8.
[149] 袁亮,薛俊华,刘泉声,等.煤矿深部岩巷围岩控制理论与支护技术[J].煤炭学报,2011,36(4):535-543.

[150] 杨圣奇,苏承东,徐卫亚.大理岩常规三轴压缩下强度和变形特性的试验研究[J].岩土力学,2005,26(3):475-478.
[151] 蔡美峰,何满潮,刘东燕.岩石力学与工程[M].北京:科学出版社,2002:71-72.
[152] 王磊.弱胶结软岩的力学性质及其在巷道稳定性分析中的应用[D].青岛:山东科技大学,2013:21-44.
[153] 孟庆彬,韩立军,乔卫国,等.极弱胶结地层开拓巷道围岩演化规律与监测分析[J].煤炭学报,2013,38(4):572-579.
[154] 尤明庆.岩石试样的强度及变形破坏过程[M].北京:地质出版社,2000:11-128.
[155] 贺永年,韩立军,王衍森,等.岩石力学简明教程[M].徐州:中国矿业大学出版社,2010:1-70.
[156] 沈明荣,陈建峰.岩体力学[M].上海:同济大学出版社,2006:8-46.
[157] 卢兴利.深部巷道破裂岩体块系介质模型及工程应用研究[D].武汉:中国科学院研究生院,2010:17-47.
[158] 韩立军.岩石破坏后的结构效应及锚注加固特性研究[D].徐州:中国矿业大学,2004:148-157.
[159] 杨圣奇,徐卫亚,苏承东.大理岩三轴压缩变形破坏与能量特征研究[J].工程力学,2007,24(1):136-142.
[160] 南京水利科学研究院.土工试验方法标准范[M].北京:中国计划出版社出版,1999:83-93.
[161] 夏军武,贾福萍,龙帮云,等.结构设计原理[M].徐州:中国矿业大学出版社,2004:481-523.
[162] 李亚丽,于怀昌,刘汉东.三轴压缩下粉砂质泥岩蠕变本构模型研究[J].岩土力学,2012,33(7):2035-2047.
[163] 谌文武,原鹏博,刘小伟.分级加载条件下红层软岩蠕变特性试验研究[J].岩石力学与工程学报,2009,28(Supp.1):3076-3081.
[164] 张向东,尹晓文,傅强.分级加载条件下紫色泥岩三轴蠕变特性研究[J].试验力学,2011,26(1):61-66.
[165] VERMEER P A, RENÉ DE BORST. Non-associated plasticity for soils, concrete and rock[J]. Heron, 1984, 29(3): 63-64.
[166] ALEJANO L R, ALONSO E. Considerations of the dilatancy angle in rocks and rock masses[J]. International Journal of Rock Mechanics and Mining Sciences, 2005, 42(4): 481-507.
[167] DETOURNAY E. An approximate statical solution of the elastoplastic interface for the problem of Galin with a cohesive-frictional material[J]. International Journal of Solids and Structures, 1986, 22(12): 1435-1454.
[168] HOEK E, Brown E T. Praetieal estimates of rock massstrength[J]. International Journal of Rock Mechanics and Mining Sciences, 1997, 34(8): 1165-1186.
[169] 陈宗基,闻宣梅.膨胀岩与隧硐稳定[J].岩石力学与工程学报,1983,2(l):1-10.
[170] 陈宗基,崔文法.在岩石破坏和地震之前与时间有关的扩容[J].岩石力学与工程学

报,1983,2(1):11-21.

[171] 陈宗基,石泽全,于智海,等.用 8000 kN 多功能三轴仪测量脆性岩石的扩容,蠕变和松弛[J].岩石力学与工程学报,1989,8(2):57-117.

[172] 黄书岭.高应力下脆性岩石的力学模型与工程应用研究[D].武汉:中国科学院研究生院,2008:50-58.

[173] 韩建新,李术才,李树忱,等.基于强度参数演化行为的岩石峰后应力-应变关系研究[J].岩土力学,2013,34(2):342-346.

[174] MARTIN C D, KAISER P K, MCCREATH D R. Hoek-Brown parameters for predicting the depth of brittle failure around tunnels[J]. Canadian Geotechnical Journal, 1999, 36(1): 136-151.

[175] 卢允德 ,葛修润,蒋宇,等.大理岩常规三轴压缩全过程试验和本构方程的研究[J].岩石力学与工程学报,2004,23(15):2489-2493.

[176] 靖洪文,李元海,许国安.深埋巷道围岩稳定性分析与控制技术研究[J].岩土力学,2005,26(6):877-888.

[177] HAJIABDOLMAJID V, Kaiser P K, Martin C D. Modelling brittle failure of rock [J]. International Joumal of Rock Mechanics and Mining Seiences, 2002, 39(6): 731-741.

[178] ALEJANO L R, ALONSO E. Considerations of the dilatancy angle in rocks and rock masses[J]. International Journal of Rock Mechanics and Mining Sciences, 2005, 42(4): 481-507.

[179] ZHAO X G, CAI M. A mobilized dilation angle model for rocks[J]. International Journal of Rock Mechanics and Mining Sciences, 2010, 47(3): 368-384.

[180] 赵星光,蔡美峰,蔡明,等.地下工程岩体剪胀与锚杆支护的相互影响[J].岩石力学与工程学报,2009,29(10):2056-2062.

[181] 彭文彬.FLAC 3D 实用教程[M].北京:机械工业出版社,2007:1-6.

[182] 陈育民,徐鼎平.FLAC/FLAC 3D 基础与工程实例[M].北京:中国水利水电出版社,2009:1-5.

[183] 孙书伟,林杭,任连伟.FLAC 3D 在岩土工程中的应用[M].北京:中国水利水电出版社,2011:1-15.

[184] 陈育民,刘汉龙.邓肯-张本构模型在 FLAC 3D 中的开发与实现[J].岩土力学,2007,28(10):2123-2126.

[185] 何利军,吴文军,孔令伟.基于 FLAC 3D 含 SMP 强度准则黏弹塑性模型的二次开发[J].岩土力学,2012,33(5):1549-1556.

[186] 褚卫江,徐卫亚,杨圣奇,等.基于 FLAC 3D 岩石黏弹塑性流变模型的二次开发研究[J].岩土力学,2006,27(11):2005-2010.

[187] 张传庆,周辉,冯夏庭.统一弹塑性本构模型在 FLAC3D 中的计算格式[J].岩土力学,2008,29(3):596-602.

[188] Itasca Software Company. Theory and back ground,constitutive model: theory and implementation[R]. UserManual of FLAC3D 2. 1, Minneapolis Minnesota USA,

2003：1-48.
[189] 袁文伯，陈进. 软化岩层中巷道的塑性区与破碎区分析[J]. 煤炭学报，1986(3)：77-85.
[190] 马念杰，张益东. 圆形巷道围岩变形压力新解法[J]. 岩石力学与工程学报，1996，15(1)：84-89.
[191] 付国彬. 巷道围岩破裂范围与位移的新研究[J]. 煤炭学报，1995，20(3)：304-310.
[192] 姚国圣，李镜培，谷拴成. 考虑岩体扩容和塑性软化的软岩巷道变形解析[J]. 岩土力学，2009，30(2)：463-467.
[193] 周勇，柳建新，方建勤，等. 岩体流变情况下隧道合理支护时机的数值模拟[J]. 岩土力学，2012，33(1)：268-272.
[194] 李学彬，杨仁树，高延法，等. 大断面软岩斜井高强度钢管混凝土支架支护技术[J]. 煤炭学报，2013，38(10)：1742-1748.
[195] MENG QING-BIN, HAN LI-JUN, QIAO WEI-GUO, et al. Support technology for mine roadways in extreme weakly cemented strata and its application[J]. International Journal of Mining Science and Technology, 2014, 24(2): 157-164.
[196] 王金华. 全煤巷道锚杆锚索联合支护机理与效果分析[J]. 煤炭学报，2012，37(1)：1-7.
[197] 康红普，王金华. 煤巷锚杆支护理论与成套技术[M]. 北京：煤炭工业出版社，2007：20-160.
[198] 刘泉声，张伟，卢兴利，等. 断层破碎带大断面巷道的安全监控与稳定性分析[J]. 岩石力学与工程学报，2010，29(10)：1954-1962.
[200] 张镇，康红普，王金华. 煤巷锚杆-锚索支护的预应力协调作用分析[J]. 煤炭学报，2010，35(6)：881-886.
[201] 刘红岗，贺永年，韩立军，等. 大松动圈围岩锚注与预应力锚索联合支护技术的机理与实践[J]. 中国矿业，2007，16(1)：62-65.
[202] 孙晓明，杨军，曹伍富. 深部回采巷道锚网索耦合支护时空作用规律研究[J]. 岩石力学与工程学报，2007，26(5)：1663-1670.
[203] 范明建，康红普. 锚杆预应力与巷道支护效果的关系研究[J]. 煤矿开采，2007，12(4)：1-3.
[204] 王金华，康红普，高富强. 锚索支护传力机制与应力分布的数值模拟[J]. 煤炭学报，2008，33(1)：1-6.
[205] 李元，刘刚，龙景奎. 深部巷道预应力协同支护数值分析[J]. 采矿与安全工程学报，2011，28(2)：204-213.
[206] 高谦，刘福军，赵静. 一次动压煤矿巷道预应力锚索支护设计与参数优化[J]. 岩土力学，2005，26(6)：859-864.
[207] 李术才，朱维申，陈卫忠. 小浪底地下洞室群施工顺序优化分析[J]. 煤炭学报，1996，21(4)：393-398.
[208] 陈浩，任伟中，李丹，等. 深埋隧道锚杆支护作用的数值模拟与模型试验研究[J]. 岩土力学，2011，32(增1)：719-724.

[209] 刘泉声,张伟,卢兴利,等. 断层破碎带大断面巷道的安全监控与稳定性分析[J]. 岩石力学与工程学报,2010,29(10):1954-1962.

[210] 冯仲仁,张兴才,张世雄,等. 大冶铁矿巷道变形监测研究[J]. 岩石力学与工程学报,2004,23(3):483-487.

[211] 季毛伟,吴顺川,高永涛,等. 双连拱隧道施工监测及数值模拟研究[J]. 岩土力学,2011,32(12):3787-3795.

[212] 牛双建,靖洪文,张忠宇,等. 深部软岩巷道围岩稳定控制技术研究及应用[J]. 煤炭学报,2011,36(6):914-919.

[213] 刘泉声,康永水,白运强. 顾桥煤矿深井岩巷破碎软弱围岩支护方法探索[J]. 岩土力学,2011,32(10):3097-3104.